지구 환경 재해와 사회적 대응

지구환경재해와 사회적 대응

초판1쇄 인쇄 2015년 8월 19일 / **초판1쇄 발행** 2015년 8월 25일

지은이 김해동 · 김정배 · 김학윤 · 배헌균 / **펴낸이** 신일희 / **펴낸곳** 계명대학교출판부

주소 대구광역시 달서구 달구벌대로 1095 / **전화** 053) 580-6233 / **팩스** 053) 580-6235

출판등록 1970. 9. 1.(제347-1998-1호) / **홈페이지** www.kmupress.com

정가 19,000원 / **ISBN** 978-89-7585-722-5 93450

• 이 도서의 국립중앙도서관 출판예정도서목록(CIP)은 서지정보유통지원시스템 홈페이지(http://seoji.nl.go.kr)와 국가자료공동목록시스템(http://www.nl.go.kr/kolisnet)에서 이용하실 수 있습니다.(CIP제어번호: CIP2015022500)

지구환경 재해와 사회적 대응

김해동 · 김정배 · 김학윤 · 배헌균

계명대학교 출판부

머리말

원시인류가 지구상에 출현한 것은 수십만 년 이전이지만 아마도 인간이 배고픔과 헐벗음에서 벗어나 풍요를 만끽하기 시작한 것은 지금으로부터 불과 250여 년 전에 시작된 산업혁명 이후일 것이다. 산업혁명의 의의는 인간의 경제활동에 필요한 에너지를 생물이 아니라 무생물로부터 획득할 수 있게 된 것에 있다. 석탄과 석유로 대표되는 화석연료의 연소를 통해서 엄청난 에너지를 얻을 수 있게 된 인간들은 이를 이용하여 다양한 생산 활동 영역을 끝없이 확장해 왔고, 그 결과로 오늘날과 같은 물질적 풍요를 누릴 수 있게 되었다.

한편 지구는 탄생 후 1~2억년이 지난 후에 원시 해양이 형성되었고, 원시 지구대기에 존재하던 이산화탄소의 대부분도 해양에 녹아들었던 것으로 추정된다. 그럼에도 불구하고 약 40억 년 전의 지구 대기에는 이산화탄소 분압이 약 10기압(현재 지구 대기의 10배)에 이를 만큼 많은 양이 잔존하고 있었다. 그 후 장구한 시대의 흐름과 함께 대기 중 이산화탄소 양이 점차 감소하여 현재는 약 0.0003기압 정도까지 떨어져 있다. 이 기간 동안에 태양에너지는 약 30% 증가해 온 것으로 추정되고 있다.

오늘날 지구의 온도는 지구에 생명체가 나타난 이후로 기온이 가장 낮은 단계(하위 15% 내외)로 온난한 기후상태를 유지하고 있는데, 이렇게 온난한 지구 기후가 형성된 것은 오로지 장구한 세월을 통해서 지구상의 다양한 생명체들이 대기 중의 이산화탄소를 흡수하여 지중에 저장(석유, 석탄)해 준 덕분이다.

산업혁명 이래로 인간이 대규모로 화석연료를 연소시키는 것은 지구환경에 있어서 어떤 의미를 갖는 것일까? 그것은 수십억 년 동안 지구생명체가 이룩한 대기 중 이산화탄소 제거 과정을 일거에 뒤집는 것이며, 이로 인하여 지구온난화가 급속히 진행되고 있고 지구상의 생명체는 대규모 멸종의 위기로 몰리고 있다. 지금 당장 멸종의 위기로 몰리고 있는 종은 환경 적응에 실패한 약한 종들이지만 기후변화에 따른 지구환경의 황폐화로 인한 멸종의 끝은 인간을 예외로 하지 않을 것이다.

이러한 배경에서 산업화로 인한 자원고갈과 환경파괴가 한계를 드러내기 시작한 20세기 후반에 접어들면서 전 세계의 양식 있는 지식인들은 차세대의 삶을 걱정하기 시작하였다. 대표적인 사례로 1973년에 "성장의 한계"라는 보고서를 발간한 로마클럽, 1980년에 "전 세계의 자연과 천연자원의 보전전략"이라는 보고서를 작성한 UNEP(유엔환경개발), ICUN(국제자연보호연합), WWF(세계자연보호기금)에 관여한 사람들을 우선 생각할 수 있다. 이들은 공통적으로 유한한 지구자원의 고갈과 환경오염의 심각성을 제기하고 이를 방지하기 위한 대응책을 제시하였다. 그들은 자연환경과 천연자원의 보전대책을 마련하지 않으면 자연의 일부인 인류의 미래는 없을 것이라고 경고하였다.

이러한 정신이 1987년에 개최된 "유엔 환경개발에 관한 세계 위원회"의 공식 보고서로 채택된, "우리가 공유하는 미래, Our Common Future"에 계승되었다. 이 보고서의 서언 중에는 "지구상의 개개인 모두에게 우리들의 메시지를 전달하고자 한다. 모든 환경 및 개발정책의 궁극적인 목표는 개개인의 행복 달성에 있기 때문이다. 개인 중에서도 특히 젊은 세대에게 전하고 싶다. 전 세계의 교사들은 이 보고서 내용을 젊은 세대에게 전달하는 중요한 역할을 하여야 한다."고 기술되어 있다. 이들 3개 단체는 다시 1991년에 "지구를 소중하게 지킨다. Caring for the Earth"라는 보고서를 냈다. 여기서 다룬 핵심적 내용은, 생존을 걸 것인가, 지속가능한 생활양식을 택할 것인가를 사람들에게 묻는 문제였다.

이러한 노력의 결과물이 1992년 브라질의 리우에서 개최되었던 "유엔 환경과 개발에 관한 회의"에서 채택된 지속가능한 개발의 원칙으로 정리되었다. 이 원칙에는 차세대에게 부담을 주는 개발의 불가, 인간으로서의 존엄성을 지킬 수 있도록 하는 삶의 질 향상 노력, 사회적 부의 균등 분배와 정치참여의 기회를 확대하는 사회통합, 국가의 경계를 넘어 인류의 평화로운 공존과 협력의 의무를 다하여야 한다는 지구촌 구성원으로서의 의무를 담고 있다. 이것은 오늘의 경제적 정치적 주도세력이 차세대에게 약속한 최소한의 배려라고 할 수 있다. 이 교재의 내용도 오늘날의 지구환경의 위기 극복을 위한 대응에 기여할 수 있는 방안이 중심이 되고 있다. 즉 오늘날 인류가 겪고 있는 지구온난화에 수반된 지구환경의 위기와 그에 따른 재해의 문제, 그리고 그것을 완화하기 위한 인류의 노력을 다룬다. 단순한 지식의 나열이 아니라, 일상생활에서 실천되고 있는 구체적인 노력을 이해하고 보다 진일보된 대응대책을 찾아보고자 한다.

2015. 6. 연구실에서 저자

목차

제1장

지구환경과 지속가능한 사회

1.1 ◆
기후변화 위기와 사회의 대응

1.2 ◆◆
오존층 파괴의 문제

1.3 ◆◆◆
산성비와 삼림파괴

1.4 ◆◆◆◆
사막화와 그 원인

제1장

지구환경과 지속가능한 사회

1.1 기후변화 위기와 사회의 대응

산업혁명 이래로 화석연료 사용이 급증으로 인해 대기 중 온실가스 농도가 증가하여 지구의 기온이 상승하는 지구온난화현상이 심화되고 있다. 지구온난화에 따른 다양한 기후변화 현상이 혹독한 이상 기후를 유발하여 인류의 지속가능한 삶을 위협하고 있다. 이에 대처하기 위한 국제사회의 노력이 지속되고 있으나, 지구온난화의 주범인 이산화탄소 배출량을 줄이는 성과를 달성하는 일은 여전히 힘겨운 과제로 남아있다.

오늘날 국제 사회는 인류가 지속가능한 삶을 유지하기 위해 반드시 해결해야할 21세기 최대의 과제로 기후변화 문제의 해결을 설정하고, 온실가스의 감축과 미래에 다가올 기후변화에 적응해서 살아갈 수 있는 사회체제의 개선에 최선의 노력을 기울이고 있다.

여기서는 기후변화 문제의 심각성을 알아보고, 이에 대처해온 국제 사회와 우리나라의 노력을 알아보기로 한다. 아울러 제4차 기후변화협약 대응 종합대책에 제시된 우리나라의 기후변화 대응을 위한 각 부처별 노력과 재정지원 계획을 살펴본다.

온실가스 배출량과 기온의 상승추세와 전망

대기 중 이산화탄소(CO_2) 농도는 산업혁명 이전에는 280ppm 수준이었으나, 2005년에는 379ppm으로 증가하였고 그 이후에도 매년 약 2ppm정도씩 증가하여 최근에는 약 390ppm수준에 이르고 있다. 산업혁명 이전 800년 동안에 대기 중 이산화탄소 농도의 변화량은 20ppm정도에 불과하였다. 그러나 산업혁명이 시작된 1750년 이후로 이산화탄소 농도는 100ppm이상 증가하였다. 최근 수십 년 동안 이산화탄소 배출량은 지속적으로 증가하였다(그림1). 화석연료 사용으로 인한 지구 전체 연간 이산화탄소 배출량은 1990년대에 평균 6.4±0.4Gt/yr에서 2000~2005년에는 7.2±0.3Gt/yr로 증가하는 경향을 보였다. [그림1]의 막대는 지구평균 이산화탄소 농도의 경년변동을, 계단형 실선은 5년 평균변동을 나타낸다. 그리고 맨 위의 실선은 화석연료 사용에 따른 이산화탄소 배출량이 대기에 잔류하고, 다른 이산화탄소 배출량은 없다고 가정하였을 때에 예상되는 연간 대기 중 이산화탄소 증가량을 나타낸 것이다. 아울러 근래 이산화탄소 배출량 증가의 상당 부분은 개도국의 경제개발과 밀접한 관련이 있다. 특히 중국과 인도의 증가가 탁월하다. 한편 우리나라의 이산화탄소 배출량은 전 세계의 약 2%정도이지만, 증가율은 중국에 이어서 2번째로 높은 수준에 있다(에너지관리공단, 2010).

이러한 이산화탄소 농도 증가로 인해 지구의 기온상승은 최근에 올수록 더욱 가파르게 상승하고 있다(IPCC, 2007). 온도계를 이용하여 기온을 측정할 수 있게 된 것은 1850년대 이후의 일이다. 1850년 이후부터 최근까지 기온상승 속도는 100년에 0.45℃정도인데, 최근 100년 동안을 대상으로 하였을 때의 기온상승속도는 100년에 약 0.74℃로 평가된다. 다시 최근 50년을 대상으로 평가하면 100년에 약 1.28℃, 최근 25년을 대상으로 하면 100년에 약 1.77℃로 점점 빨라지고 있다(IPCC, 2007).

우리나라의 온실가스 배출량은 경제개발이 시작된 1960년대 이래로 빠르게 증가해 왔는데, 그러한 경향은 2005년까지 이어졌고, 그 이후로는 증가세가 현저히 낮아지고 있음을 확인할 수 있다(그림2). 그리고 우리나라의 기온상승은 지구평균에 비하여 2배 이상 빠른 것으로 알려져 있다(기상연구소, 2009). 하지만 우리나라의 기온상승이 지구평균보다 2배 이상 빠르다고 하는 해석은 신중하게 받아들여야 한다. 그 이유는, 지구온난화는 온실가스 증가로 인해 나타나는 기온상승만을 가리키는데 우리나라에서 관측된 기온자료는 도시화가 현저한 서울, 부산, 대구, 인천 등의 대도시에서 얻어진 것으로서, 이것은 지구온난화 효과와 도시열섬 효과가 혼재되어 있기 때문이다. 그럼에도 불구하고 통계적 기법을 이용하여 기온상승 성분에 포함된 도시화 효과를 배제해 보아도 지구평균보다는 높은 것으로 평가되고 있으며(기상연구소, 2009), 우리나라와 같은 기후대에 속하는 일본기상청이 발표한 일본의 지구온난화 속도(약 1.08℃/100년) 역시 지구평균에 비하여 높다는 점을 감안할 때 우리나라에 지구온난화 영향이 크게 미치고 있다는 사실은 신뢰성이 높은 것으로 판단된다.

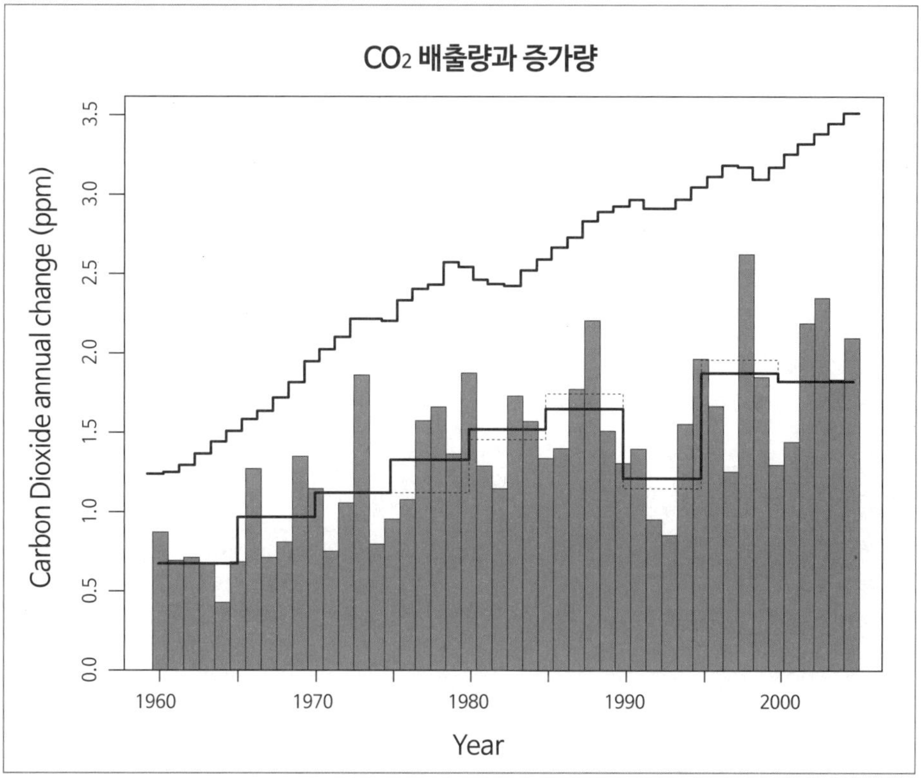

그림1. 1960년대 이후 전 세계의 이산화탄소 배출량과 대기 중 이산화탄소농도 증가량 추이(기상청, 2007)

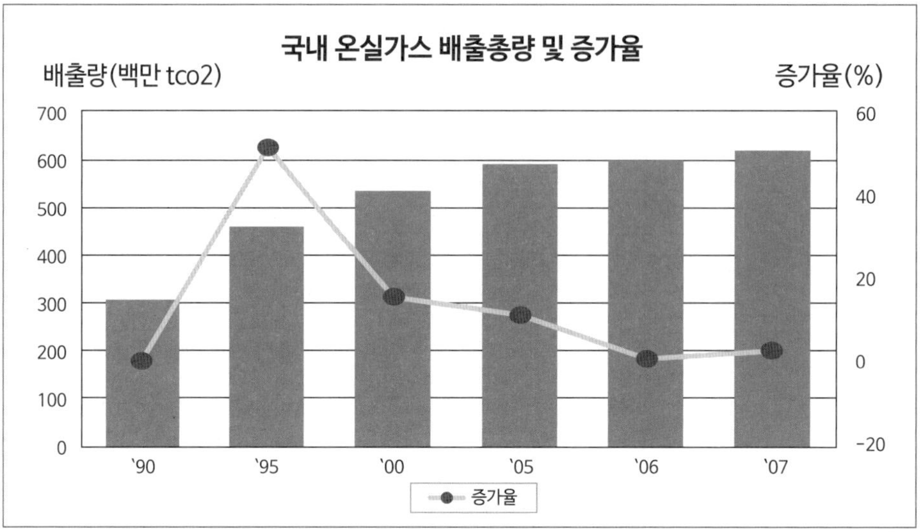

그림2. 우리나라의 온실가스 배출량 증가(에너지관리공단, 2010)

[표1] 우리나라의 온실가스 종류별 배출량과 장래 예상되는 부문별 온실가스 배출량 변화

부문	'90	'00	'04	증가율	'05	증가율	'06	증가율	'90~'06 증가율
총배출량	298.1	531.0	590.4	1.4	594.4	0.7	599.5	0.9	4.5
CO2 (이산화탄소)	257.7 (86.4)	466.3 (87.8)	518.0 (87.7)	1.2	525.1 (88.3)	1.4	532.2 (88.8)	1.3	4.6
CH4 (메탄)	36.6 (12.3)	28.0 (5.3)	27.2 (4.6)	-0.8	25.2 (4.2)	-7.3	25.3 (4.2)	0.3	-2.3
N2O (아산화질소)	2.9 (1.0)	14.4 (2.7)	20.1 (3.4)	16.2	18.0 (3.0)	-10.4	15.5 (2.6)	-13.9	11.1
HFCS (수소불화탄소)	1.0 (0.3)	8.3 (1.6)	6.4 (1.1)	1.8	6.5 (1.1)	0.6	5.9 (1.0)	-9.1	11.8
PFCS (과불화탄소)	n.a.	2.3 (0.4)	2.8 (0.5)	21.1	2.9 (0.5)	3.7	2.9 (0.5)	-2.4	11.5
SF6 (육불화황)	n.a.	11.7 (2.2)	15.9 (2.7)	-8.6	16.7 (2.8)	4.7	17.8 (3.0)	6.9	11.0

구분	실적치		전망치					
	2005		2010		2015		2020	
	배출량	증가율(%)	배출량	증가율(%)	배출량	증가율(%)	배출량	증가율(%)
총배출량	591.1	2.3%	679.2	2.8%	728.2	1.4%	814.1	2.3%
에너지	498.6	2.6%	574.4	2.9%	611.0	1.2%	684.2	2.3%
산업공정	64.8	2.1%	72.1	2.1%	80.9	2.3%	90.1	2.2%
농업	14.7	–0.8%	14.2	–0.6%	13.8	–0.5%	13.5	–0.5%
폐기물	13.0	–3.4%	18.5	7.2%	22.5	4.0%	26.3	3.2%
토지이용/임업	–32.9	–2.5%	–37.3	2.5%	–35.2	–1.2%	–33.9	–0.7%
순배출량	558.3	2.6%	641.9	2.8%	693.1	1.5%	780.2	2.4%

(단위 : 백만 tCO2, %)

(출처: 기후변화협약에 의거한 제3차 대한민국 국가보고서 초안(2007)), 증가율은 직전 5년에 대한 연평균 값임)

한편 우리나라에서 배출되는 온실가스의 종류를 살펴보면 이산화탄소가 약 90%를 차지하고 있으며, 배출하는 산업은 주로 에너지와 산업 공정이다(표1). 아울러 장래에 예상되는 온실가스 배출 증가량의 대부분도 이들 산업 영역에서 기인할 것으로 예상되고 있다.

지구온난화를 유발하는 온실가스 배출량 억제를 위한 국제적 노력에도 불구하고 장래에도 온실가스의 배출량은 지속적으로 증가할 것으로 예상되고 있다(IPCC, 2007). [그림3]은 2000년 전 세계 온실가스 배출량과 IPCC SRES 및 post-SRES에 제시된 2030년 과 2100년의 배출량 전망을 나타낸 것이다. 그림에는 6개의 SRES 시나리오, 즉 A1B(고도성장 사회), A1T(고도 기술지향형 사회), A1F1(화석연료 의존형 고도성장 사회, 가장 높은 온실가스 배출량 증가가 예상됨), A2(다원화 사회), B1(자원순환형 사회로 가장 높은 온실가스 배출 억제가 예상되는 바람직한 사회), B2(지역공존형 사회)에 따른 연간 온실가스 배출량을 추정한 값이 제시되어 있다. 또한 post-SRES 시나리오의 배출량에 대한 빈도 분포(5, 25, 중간, 75, 95 백분위)를 제시하고 있다.

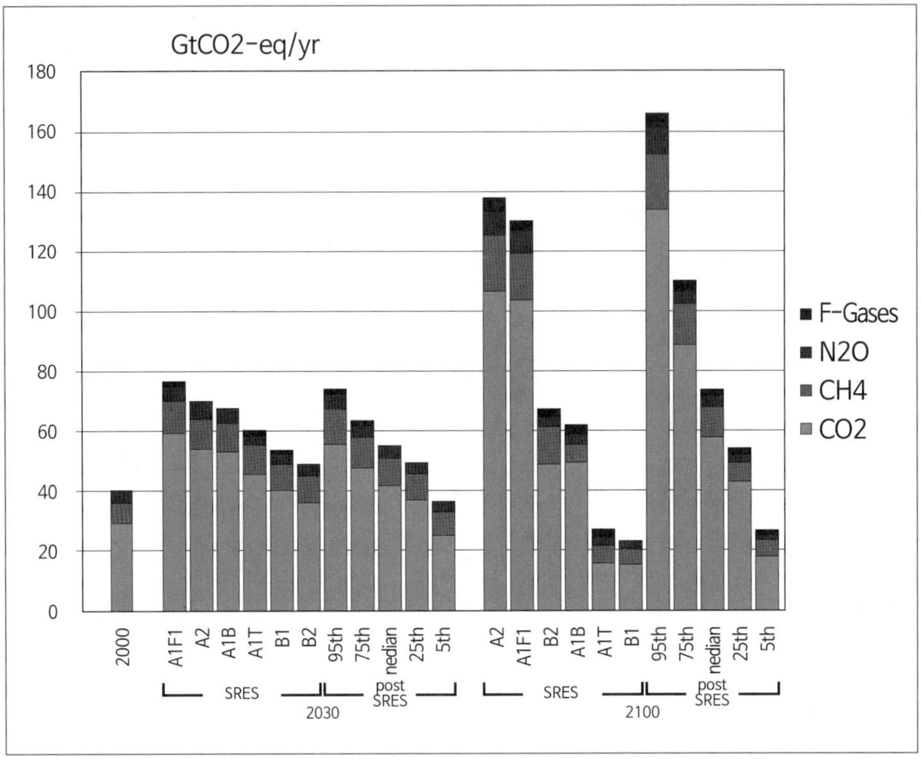

그림3. 전 지구 온실가스 배출량 증가추세 전망. 여기서 SRES는 IPCC에서 작성한 온실가스 배출량 시나리오에 관한 특별보고서(Special Report on Emission Scenarios)의 약칭이다. F–Gases에는 HFCs, PFCs, SF6이 포함된다(IPCC, 2007).

장래 지구온난화의 속도는 인류가 어떤 사회를 지향하느냐에 따라서 큰 차이가 발생할 것으로 예측된다(IPCC, 2007). SRES의 시나리오에 따라서 21세기말 지구 평균온도는 온실가스 배출량에 따라서 1980~1999년 동안의 평균온도에 비하여 작게는 1.1℃(B1 시나리오)에서 최대 6.4℃까지 상승(A1F1 시나리오)할 것으로 예상된다. 그리고 지구온난화는 고위도로 갈수록 높아지는 경향을 고려할 때 우리나라의 기온상승은 이보다도 다소 높게 나타날 것으로 예상되고 있다(기상청, 2007).

기후변화 피해규모 증가추세

대기 중 온실가스농도 증가로 인한 지구온난화는 단순히 지구의 기온을 상승시키는 것에 머물지 않고 홍수, 가뭄, 대설, 강풍 등의 이상 기후를 유발하여 대규모의 물질적, 인적 손실을 가져온다(기상청, 2007). [그림4]는 1980년대 이후 전 세계의 자연재해로 인한 재산 피해액을 나타내었다. 연도에 따라서 피해액이 증감을 되풀이하고 있지만 장기적인 추세는 빠른 증가를 보이는 것을 확인할 수 있다. 특히 1990년대 이후로 대규모 재산 피해가 자주 발생하고 있다. 우리나라의 자연재해는 주로 태풍과 호우로 인해 발생하고 있다(권원태, 2005). 그 결과 매년 자연 재해 피해액이 어떤 규모의 태풍이 상륙하였느냐에 따라서 큰 편차를 보인다. 그런데 최근에는 지구온난화로 인해 해수 표면온도가 상승하는 경향을 보여 한반도에도 풍속이 67m/s를 넘고, 하루 강우량이 1,200mm를 넘는 슈퍼태풍이 올라올 가능성이 있다는 기후학자들의 경고가 이어지고 있다. 이러한 지적이 현실화 한다면 자연재해로 인한 우리나라의 피해액은 지금까지와는 비교할 수 없을 만큼 급증할 우려를 배제할 수 없을 것으로 판단된다.

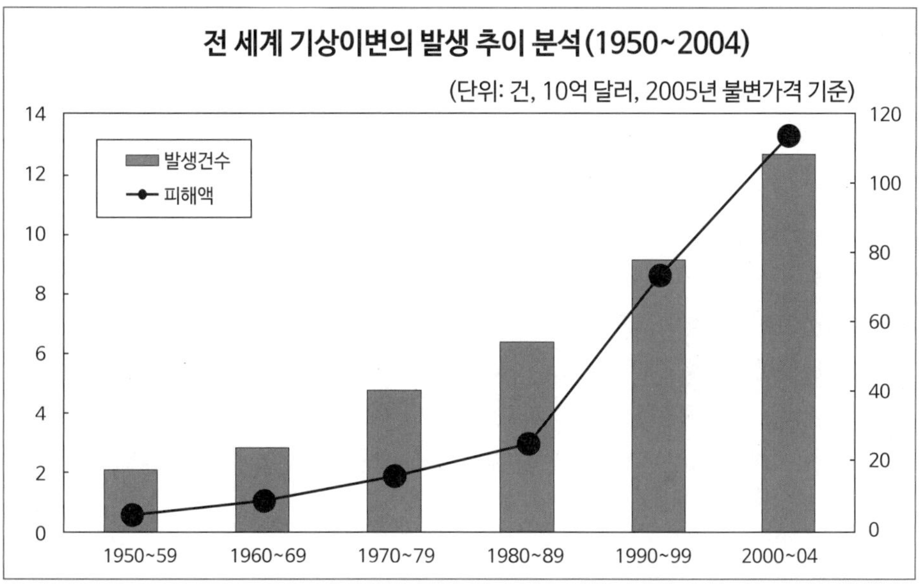

그림4. 전 세계 기상이변의 발생 추이와 피해액의 증가추세

■ 자연재해로 인한 복구비용 증가

○독일의 보험회사 Rueck사에 따르면 지난 50년간 자연재해의 발생건수는 3배가 증가했으며 세계 최대의 보험회사인 '스위스 리'에 따르면 같은 기간 전 세계에서 일어난 자연재해 피해액은 5,500억 달러에 이른다.

○한국 역시 기상재해로 인한 경제적 피해(연평균)는 1960년대 1,000억 원대에서 1980년대 4,419억 원, 1990년대 6,453억 원으로 증가하였으며 2000년대에는 2조 6,864억 원으로 늘어났다.

읽을 거리

증폭되는 이상기상, 원인과 전망

지구온난화의 문제가 본격적으로 제기된 1990년대 이래로 거의 매년 계절에 걸맞지 않는 기상현상이 되풀이 되고 있어서, 사람들은 이것의 원인이 무엇인지 그리고 장래에는 얼마나 더 이상한 날씨가 나타날 것인가를 궁금해 하기도 하고 우려하기도 한다. 그래서 최근에 나타나고 있는 이상 기상현상의 현황을 알아보고, 이것의 원인과 장래에 관한 예측을 살펴보고자 한다.

우선 근래에 나타나고 있는 이상기상현상의 현황을 살펴보도록 하자. 우리는 매년 일정한 시기가 되면 그기에 걸 맞는 기온과 강수량을 예상하는데, 이를 기후평년치라고 한다. 그리고 기후평년치에서 많이 벗어난 기온이나 강수량이 나타나면 이상기상현상이 나타났다고 한다. 1980년대 이래로 지구의 기온이 빠르게 상승하고 있다. 그 결과로 기상관측이 이루어진 1850년 이래로 가장 더웠던 상위 10위 이내의 해가 전부 1990년 대 이후에 나타났다. 우리나라도 역사상 6번째와 7번째로 더웠던 1978년과 1989년을 제외하고는 상위 10위 이내에 드는 고온의 해는 전부 1990년 이후에 나타났다. 여름철에 살인적인 열파가 기승을 부리기도 하는데, 2003년 프랑스 파리에서는 고온이 한 달 정도 이어져 많은 사망자를 내었다. 그런데 지구온난화의 영향으로 4계절의 기온이 항상 상승하는 것은 아니다. 단기적으로는 오히려 기후평년치보다 훨씬 낮은 저온의 여름이 출현하기도 한다. 이와 같은 큰 기온변동성은 농작물의 재배와 기후에 영향을 받는 현대 산업 전반에 대해서 큰 영향을 미치기 때문에 결과적으로 사회 불안정을 가져오는 원인이 되기도 한다.

최근에 우리나라 주변에 여름철 기상 변동성을 확대시키고 있는 주원인은 지구온난화 등의 영향으로 북태평양 고기압의 세력이 종잡을 수 없는 큰 변화를 보이는 것에 있다(그림1). 그림1에서 북태평양고기압의 영향범위가 1980년대 이전((a))에 비하여 1980년대 이후((b))에 훨씬 큰 변동을 하고 있다는 것을 확인할 수 있다. 여름철에 우리나라로 올라오는 태풍은 북태평양 고기압의 가장자리를 따라서 이동하는 특성이 있어서 매년 북태평양 고기압의 영향범위가 크게 변하고 있는 근래에는 태풍의 영향도 매년 큰 차이를 보여주고 있다. 이러한 기상 변동성은 전 세계적인 현상이며, 이것의 직접적 원인은 해당 지역의 기상을 지배하는 기단의 변동성이 확대되는 것에 있다. 그리고 다수의 기상학자들은 기단의 변동성이 커지는 원인을 온실가스 증가로 인한 지구온난화현상에서 찾고 있다.

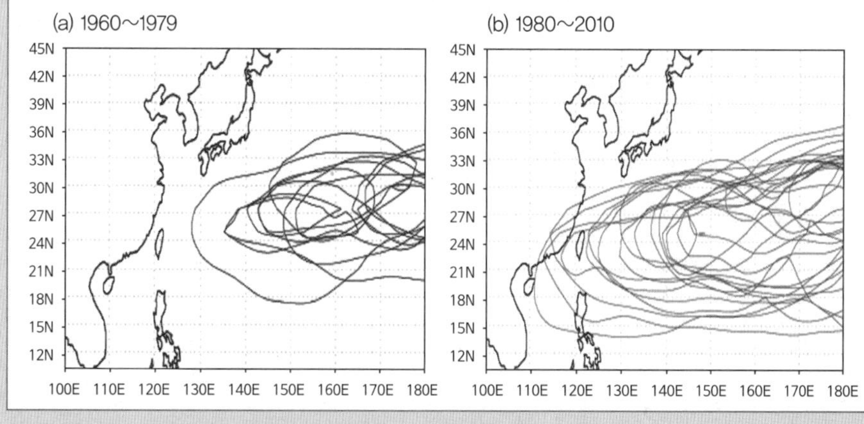

그림1. 북태평양고기압 세력의 범위.

이상기상의 문제는 기온만의 문제가 아니라 홍수와 가뭄의 강도와 발생 빈도도 급증하고 있다. 연간 내리는 강수량은 증가하지만 비가 내리는 강수일은 감소하는 양상으로 강우패턴이 변하고 있다. 이것은 연간 강수량은 증가하지만, 폭우 형태로 내려서 자연재해를 유발하고 토양이나 저수 공간에 저장되지 못하여 수자원으로 사용될 수 없는 비의 양이 많아진다는 것을 의미한다. 반면에 비가 내리지 않는 일수가 증가하여 가뭄피해가 증가할 개연성이 높아진다. 또 우리나라의 강수량은 여름 장마철(6월 하순~7월 초)에 집중되고 있었지만, 최근에는 오히려 장마기 이후에 강수량이 더욱 증가하는 경향을 보여주고 있다. 이로 인하여 연간 강수경향을 예측하기가 어려워지고, 우기가 길어지면서 지반 약화로 인한 각종 지질재해가 증가하고 있다.

이상기상현상의 심화로 인한 고통은 여름에 한정되지 않는다. 1990년대 이래로 지속되던 겨울철 고온과 강설의 급감현상이 돌변하여 최근 2~3년간에는 폭설과 한파가 크게 기승을 부리고 있다. 한파와 폭설은 우리나라를 포함한 동아시아에만 국한된 것이 아니라 유럽 및 북미 대륙도 강타하고 있다. 2010년 겨울의 경우, 중국 베이징에는 59년만의 폭설과 한파가 몰아쳤고, 영국에도 100년 만의 한파와 17년만의 최악의 폭설이 있었다. 미국은 중서부에서 시작된 기록적인 폭설과 한파가 플로리다까지 강타하였다. 1980년대 이래로 급속히 진행된 지구온난화로 인하여 우리나라를 포함한 중위도 온대지역의 겨울 한파와 눈은 빠른 속도로 약화되어 곧 사라질 것만 같았고, 언론은 지구온난화 주창자들의 견해를 빌어 이를 기정사실화해 오고 있었다. 그런데 갑자기 겨울철 한파와 폭설이 기승을 부리게 된 작금의 현상을 어떻게 받아들여야 할까?

기후학자들은 최근에 나타나고 있는 한파의 원인을 북극진동과 태평양진동의 합작품으로 설명하고 있다. 북극진동이란 북극과 중위도(45N) 지역의 기압차이가 증가하였다가 감소하였다가 하는 현상이 불규칙하게 반복되는 것을 말한다. 북극과 중위도 지역의 기압 차이가 클 때를 온난모드라고 하는데, 이때는 북극권의 찬 공기가 남쪽과 북쪽 사이를 사행(蛇行)하지 못하고 고위도 북극권에 정체하면서 지구를 일주하는 회전운동을 한다.

이와 달리 두 지역 간의 기압 차이가 감소하면 북극권에서 냉각된 찬 공기가 크게 사행하면서 서에서 동으로 지구를 일주한다. 이때 찬 공기가 중위도지역과 저위도 지역에까지 불어 내려와서 한파와 폭설을 발생시키는데, 이를 한랭모드라고 부른다. 최근의 겨울은 북극진동에서 볼 때 전형적인 한랭모드에 해당한다. 반면에 그동안 겨울이 실종된 것처럼 따뜻한 겨울이 지속되었던 시기는 온난모드의 시기였던 셈이다. 1980년대 이래로 최근에 이르기까지 지구온난화가 가속화하였는데 이는 북극진동이 온난모드를 지속하였던 것과 깊은 연관성을 갖는다.

뿐만 아니라, 미국 웨스턴 워싱턴대학의 이스터브룩 교수 등은 태평양진동(PDO; Pacific Decadal Oscillation)이 최근에 온난 모드에서 냉각모드로 바뀌었다는 사실을 근거로 향후 20~30년간 지구온도는 하강하는 경향을 보일 것으로 예상하고 있다. 태평양 진동이 한랭모드가 되면 중위도의 기압이 높아져서 북극과 중위도 지역의 기압차가 줄어들고, 그 결과 북극진동의 한랭모드가 강화되어 중위도 지역에 한파와 강설이 기승을 부릴 수 있다.

태평양진동이란 태평양의 북부와 서부에 있는 하나의 큰 규모의 해수온도 모드와 동부 열대 태평양 상에 있는 작은 규모의 해수온도 모드가 20~30년 주기로 상반된 변화를 보이는 현상을 말한다. 예로서 1940년대 중반부터 1970년대 중반까지 약 30년간에 걸쳐 태평양의 북부와 서부 해역에는 낮은 수온이 존재하였고, 동부 열대 태평양에는 높은 수온이 존재(태평양 진동의 냉각모드라고 부름)하였는데, 이 기간 동안에 지구의 온도는 장기간에 걸쳐서 하강 추세를 보였었다. 그 이후 온난모드로 바뀌면서 지구온도는 급속히 상승하는 경향을 최근에 이르기까지 지속하였다. 이런 주장에 동조하는 기후학자들은 1940~1970년대와 같이 앞으로 상당 기간에 걸쳐서 기온이 하강하는 소빙하기가 도래할 것으로 예상하고 있다.

최근의 이상기후현상의 원인을 지구온난화에서 찾고 있는 기후학자들이 많지만 급작스런 기후변화는 지구온난화가 발생하기 이전에도 지구 역사 이래로 자연에 존재하는 다양한 주기의 진동현상간의 상호작용의 결과로 나타나고 있었다.

지구온난화현상으로 인해 근래 이상기상현상의 출현 빈도와 강도가 강화되고 있다는 점은 인정되지만, 지구온난화로 인해 기후가 어떤 방향성을 가지고 변해가고 있다고 단정하는 것은 무리로 판단된다. 지구온난화의 효과가 어떤 자연적 주기현상과 만나느냐에 따라서 기후현상은 전혀 다른 양상으로 나타날 수도 있다. 이와 같이 지구온난화의 진정한 두려움은 단순한 온도 상승에 있는 것이 아니라, 지구의 기후를 예측 불가능한 방향으로 증폭시켜간다는 사실에 있는 것으로 생각되며 지구온난화가 진척될수록 우리가 감내해야할 이상기상현상은 더욱 심각해져갈 것으로 우려된다.

김해동(신재생에너지 저널, 2012, 계명대학교 환경학부 교수)

국제사회의 기후변화 대처노력

20세기 중반 이래로 인류가 지구온난화에 수반된 기후변화를 포함한 지구환경문제 해결을 위해 노력해온 활동이 총 정리된 것이라고 평가받을 만큼 중요한 사건으로, 1987년에 개최되었던 유엔환경특별회의를 우선 기억하여야 한다. 이 회의에서 오늘날 각종 계획과 개발에 고려되고 있는 원칙적 개념인 지속가능한 발전을 정리한 Brundtland 보고서가 제출되어 채택되었다. 이러한 노력의 바탕 위에서, 1988년에는 인류가 자연에 배출한 온실가스가 지구환경에 미치는 영향을 정량적으로 평가할 목적으로 UN이 IPCC를 출범시켰다.

이 조직에는 세계 각국 정부 대표와 과학자들이 참가하는데, 이들은 이미 발표된 연구결과(논문, 보고서 등)를 바탕으로 정기적으로 보고서를 작성하여 공표하는 일을 맡고 있다. IPCC는 1990년에 제1차 보고서를 발표하였다. 그 주요 내용은, 2100년에는 지구의 기온이 약 3℃상승할 것으로 예상된다는 것과 대기 중의 이산화탄소 농도를 1990년 수준으로 유지하기 위해서는 이산화탄소 배출량을 60% 이상 감축하여야 한다는 것이었다. 그해 11월에는 스위스의 제네바에서 제2회 세계기후회의가 개최되었다. 이 회의에서는 기후변화에 관한 실무자간의 교섭과 각료급 회의가 이루어져, 기후변화 해결을 위한 국제협약 상에서 반드시 반영되어져야 할 원칙이 포함된 각료 선언이 채택되었다. 그 원칙이란, 첫째로 지구온난화의 원인을 만든 선진국과 책임이 작은 개도국을 구별하여 지구온난화 억제를 위한 노력을 함께 하되 책임에는 차별을 둔다. 두 번째는, 온실기체 배출이 지구온난화를 유발하였다는 점에 과학적인 불확실성이 있다는 이유로 대책을 미루는 것은 허용되지 않는다는 것이다.

이 원칙에 입각하여 1990년 12월에 유엔총회는 기후변화협약 교섭회의를 설치하였다. 이 회의는 1992년에 브라질 리우에서 개최될 지구정상회의까지 전 세계가 조약에 합의하는 것을 목표로 국제교섭을 추진하였다. 드디어 1992년 6월 브라질의 리우에서 172개국의 정부대표와 국제기관, 102명의 정부수뇌, 약 2,400명의 NGO가 참가한 가운데 인류 역사상 가장 성공적인 국제회의였다고 하는 「환경과 개발에 관한 국제회의(UNCED)」가 개최되었다. 환경과 지속가능한 개발이 주요 의제였던 이 회의에서는 많은 성과를 낳았는데, 그 중의 하나가 기후변화협약의 체결이었다. 1992년 리우회의에서 체결된 기후변화협약은 1994년에 50개국 이상이 의회에서 비준을 받음으로써 정식으로 발효되었다.

기후변화협약이 발효된 후, 매년 당사국회의가 개최되어 기후변화 대응책을 논의해 오고 있다. 제1회 당사국회의(COP)는 1995년에 베를린에서 개최되어 베를린 명령(mandate)을 채택하였는데, 그 주요 내용은, ①2000년 이후에 실행할 선진국의 온실기체 배출 감축목표를 수치로 정하고, 그것을 실행할 정책 및 구체적 조치를 담은 의정서를 제3차 당사국회의에서 채택할 것, ②모든 국가가 공동으로 행동하되 책임의 정도에는 차이를 둔다는 원칙에 입각하여 개도국에 대해서는 새로운 약속을 부과하지 않지만, 조약상 기존의 약속을 재확인하고 그 약속을 촉진한다는 2가지였다. 제2차 당사국회의는 2006년에 스위스의 제네바에서 열렸는데, 이 회의에서 제3차 당사국회의에서 온실기체 감축에 관한 법적 구속력이 있는 수치목표를 정한다는 각료선언을 이끌어내어, 온실기체 의무감축의 시대가 다가오게 되었다.

교토의정서 체제는 2008년부터 효력이 시작되어 2012년에 마감된다. 그래서 국제사회는 포스트 교토의정서 체제에 대해서 끈질기게 논의해 오고 있다. 그 결실이 2007년 발리에서 있은 제13차 당사국회의였고, 여기서 포스트 교토체제를 위한 로드맵이 채택되었다. 이러한 성과를 바탕으로 2009년 12월에 덴마크의 코펜하겐에서 개최될 제15차 당사국회의에서 포스트 교토체제에서 실천해 갈 목표치를 결정하고자 노력하였으나 합의 도출에 실패하였다. 하지만 국제사회는 향후에 지속적 협의를 통해 포스트 교토 체제를 이어가자는 것에는 의견을 같이하고 있다. 이러한 내용을 정리한 것이 [표2]이다.

[표2] 기후변화에 대처하기 위한 국제사회의 주요 활동 연표

연도	주요 논의 사항
1972	스톡홀름 유엔 인간회의(UN Conference on the Human Environment) 성장의 한계 – 로마 클럽의 인류의 위기 보고서 제출
1974	유엔 산하에 세계기상기구(WMO) 설치 – 전 세계 기후변화에 관한 연구 추진담당기구
1979	세계기후회의 선언(제1회 세계기후회의 – 기후와 인류의 전문가 회의), 기후변화에 관한 국제적 대응을 담당할 세계기후계획(WCP) 설치 합의
1987	유엔환경특별위원회(World Commision on Environment and Development: WCED), 우리들 공동의 미래(Our Common Future; 이것은 Brundtland Report라고 불림) 발표 (지속가능한 발전의 개념 정리)
1988	기후변화에 관한 정부 간 협의체(Inte-Government Panel on Climate Change: IPCC) 설립
1990	제2회 세계기후회의/IPCC 기후변화 제1차보고서/기후변화협약 교섭회의 출범
1992	기후변화협약 조약 채택/환경과 개발에 관한 국제회의(리우환경회의라고 불림)
1994	기후변화협약 발효
1995	제1차 기후변화 당사국회의(베를린회의라고 불림) 개최, 기후변화 억제를 위한 전 세계의 공동책임과 차별적 의무를 확인(온실가스 감축에 있어서 선진국의 무거운 책임 확인)
1996	IPCC 기후변화에 관한 제2차보고서 발표 (기후변화의 원인이 온실가스 증가에 있을 가능성이 거의 확실하다는 사실을 확인함)
1997	제3차 기후변화 당사국회의에서 교토의정서에 합의
2001	IPCC 기후변화에 관한 제3차 보고서 발표
2008	교토의정서에 따른 제1차 온실가스 의무감축 기간이 시작됨(2008~2012)
2009	제15차 기후변화 당사국회의(코펜하겐회의), post-Kyoto 합의안 도출에 실패
2010	IPCC 제2실무그룹의 제4차 기후변화평가보고서 요약본 발표 (기후변화에 대한 적응대책 수립의 필요성 제기)

읽을 거리

기후문제에 맞선 아시아

금년 4월 6일에 IPCC의 제2 실무그룹의 제4차 기후변화평가보고서 요약본이 벨기에 브뤼셀에서 발표되었다. 이 보고서는 지난 6년간 전 세계 130개국의 과학자 2500여명이 참여하여 작성되었다고 한다.

이 보고서에서 온실기체 저감노력과 기후변화 적응대책이 충실히 실천되지 않는 경우를 가정해서 작성된 미래의 지구환경 시나리오는 매우 암울하다. 시나리오가 담고 있는 주요 내용은 다음과 같다. 지표면의 기온이 1990년 대비 1.5~2.5도 상승할 경우 현재 지구상에 존재하는 양서류를 포함한 생물종의 20~30%가 멸종의 위기에 처할 것이라고 한다.

현재와 같은 양상으로 화석연료가 사용된다면 향후 30년 이내에 3.5도 이상의 기온상승이 예상되는데, 이 경우에는 지구 전체 생물종의 40~70%가 멸종위험에 놓일 것으로 예상하고 있다.

재해에 따른 질병과 사고, 지상오존농도 증가에 수반된 호흡기와 심장질환이 늘고 전염병 발생의 확대로 보건 위생적으로도 큰 위협을 받을 것이라고 한다. 지금보다 1도 정도 기온이 더 상승할 것으로 예상되는 2020년경에는 최대 17억 명(대부분이 아시아와 아프리카에서 발생하는데, 아시아에서 최대 10억 명, 아프리카에서 최대 6억 명이 물 부족에 직면할 것으로 예상됨)이 물 부족으로, 최대 3천만 명이 기아로 고통을 받게 될 것이라고 한다.

이와 같이 암울한 피해는 특히 빈곤지역과 빈곤층에 강하게 나타날 것으로 예상된다. 그 이유는 이들 계층은 지구온난화의 영향을 상대적으로 크게 받을 수 있는 처지에 내몰려 있으면서도 사회 · 경제적으로 적응할 수 있는 능력이 낮기 때문이다. 따라서 양극화의 해소와 빈곤층에 대한 사회적 보호 장치를 갖추는 것도 지구온난화에 대한 중요한 적응대책의 하나라고 할 수 있을 것이다.

하천범람으로 홍수와 해일피해가 늘어 큰 위험에 놓이게 될 것으로 예상되는 아프리카의 사하라 이남지역, 군소 도서지역 및 인도의 갠지스강과 중국의 주장강 하구 삼각주의 인구 밀집지역 등이 이에 속한다. 또 세계 최고의 인구밀도를 갖는 방글라데시는 국토의 해수면고도가 낮고 여름철 몬순 강우지대에 위치하여 기후변화의 영향을 가장 극심하게 받고 있는 국가이다. 그럼에도 경제적 빈곤으로 인하여 속수무책으로 있는 실정이다. 지구온난화의 원인을 제공한 유럽을 포함한 선진 국가들은 이들 기후난민에 대한 구제대책에도 적극 나서야 할 것이며 아시아의 시민들은 이를 촉구하는 대열에 동참하여야 한다. 선진 국가들이 생색내기에 불과한 온실기체 저감타령만 하고 있을 만큼 아시아와 아프리카의 가난한 시민들에게 시간이 허용되고 있지 못하다.

보고서에서는 지구온난화의 영향을 억제하기 위해서 인류가 설령 온실가스 배출량을 성공적으로 줄일 수 있다고 하더라도 기후시스템의 관성으로 인하여 향후 수 십 년 동안에는 지구온난화가 지속될 수밖에 없다고 지적하고 있다. 지구온난화로 인한 기후변화의 도래는 이제 숙명으로 받아들이고 적응대책을 수립하여야 한다는 것이다. 그래서 각 국은 지역의 특성을 고려한 적응대책의 수립에 신속하게 나서야 한다고 지적하고 있다.

아시아에서는 일본과 규모가 작은 몇몇 국가를 제외하고는 경제적으로 열악한 위치에 놓여 있어 빠른 경제성장을 지속시키고자하는 입장에 놓여있다. 그래서 경제성장에 필요한 에너지를 확보하고 상업적 영농을 확대하기 위하여 화석연료 사용과 원시림을 포함한 자연환경의 파괴가 빠르게 증가되고 있는 실정이다. 아시아의 양대 대국인 인도와 중국에서 더욱 그러하다. 중국의 경우에 1990년대 초에는 석탄소비가 연간 약10억 톤 규모였지만 오늘 날에는 23억 톤에 이르고 있다. 석탄을 이용한 화력발전소의 용량은 향후에도 지속적으로 급증할 것으로 예상되고 있다. 중국은 2017년까지 GDP를 현재보다 4배로 확대하고자 하는 목표를 가지고 있다. 이에 소요되는 에너지 사용량은 에너지 효율 개선 등의 방법으로 현재의 2배 이내로 제한하겠다고 한다. 이로 인하여 중국의 온실기체 배출량 증가는 매년 빠른 속도로 증가해 갈 것이다. 그 결과로 수년 이내에 미국을 추월하여 이산화탄소 배출량 세계 1위를 차지할 것으로 예상된다.

석탄사용의 급증은 이산화탄소 배출증가의 문제뿐만 아니라 황산화물과 수은과 같은 유독 중금속을 배출하여 대기, 수질, 토양오염을 심화시키고 인간을 포함한 생태계에 심각한 피해를 유발하게 될 것이다. 지금도 우리나라는 중국의 석탄사용의 영향으로 인체의 수은농도가 다른 국가의 국민들에 비하여 현저히 높은 것으로 알려지고 있어 환경부에서 대책마련에 나서고 있는 실정에 있다.

이러한 배경에서 아시아의 시민들은 막무가내식의 경제개발 논리를 거부할 수 있는 의식개혁에 나서야 할 것이다. 지속가능한 삶을 지향하는 국제기구와 시민단체들은 이들 아시아 시민들이 지구환경 보전의 중요성을 깨닫고 행동에 나설 수 있도록 지원하고 연대하는 노력을 게을리 하지 말아야 할 것이다.

김해동(계명대학교 환경학부 교수, 교수신문, 2010)

우리나라의 기후변화 대처를 위한 제도적 • 법적 노력의 추세

기후변화 대처를 위한 노력은 기후변화 원인물질인 온실가스 감축 분야와 기후변화 적응분야로 나눌 수 있으므로, 여기서도 이들 2개 분야로 구분하여 기술하기로 한다.

온실가스 감축 분야

우리나라는 1994년에 발효된 기후변화협약 가입국이기는 하지만, 정부가 기후변화에 본격적인 관심을 기울이기 시작한 것은 1997년에 일본 교토에서 개최되었던 제3차 기후변화 당사국회의에서 교토의정서가 채택된 이후라고 할 수 있다(표3). 1998년에 국무총리실에 범정부 대책기구로 기후변화 대응대책팀을 구성하고, 이곳에서 2년 마다 한 번씩 기후변화 종합대책을 정리하여 발표해 왔다. 이러한 방식으로 제4차 보고서까지 발간되었는데, 이들 보고서에는 국무총리 훈령 제422호에서 알 수 있듯이 기후변화협약대책, 즉 온실가스 감축 전략 개발이 중심이었다.

[표3] 우리나라의 기후변화 대처를 위한 제도적 • 법적 정비 연표

1998.4.	기후변화 대응대책팀 구성(국무총리를 위원장으로 하는 범정부대책기구)
12.	기후변화 제1차 종합대책(1999~2001년)
2001.9.20	「기후변화협약대책위원회 등의 구성 및 운영에 관한 규정」(국무총리훈령 제422호) 제정
2002.3	기후변화 제2차 종합대책(2002~2004년)
2005.	기후변화 제3차 종합대책(2005~2007년)
2007.10.29	「기후변화대책위원회 구성 및 운영에 관한 규정」(국무총리훈령 제500호) 전부개정
12.17	기후변화대책위원회 개최, 기후변화 제4차 종합대책(2008 ~ 2012년) 심의 · 확정
8.29	「기후변화대책기본법」(안) 입법예고
9.19	제5차 기후변화대책위원회, 기후변화 대응 종합 기본계획 심의 · 확정
2009.1.15	「저탄소 녹색성장 기본법」 정부안 입법예고(09.2.25 국무회의서 정부안 확정)
7.6	녹색성장 국가전략 및 녹색성장 5개년 계획 확정, 수립
2009.11.17	국가 중기(2020년) 감축목표 확정
2010.1.13	「저탄소 녹색성장 기본법」 제정
4.14	「저탄소 녹색성장 기본법」 및 「시행령」 시행
	온실가스 · 에너지 목표관리제 시행
11.17	「온실가스 배출권 거래제도에 관한 법률」(안) 입법예고
2011.2.28	「온실가스 배출권 거래제도에 관한 법률」(안) 재 입법예고
2011.7.12	2020년까지 부문별 · 업종별 · 연도별 국가 온실가스 감축목표 확정

(출처: 국가기후변화 적응대책, 2011~2015)

정부는 우리나라의 온실가스 감축 잠재량 분석결과와 우리나라에 대한 국제사회의 온실가스 감축 요구수준 등을 감안하여 제시된 온실가스 배출 전망과 3가지 감축 시나리오를 대상으로 각 분야의 의견을 수렴하는 절차를 거쳐 2009년 11월에 2020년 BAU(Business as Usual) 대비 30% 감축 시나리오를 온실가스 중기 감축목표로 확정하였다. 이것은 개도국 최대 감축 수준에 해당하는 것이다. 이를 달성하기 위한 주요 감축 수단으로는 전기 차·연료전지 차 보급, 최첨단 고효율제품 확대 보급 및 집단에너지 공급시스템 도입강화를 제시하였다. 아울러 이를 실현하기 위한 법적, 제도적 시스템의 구축을 위하여 [표4]에 제시되어 있는 온실가스·에너지 목표관리제, 국내 탄소 배출권 거래제도 등을 도입하게 되었다.

[표4] 우리나라의 에너지 • 온실가스 감축을 위한 주요 시책

시행 연도	주요 시책	내용
2011. 02 (실시를 2015년으로 연기)	탄소배출권 거래제	업체가 할당받은 온실가스 범위 내(할당량의 95%)에서는 무상으로 이산화탄소를 배출할 수 있지만. 그 이상의 초과 배출에 대해서는 과징금을 부과하는 제도임. 2011년 2월에 도입예정이었던 온실가스 거래제 도입시기가 산업계의 요구를 수용하여 2015년 1월로 연기되었음.
2010. 04	온실가스 · 에너지목표 관리제	정부와 관리업체간 협의로 온실가스 배출량과 에너지 사용량 목표를 정하며, 정부는 인센티브와 패널티를 통하여 목표달성을 유도하고, 관리업체는 목표달성을 위한 이행계획과 이를 뒷받침하는 관리체제 등을 설정하여 절감 목표를 달성하는 제도
2009. 05	탄소 캐쉬백	저탄소 제품 구매 및 실천 매장 등을 이용하는 구매자에게 포인트를 제공함으로써 소비 형태의 변화를 유도하는 제도. 제휴사는 수익의 일부를 구매자에게 포인트로 제공하며, 적립된 포인트는 제품 재 구매, 대중교통 결제 등에 현금처럼 사용 가능
2009. 07	탄소포인트 제도	가정과 상업시설에서 전기, 수도, 도시 가스 및 지역난방 등의 사용량을 절감해 온실 가스 감축에 참여하면 그 실적에 따라 탄소 포인트를 발급받고, 이에 상응하는 인센티브를 자방자치체로부터 제공받는 기후변화 대응 활동. 온실가스 감축 정책을 가정 및 상업시설까지 확대하여 국민 개개인이 기후변화의 주범인 온실 가스 감축 활동에 직접 참여하도록 유도하기 위해 2008년부터 환경부에서 시범적으로 운영하다가 2009년부터 전국 지방자치체로 확대하여 운영하고 있음

2008. 08	그린 홈 100 만호 보급사업	2020년까지 생활공간 에너지공급을 신재생에너지로 대체하는 사업
2008. 02	탄소중립 프로그램	일상생활에서 발생하는 온실가스 배출량을 산정하고 감축목표를 수립 한 후 상쇄 방안의 실행을 통해 온실가스를 저감하는 프로그램
2005. 07	신에너지 및 재생에너지 개발 · 이용 · 보급촉진법	신재생에너지와 관련하여 기술개발, 이용, 보급 촉진, 관련 산업의 활성화 등 전반적인 사항을 규정하고 이를 통하여 에너지원의 다양화, 에너지 구조의 환경 친화적 전환 및 온실가스 배출의 저감을 유도하는 법
2004. 03	신재생에너지 설치 의무화 제도	국가, 지자체 등이 신축, 증축 또는 개축하는 건축 연면적 3천 평방미터 이상의 건물에 대해 총 건축공사비의 5% 이상을 신재생에너지설비에 의무적으로 투자하는 제도
2001. 06	신재생에너지 발전차액 지원제도	신재생에너지의 초기 투자비 과다에 따른 경제성 부족으로 신재생에너지 발전원별 기준가격과 계통한계가격의 차액을 지원하여 신재생에너지의 보급을 활성화하는 제도

(출처: 2010년 에너지 · 기후변화 편람, 에너지관리공단, 2010)

기후변화 적응 분야

2010년에 저탄소 녹색성장기본법이 제정·시행(2010년 4월 14일)에 따라서 최초로 국가 기후변화 적응대책(2011~2015)이 수립되었다. 이 계획은 기후변화 영향의 불확실성을 감안하여 5년 단위 연동계획(Rolling Plan)으로 수립하도록 되었다.

이 계획에서 제시된 2015년까지 기후변화 적응 노력을 위한 부문별 소요예산(표5)을 제시하였다. [표5]에서 2015년까지 예상된 기후변화 적응에 투입될 예산의 60.5%(약 31조원)가 물 관리 분야에 책정되어 있는 것을 알 수 있다. 이 예산은 수질관리와 유량관리에 투입된다. 이 예산의 소요 분야를 살펴보면, 물 관리 예산의 약 60%(18조 3581억원)는 국토해양부가 주관하는 홍수 및 가뭄대책 중 마. 항목으로 분류된 하천의 기후변화 적응능력 극대화 사업에 투입되는 것으로 제시되어 있다. 하천관리 체제 개편과 하천 관리 기술개발 등의 연구개발비에 약 200억 원이 투입되고, 그 외 대부분의 예산은 4대강 살리기 사업과 4대강

외 지류하천 종합정비에 책정되었다. 2006년 11월에 발간된 N. Stern의 보고서에 의하면, 지구온난화가 지속되면 2050년에는 각국이 관련 문제를 해결하기 위해 전 세계 국내 총생산(GDP)의 1%(약 6,500억 달러, 618조원)를 지출해야할 상황에 직면할 것이라고 하였다. 우리나라가 예정대로 기후변화 적응에 향후 5년에 약 51조원의 예산을 투입한다면, 이는 우리나라 GDP의 약 2%에 상당하여 세계적으로 높은 수준에 해당한다. 한국환경정책평가연구원에서 발간한 "우리나라 기후변화의 경제학적 분석(2011)"에 의하면, 21세기 말까지 한반도의 누적 피해 비용은 2800조원으로 추정되지만, 많게는 2경 7791억 원까지 늘어날 수 있다고 한다. 하지만 2100년까지 300조원을 기후변화에 적응하기 위한 대책에 투자하면 누적 피해 비용을 800조원 이상 줄일 수 있다고 제안하였다. 우리 정부가 기후변화 적응에 GDP의 약 2%에 해당하는 많은 예산을 예정한 것은 이러한 과학적 보고서에 기초하여 선제적 투자를 결정한 것으로 평가되지만, 투입 예산이 하천 정비와 같은 특정 항목에 집중된 것에 대해서는 향후 사회적 합의과정을 요구받을 수도 있을 것이다.

IPCC 제1차 보고서(1990)에서 대기 중 온실가스 농도를 1990년 수준으로 유지하기 위해서는 전 세계의 온실가스 배출량을 1990년 대비 약 60% 감축이 필요하다는 지적과 아직 교토의정서의 효력이 끝나는 2012년 이후에 전 세계가 온실가스 감축을 어떻게 이어갈 것인지를 합의하지 못하고 있다는 사실에 비추어 보더라도 온실가스 감축을 통해 지구온난화 문제를 본질적으로 해결해 내기는 현실적으로 어려울 것으로 예상되고 있다. 그래서 전 세계는 온실가스 감축 노력과 병행하여 기후변화를 현실로 받아들이고 그에 적응하여 살아갈 수 있는 대책 개발에도 본격적으로 나서고 있다. 따라서 우리나라에서도 장래에는 온실가스 감축을 위한 국제협력과 함께 한반도의 장기적 기후변화 예측 기술의 개발과 각 분야의 적응 노력에 재정적, 제도적 지원이 집중될 것으로 예상된다.

같은 수준의 기후변화에도 적응대책을 준비한 선진 국가와 그렇지 못한 개도국 사이에는 피해에 현저한 차이를 보이고 있다. 이러한 사실로부터 우리 사회도 정부의 지원 하에 기후변화에 대한 적응을 위한 연구와 실천 노력이 활성화 되어갈 것으로 예상된다.

[표5] 부문별 소요예산(안) : 총 51조 2,643억원

구분	연차별 소요예산(억원)						
	합계	(비율)	2011	2012	2013	2014	2015
합계	512,643	(100%)	128,044	116,084	94,741	89,161	84,613
건강	13,496	(2.6%)	1,960	2,415	2,845	3,140	3,136
재난/재해	86,136	(16.8%)	10,728	14,058	17,658	20,481	23,212
농업	49,621	(9.7%)	7,843	8,962	11,034	10,875	10,907
산림	29,062	(5.7%)	5,102	5,347	6,067	6,257	6,290
해양/수산	9,872	(1.9%)	906	1,678	2,242	2,517	2,529
물관리	310,181	(60.5%)	99,341	80,124	52,012	42,929	35,775
생태계	3,949	(0.8%)	704	1,240	652	685	669
기후변화 감시·예측	6,830	(1.3%)	463	1,195	1,582	1,853	1,738
적응산업/에너지	1,319	(0.3%)	656	455	61	66	81
교육·홍보 및 국제협력	2,175	(0.4%)	340	611	589	358	277

– 물 관리(61%), 재난/재해(17%), 농업10%), 산림(6%), 건강(3%) 등 순임
– 2011년 25%, 2012년 23%, 2013년 18%, 2014년 17%, 2015년 17%

정리

산업혁명은 생산 활동에 필요한 에너지를 인간과 동물의 힘으로부터 석유와 석탄으로 대표되는 화석연료의 연소에서 나오는 에너지원으로 대체시키는 기술의 발달로 가능하게 되었다. 산업혁명을 통해 인류는 물질적 풍요를 달성할 수 있게 되었지만, 그 대가로 자원의 고갈과 환경오염의 문제를 발생시켰다. 지구온난화로 인한 기후변화의 원인은 대부분 화석연료의 연소과정에서 발생된 이산화탄소가 대기 중에 축적되어 대기 중 이산화탄소 농도가 높아진 것에 기인한다.

지구온난화로 인한 기후변화의 영향으로 지구의 기온은 단기적으로는 상승과 하강이 불규칙하게 반복되면서 장기적으로 상승하는 경향을 보인다. 아울

러 전 지구적으로 아주 다양하고도 불규칙한 이상 기후를 유발한다. 이러한 불규칙한 기후변화는 생태계와 인간 활동의 안정적 삶을 크게 위협한다. 이에 대처하기 위하여 국제사회는 오래 전부터 기후변화의 원인물질인 이산화탄소의 배출량을 줄이려는 노력을 지속해 오고 있다. 하지만 이산화탄소 발생량을 감축하려면 화석연료의 사용을 줄여야 하기에 쉬운 일이 아니다. 뿐만 아니라, 이산화탄소는 화학적으로 매우 안정한 물질이어서 일단 대기 중으로 배출되면 1백년 이상 제거되지 않고 대기 중에 잔존한다. 그래서 대기 중 이산화탄소 농도를 줄여 기후변화의 문제를 빠른 시간 내에 해결하는 것은 거의 불가능한 일이다. 그래서 국제사회는 이산화탄소 발생감축을 위한 노력의 지속과 함께 장래 닥쳐올 심각한 기후변화의 환경에서도 적응하여 살아갈 수 있는 대비를 같이 하고 있다. 이를 기후변화 적응대책이라고 한다. 우리나라도 향후 5년 간(2011~2015)에 약 51조원의 예산을 투입하여 기후변화에 적응하여 살아갈 대책을 개발하려는 정책수단을 수립하였다.

기후변화 문제에 대한 대응책은 온실가스 발생량 감축과 적응대책 수립으로 구분할 수 있는데, 양자 모두 대규모의 재정을 필요로 하기에 국민적 이해와 지원을 필요로 한다는 공통점을 안고 있는 문제이다. 따라서 정부는 기후변화에 대처해야하는 당위성을 국민들에게 알려 적극적인 호응과 지지를 구하는 노력을 기울여야 한다. 아울러 기후변화로 인한 피해에 무방비로 노출되어 있는 제3세계 국가들에 대한 지원을 강화할 필요성이 높다. 이 분야에 배정된 예산이 교육·홍보 및 국제협력 분야인데, 예산 배정(0.4%)이 매우 낮다는 점은 향후 재고할 여지가 있을 것으로 생각된다.

1.2 오존층 파괴의 문제

오존층은 태양에서 오는 유해한 자외선을 흡수하여 지구상의 생명을 지키는 역할을 하고 있다. 그런데 30억년 이상에 걸쳐서 생성되어온 오존층의 파괴가 진행되고 있다. 그 현황을 살펴보도록 하자.

오존층 파괴란

지상으로부터 고도 약 10~50km까지의 성층권에는 오존층이 있는데, 오존층은 태양광선 중의 유해 자외선을 흡수하는 중요한 역할을 한다. 이 오존층으로 인하여 생물은 바다에서 육상으로 상륙할 수가 있었고, 다종다양한 동식물의 생활이 가능하게 되었다.

그런데 1970년대 말부터 남극상공에서 남반구의 봄철(9~10월)에 오존홀이 관측되었다. 1987년 이래로는 매년 남극대륙을 덮을 정도의 대규모 오존홀이 관측되기 시작하였는데, 1998년에는 사상 최대 규모(남극 대륙의 2배 규모)의 오존홀이 출현하기도 하였다. 남극 상공만이 아니라 동아시아를 포함한 세계 각지에서 오존층이 얇아져가고 있다는 사실이 관측으로 확인되고 있다. 오존층이 파괴되면 지표에 도달하는 자외선이 증가하여 인간을 포함한 지상의 생물에게 피부암, 백내장 등의 다양한 피해가 나타나게 된다.

이 오존층 파괴의 원인은 인간이 인공적으로 배출한 프레온가스라고 하는 자연계에 존재하지 않는 화학물질이라는 것이 확인되었다.

프레온 가스의 용도

냉장고와 에어컨의 냉매, 쿠션과 단열제 등으로 사용되는 발포제, 정밀기계와 전자부품의 세정제, 헤어스프레이, 방충용 스프레이 등의 분사 제품, 드라이클리닝 등에 폭넓게 사용되고 있다.

프레온의 현황

프레온은 화학적으로 매우 안정한 성질을 갖고 있기에 다양한 용도로 사용되어 왔다. 선진국에서는 1995년경부터 오존층 파괴 성능이 큰 특정 프레온(CFC)의 생산이 전폐되고, 이를 파괴성이 낮은 대체 프레온으로 교체되어 오고 있다. 하지만 냉장고와 에어컨의 촉매로 사용되고 있는 특정 프레온가스가 가정과 사무실 등에 잔존하고 있기 때문에 이것들이 대기로 방출 또는 누출되지 않도록 회수·처리를 잘 하여야 한다는 과제가 여전히 남겨져 있다.

오존층 파괴의 메커니즘

프레온은 대기 중으로 방출되면 공기보다 무겁기 때문에 천천히 확산·상승하기 때문에 15년 정도 걸려서 성층권에 도달한다. 성층권에 도달한 프레온은 자외선에 의해 분리되어 염소원자를 방출한다. 이 염소원자가 촉매가 되어, 계속적으로 대량의 오존이 파괴되어 간다.

현재 오존층을 파괴하고 있는 프레온은 15년 전에 방출된 것인데, 성층권까지 도달한 프레온은 전체 생산량의 약 10%로 추정되고 있다. 그리고 10%가 냉매와 발포제로서 현재도 사용되고 있고, 약 80%가 대류권에 잔존해 있기 때문에 향후에도 성층권에 도달할 것으로 생각된다.

오존층 파괴의 영향

오존층이 얇아지면 유해한 자외선(UV-B)이 오존층에서 흡수되지 않아 지표로의 조사량이 증가하여 생물의 DNA에 큰 악영향을 미친다. 그 결과 피부암과 백내장 등의 질병이 증가할 것으로 우려된다. 오존층의 파괴로 인해 나타날 것으로 예상되는 영향은 다음과 같다.

① 피부암과 백내장의 증가
② 감염증에 대한 면역작용이 억제되어, 질병에 걸리기 쉬워진다.
③ 동식물의 생육을 저해하는 생태계에의 영향, 농작물의 수확감소
④ 광화학스모그 등 대기오염에의 영향

오존층 파괴억제를 위한 체제

국제적 체제로는 1985년에 "비엔나 조약"이, 또 1987년에는 "몬트리올 의정서"가 제정되었다. 그 후, 규제를 강화하는 개정이 이루어져서 선진국에서는 특정 프레온의 생산을 1996년 이래로 전폐가 결정되었다.

오존층보호를 위한 국제사회의 유효한 대책이 신속하게 실행되어 지구환경문제 중에서 가장 큰 효과를 거두고 있다.

1.3 산성비와 삼림파괴

1.3.1 산성비

화석연료의 소비는 강한 산성 물질을 대기로 방출하고 있다. 그것이 우적에 녹아 산성우로 지상에 내려 자연환경과 인간이 만들어낸 구조물에 영향을 줄 우려가 있다.

산성비란?

산성비란 공장에서 배출한 연기와 자동차의 배기가스 등에 포함된 황산화물(SOx)과 질소산화물(NOx) 등의 산성 물질이 비, 눈에 녹아 지표로 내려오는 현상을 말한다. 산성도는 수소 이온 농도 pH라는 값으로 나타낸다. 중성 상태를 pH 7로 나타내고, 값이 작을수록 산성이 강하고 클수록 알카리성이 강한 상태가 된다. 자연의 비도 약산성을 나타내기 때문에 산성비는 보통 pH5.6 이하인 비를 말한다.

산성비의 원인은 화석연료의 연소로 발생하는 대기오염 물질에 의한 것으로 산업의 발전과 도시화 등 인간 활동의 변화로 인해 유발된다.

산성비의 현황

산성비에 의한 피해는 유럽 등의 선진국만이 아니라, 중국, 동남아시아 등의 개도국에도 널리 확대되어 있다. 개도국은 황성분이 많이 포함된 값싼 석탄연료에 대한 의존도가 높기 때문에 향후 점차 더욱 산성비로 인한 피해가 심각해져갈 것으로 우려된다.

산성비의 영향

산성비로 인한 가장 심각한 피해는 삼림의 쇠퇴이다. 산성비가 나무에 직접 영향을 줄뿐만 아니라, 토양이 산성화하여 흙 속의 영양분이 녹아 나온다든가 식물에 유해한 알루미늄 녹아 나와서 나무들이 고사한다. 유럽에서는 독일의 흑림이 황색림으로 변하는 등 산성비의 영향으로 보이는 현상이 나타났다. 그 이외에도 다음과 같은 영향이 보고된 바 있다.

① 호소에 사는 어류의 감소와 사멸

북유럽 등에서 호소의 산성화 영향으로 알루미늄 등의 유해한 금속이 녹아 나와서 물고기 등의 수서생물의 서식지가 사라지는 사례가 있다.

② 건축물과 금속성 구조물, 문화재 등의 훼손

그리스의 아테네의 파르테논 궁전, 덴마크의 인어상 등 역사적 유물이 훼손되고 있고, 스웨덴에서는 동(銅)수도관이 녹았고, 그 물로 머리를 감자 금발이 녹색으로 변했다는 사례가 보고된 바 있다.

산성비 억제를 위한 체제

산성비의 원인이 되는 물질은 발생원으로부터 수천 km나 이동하여 피해가 광역화하기 때문에 국제적인 협력이 필요하다.

유럽에서는 1979년에 "장거리 국경(越境)을 넘는 대기오염 조약"이 채택되어 산성비 조사의 실시를 규정하였다. 이 조약에 기초하여 1985년에 황산화물 배출량 감축을 위한 "베를린 의정서", 1988년에 질소산화물 배출량 감축을 위한 "소피아 의정서"가 채택됐었다.

동아시아에서는 일본의 주도로 "동아시아 산성비 모니터링 네트워크(EANET)"가 조직되었다. 1988년에 시행가동이 실시되고, 그 실적에 따라서 2001년부터 본격적으로 가동이 시작되었다. 일본에서는 환경성이 1-4차 산성비 대책 조사가 실시된 바 있다.

1.3.2 삼림파괴

근래 열대지역의 삼림에서는 거의 한반도 전체에 상당하는 규모의 삼림면적이 매년 사라지고 있다. 멈춤을 모르는 이 문제에 대해서 살펴보자.

지구의 삼림감소

지구표면적의 약 71%는 바다이고, 남은 29%가 육지이다. 그리고 육지면적의 약 30%가 삼림으로 이루어져 있다. 삼림의 약 50%가 열대림이다. 유엔식량기구(FAO)의 조사에 의하면 1990년부터 2000년까지의 약 10년 동안에 전 세계에서 약 9,400만ha의 삼림이 사라졌다. 특히 열대림이 약 1,420만ha 사라진 것으로 추정된다. 이것은 매년 한반도 전 면적에 필적하는 면적의 삼림지대가 지구상에서 사라진 것을 의미한다.

삼림파괴의 원인

삼림파괴의 원인으로는 화전 경작, 신탄재(新炭材)의 과잉 벌채, 농지전용, 과잉 방목, 부적절한 상업용 벌채, 삼림화재, 산성비의 영향 등이 지적되고 있다.

또 1980년대 이후로 맹그로브림이 급속히 감소했다. 감소의 원인으로는 새우 양식장의 난개발 등이 지적된다. 우리나라도 새우 다소비국이다. 우리나라에 새우를 수출하고 있는 생산국들은 외화획득의 수단으로 하고 있지만, 소비자들도 이런 문제를 의식할 필요가 있다.

삼림파괴의 영향

열대림은 일단 벌채되면 재생이 대단히 어렵다. 비옥한 흙이 삼림을 키우고, 삼림이 생물의 생존과 식물연쇄의 근간이 되는 흙을 비옥하게 만드는데, 삼림이 파괴되면 영양분을 포함한 표토가 유출되든가 직달 일사로 건조되고, 야생생물의 서식환경이 소실되어 토양도 황폐화된다. 삼림파괴의 영향을 정리하면 다음과 같다.

① 목재자원, 식량, 농산물의 감소
② 토양의 유출, 홍수 · 토사 재해 등의 발생
③ 야생생물종의 절멸
④ 지구온난화 등의 기후변화의 촉진

열대림에는 그것으로부터 얻는 자원만이 아니라 자급자족을 하고 있는 주민이 지금도 그곳에서 많이 살아가고 있다. 삼림의 파괴는 먼저 연료자원과 삼림에서 얻는 식량을 감소시켜 지역주민의 생활기반이 사라진다. 그리고 홍수·토사 재해가 다발함으로써 지역주민의 생활이 위기에 처하게 된다.

열대림은 "종의 보고"로 지구상 생물종의 반 이상이 서식하고 있다고 한다. 삼림파괴는 귀중한 야생생물의 절멸로 이어진다.

덧붙여서 삼림은 물과 습기를 저장하든가 증발시킴으로써 지표부근의 기온을 일정하게 유지시키는 역할을 한다. 또 이산화탄소를 흡수하여 지구온난화를 억제시키기도 한다. 삼림이 파괴되면 이산화탄소 증가가 더욱 가속되어 지구온난화에 의한 이상기상이 각지에서 다발하게 되는 등 심각한 영향이 우려된다.

삼림파괴 억제 체제

삼림파괴의 배경에는 개도국의 빈곤과 급격한 인구증가라는 문제가 있으며, 또 많은 개도국이 재정난에 빠져있어서 자력으로 삼림을 보전하고 조성하기가 어렵다는 사정이 있다.

이 때문에 선진국 주도로 "지속가능한 삼림경영"이라는 방법에 기초하여 열대림의 보전을 향한 국제체제가 정비되고 있다. 유엔식량기구(FAO)에 의해, 열대림의 적정한 개발과 보전을 목적으로 한 열대림행동계획에 의한 지원과 국제열대림목재기관(ITTO)에 의한 협력체제가 이루어지고 있다.

1.4 사막화와 그 원인

매년 지구상의 육지가운데 약 600만ha의 토지가 사막화되고 있다. 그 배경에는 무엇이 있을까?

사막화란?

사막화에 대해서는 1994년에 유엔사막화 대처조약(UNCCD)에서 다음과 같이 정의되고 있다.

"건조, 반 건조, 건조 반 습윤 지역에 있어서 다양한 요소(기후변화와 인간 활동 포함)에 기인하는 토지의 황폐화"를 말한다.

사막은 강우량이 적고, 건조하여, 식물이 생육하기 어려운 지역을 말하는데,

사막화란 이러한 지역이 넓어져 가는 것을 의미한다.

사막화로 일단 표토가 유실되면 다시 많은 미생물이 생식하는 비옥한 토지로 되돌리는 데에는 수세기가 걸린다고 한다. 사막화는 농경지를 감소시켜 기아와 난민이동 등에 의한 민족 간의 다툼을 유발한다. 이러한 문제로 아프리카에서는 1960~80년대에 심각한 기아가 발생한 바 있다

사막화의 현황

사막화가 급격히 진행되고 있는 곳은, 아시아, 아프리카, 남아메리카, 호주 등이다. 1991년 유엔환경계획(UNEP)의 보고에 의하면 사막화의 영향을 받고 있는 면적은 약 36억ha로, 이것은 지구 전체 육지면적의 약 1/4, 전 세계 건조지역의 70%에 이른다. 또 세계 인구의 6분의 1이 사막화에 노출되고 있다.

아프리카 사하라 사막은 매년 남쪽으로 계속 확대되고 있으며, 아시아에서는 중국, 인도, 파키스탄, 서아시아에서 사막화가 심각한 상황이다.

사막화의 원인

사막화의 원인은 지구규모의 기후변화와 한발 등의 자연적 요인도 있지만, 근래에 문제가 되고 있는 것은 인위적 요인에 의한 사막화이다. 그 배경에는 삼림파괴와 마찬가지로 개도국의 빈곤과 급격한 인구증가라는 사회적 문제가 있다.

큰 요인으로서는 인구증가에 의한 식량확보와 보다 풍요로운 생활의 추구를 위한 과잉 방목을 들 수 있다. 방목된 대량의 가축이 초목과 그 새잎이나 뿌리까지 먹어 식물이 재생 불가능해지고, 토지의 황폐화가 진행한다.

또 농지의 부적절한 사용(수확과 수확의 사이에 토지를 쉬지 못하게 하는 과잉 경작, 배수부족의 관개로 인한 토지의 염해)에 의한 토지의 황폐화, 신탄재의 과잉 벌채로 인한 삼림파괴도 있다.

사막화의 영향

식량 확보를 위해서 과잉 경작과 방목, 생산이 이루어지는데, 그것이 사막화를 진행시켜 농지를 감소시켜 식량부족을 부르는 악순환이 생기고 있다. 식량부족은 민족분쟁과 선진국도 포함된 식량 확보를 위한 국제분쟁의 원인이 될 수 있어서 인류에게 심각한 위협이 된다.

또 삼림과 초원은 야생 생물종의 보고이어서 사막화는 지구상의 생태계에 심각한 영향을 준다.

사막화 억제를 위한 국제 체제

1960~1070년대에 걸쳐서 아프리카에서 발생한 사헬의 가뭄 참상을 계기로 1977년에 "유엔 사막화 방지회의"가 개최되어 국제적인 사막화 방지대책을 위한 체제가 개시되었다.

그 후 1980년대에 아프리카에서 재차 대한발이 발생한 것을 기회로 1994년에 유엔 사막화 대처 조약이 채택되어, 선진국, 개도국이 연대한 사막화 방지를 위한 체제가 본격화 되었다.

읽을 거리

지구의 날과 환경보전의 의미

매년 4월 22일은 지구의 날이다. 1969년 미국의 캘리포니아에서 발생한 기름유출사고를 계기로 1970년 4월 22일, 미 상원의원 게이로 닐슨이 주창하고, 당시 하버드 대학의 학생이었던 데니스 헤이즈가 나서서 첫 행사를 시작한 것이 지구의 날 행사의 출발이었다. 이날 미국에서는 약 2천만 명의 사람들이 모여 대규모의 자연보호 캠페인을 전개하였는데, 이 날을 자연환경보호 기념일로 정한 이래로 지금에 이르고 있다.

지구의 날이 세계적 규모의 시민운동으로 확산된 것은 1990년에 이르러서인데 그해에는 세계 150여 개 국가가 참가하여 지구환경보전에 인류의 미래가 달려있음을 호소하였다. 우리나라에서도 시민단체와 종교단체를 중심으로 100여개 단체가 후원하여 환경문제의 해결을 위한 실천방안을 모색하고 정부와 기업, 일반국민들에게 보내는 메시지를 채택한 바 있다.

오늘날에는 지구온난화에 수반된 기후변동과 이상기상의 다발, 전 지구적으로 나타나고 있는 심각한 물 부족현상과 홍수피해 그리고 중국 내륙지역의 사막화와 급속한 공업화로 인한 황사피해 및 오존층의 파괴 등 지구환경의 문제가 더욱 심각해지고 있다. 최근 지구의 날 행사에는 전 세계적으로 180여 국가에서 약 5만여 개 단체의 주도로 5억 명 이상의 시민들이 참여하고 있다고 하는데, 이는 지구환경문제의 심각성에 대한 반증일 것이다.

그러나 아직도 지구환경의 위기를 진정으로 걱정하는 계층은 자연환경보호론 자들에 한정되어 있는 것으로 보인다. 그러한 방증으로 다음과 같은 사례를 들 수 있을 것이다. 지난 1992년에 브라질의 리우에서 개최된 유엔환경개발회의에서는 산업화 시대의 고갈형 사회를 탈피하여 지속가능한 개발사회로 전환할 것을 약속하였다. 그러나 같은 해에 세계는 자유무역체제를 통하여 경제활동의 극대화를 도모하는 논의를 시작하였는데, 이는 지구환경의 위기를 부르는 고갈형 사회를 부채질하는 산업화의 확대정책에 다름이 아니었다.

지구온난화의 원인물질을 저감시키기 위한 국제적 강제규정을 합의한 교토의정서도 미국의 반대로 절름발이 신세를 면하지 못하고 있는 실정이다.

지구환경의 위기를 인식하고 이를 해결하기 위한 국제적 노력이 1972년의 스톡홀름회의 이래로 지속되고 있지만 각국의 경제적 이기주의로 인하여 실천에 옮겨간 사례는 거의 없는 실정이다. 교토의정서가 제대로 기능을 할 수 없는 것도 지구환경의 보전보다 자국의 경제적 이익이 우선이라는 국가이기주의에 기인하고 있다.

교토의정서에서는 부속서 I 국가(선진국)에게 온실기체 배출량을 2008년부터 5년에 걸쳐서 평균적으로 1990년 대비 5.2% 감소하도록 강제하고 있다. 그리고 2013년 이후에는 온실기체 감축 의무를 부속서 I 국가군에 포함되지 않은 다른 선도적 개발도상국까지 폭넓게 포함시켜 가고자하는 것이었다. 그런데 교토의정서에 적극적이었던 유럽 국가들은 1990년 이래로 온실기체 배출량 증가가 거의 없었다. 반면에 미국은 1990년 이후로도 온실기체 배출량이 지속적으로 증가하고 있었기 때문에 교토의정서를 지키기가 사실상 불가능하다.

유럽 국가들은 태양, 바람, 지열, 조력 등 기존의 신재생에너지의 이용을 확대하는 것으로도 충분히 교토의정서를 만족시킬 수 있고, 이 분야의 산업을 확대하여 고용 인력을 창출함으로써 경제적 이익을 기대할 수 있었다. 반면에 전 세계 인구의 약 4.6%가 전 세계에서 소비하는 에너지의 약 25%를 소비하고 있는 미국은 기존의 신재생에너지 도입만으로는 교토의정서에서 강제하고 있는 의무를 지킬 수 없는 실정에 있다. 또 신재생에너지 분야의 기술력에 특장을 갖고 있지도 않다. 그래서 미국은 강제적 온실기체 감축에 반대하고 자신들이 압도적으로 기술적 우위에 있는 핵융합기술의 진전을 통한 대체 에너지원 개발을 제안하고 있는 상황이다.

국내에서도 자연환경보전에 대한 국민적 의식이 나날이 고조되고 있기는 하지만 구체적 사안에 들어가면 여전히 개발론이 득세하는 단계를 아직 넘어서지 못하고 있는 것으로 생각된다. 시화호와 화옹호 그리고 새만금 개발과정에서 값비싼 대가를 치르고도 이보다 더한 4대강 사업과 불필요한 다목적 댐 건설 그리고 고압 송전선 건설로 평화로운 마을과 자연환경 파괴를 강행하고, 전국의 국립공원 내에 케이블카 건설을 밀어붙이는 정부기관과 이를 합리화시켜주는 법원의 처사에서 자연환경보전운동의 길이 아직 험난한 것임을 자각하게 한다.

"지구가 아파요"라는 구호를 걸고 자연보호를 외치는 사람들을 주변에서 어렵지 않게 볼 수 있다. 무분별한 개발과 오염행위로 지구환경이 몸살을 앓고 있으므로 우리가 자연을 돕자는 것이다. 그런데 과연 우리 인간이 자연환경을 보전하여야 하는 이유가 아파하는 자연을 돕기 위한 자선적 행위로 생각해도 좋은 것일까?

인간은 생활에 필요한 모든 물자를, 적어도 그 원료를 자연에서 얻는다. 그리고 인간은 생명활동을 통해서 끊임없이 쓰레기(각종 오염물질)를 배출하여야 하는데 그것을 처리해 주는 것은 오직 자연일 뿐이다. 따라서 인간은 자연이 건강하여야만 물질적 풍요를 누릴 수 있고, 청결한 환경에서 살아갈 수 있다. 그러나 자연은 인간에게서 아무 것도 얻는 것이 없으며 무엇을 요구하지도 않는다. 즉 자연은 인간으로부터 독립적 존재이고 인간은 자연의 종속적 존재에 불과하다. 인간이 자연환경을 보전하여야 하는 이유는 그것이 인간 자신을 위한 것임을 자각하여야 한다는 것이다.

어떤 대가도 없이 부당한 개발행위에 맨몸으로 맞서고 있는 환경운동가들에게 지구의 날을 맞아 격려와 존경의 마음을 전하고 싶다. 자연환경보전이 곧 우리와 우리 후손들의 지속적인 삶을 담보하는 것임을 온 인류가 가슴으로 깨닫는 날이 하루라도 속히 오기를 기대해 본다. 자연환경의 보전은 지속가능한 사회개발의 전제적 조건이다.

환경일보(계명대학교 환경학부 교수 김해동)

제2장

지구 공동체

제2장

지구 공동체

2.1 지구규모의 환경오염

2.1.1 복잡한 지구환경

지구환경의 문제는 오늘날의 인류가 직면해 있는 중요한 과제이다. 그리고 그 과정은 여러 가지에 걸쳐 있으며, 각각에 서로 관련해 있는 복잡한 양상을 보인다. 또 환경문제는 항상 변하고 있다. 20세기 중반 이후 전 세계적인 고도성장기에 세계는 환경질병(미즈마타병, 이따이이따이병 등)을 수반하는 산업공해가 발생했고, 자연파괴도 진행되었다. 당시에는 각각의 인과관계가 비교적 명확했기 때문에 공해대책을 세우는 성과를 가져올 수가 있었다.

하지만 오늘날의 지구환경문제는 복잡해서 우리의 일상생활 자체와 통상의 기업활동에도 영향을 미치고 있어서 즉각적인 대책을 세우기가 어렵다.

2.1.2 지속가능한 사회

현대에는 우리들 개인 개인의 일상생활이 지구환경문제의 원인이 되어 피해자와 가해자의 구별도 명확하지 않아 개선방법도 단순하지가 않다. 우선 인간생존 그 자체가 의문시되고 있다. 현재의 상황은 풍부한 자원을 사용하여 풍요로운 생활을 보내는 사람과, 생활하기 위하여 식량과 연료의 확보조차 용의하지 못한 사람들도 있어서, 빈부의 차, 불공평함이 확대되고 있다. 동시에 자원의 과잉 소비에 의한 감소·고갈과 자연환경의 파괴가 진행되어간다는 사실은, 장래의 세대에 대해서도 그 생활기반을 위협하게 된다.

생활기반이 되는 지구환경이 지속 불가능한 위기로 빠져가는 것을 막기 위하여 우리들은 어떻게 생각하고, 행동해야할까?

2.1.3 문제해결의 방법

환경문제의 인식은 다양하여 나라와 개인에 따라서 많이 다르다. 무엇이 올바른가, 결론이 나오지 않는 경우도 있다. 자연환경은 가치가 높고 중요하여 지켜야할 것이지만 인간의 경제활동을 위해 과잉으로 사용되는 경향이 있다. 그것은 인간이 환경에 대한 지식, 의식, 정보가 얕은 채로 행동·생활하고 있는 것에 기인하고 있다.

환경문제를 개선·해결해가기 위해서는 개개인이 문제를 인식하고 정보 등을 공유하여 행동하는 것이 필요하다. 환경문제는 복잡하여 너무 크기 때문에, "나 혼자만 행동한다고 변하지 않는다."고 생각할 수 있겠지만, 개개인이 행동을 일으켜 학교와 사회, 지역사회와 커뮤니케이션을 시도함으로써, 개선을 향해 전진해갈 수 있다.

2.1.4 환경과 경제를 양립시키려면

개인이 환경을 고려한 생활을 하기 위해서는 일상적인 수단으로서, "불필요한 것은 사지 않는다." "가급적 적게 사용한다." "오래 사용한다."등을 생각할 수 있다. 그렇게 하면 소비량이 감소하고 생산량도 줄어서 환경 부담이 작아지게 된다. 하지만 이렇게 하면 경제 정체를 불러올 수가 있다. 따라서 축소형 경제를 선택하는 것이 아니라, 자원과 생산성 효율을 높이는 지속가능한 사회를 지향하는 것이 새로운 방향이라고 생각된다.

환경을 배려한 새로운 가치관에 기초하는 개인의 생활양식과, 기업과 행정의 자원소비 감소 등을 고려한 지적 부가가치가 높은 제품·서비스를 확대하는 사업 활동, 투자와 기술혁신이 미래의 세계를 리더해갈 방향이다.

라이프스타일과 사업 활동을 개선하여, 지속가능한 사회를 지향할 필요가 있다. 국가와 기업, NGO(비정부 기구)에 의한 국제적인 연휴도 고려하여 지구 전체를 배려한 대책이 중요하다.

2.1.5 지속가능한 사회를 구축하는 요소

지속가능한 사회란, 일반적으로, 먼 장래에까지도 환경문제 이외에 경제와 사회의 발전이 균형을 이루는 사회를 가리킨다. 그것은 단순히 리사이클과 폐기물처리가 발전된 순환형 사회만을 의미하는 것이 아니라, 지구 생태계의 다양성이 건전하고, 미래 세대에도 지속될 수 있는 사회이기도 한다.

이러한 지속가능한 사회를 구축하기 위한 접근에는 자연보호, 공해방지와 각종 리사이클에 관한 법률, 기후변화협약 등 국제적인 조약으로 대표되는 규제와 합의, 에너지절약과 자원순환성이 높은 환경을 배려한 새로운 기술의 발전·보급, 그리고 개인의 의식변화가 있다. 즉 법적 규제, 신기술, 의식변화의 3요소가 중요하다. 의식변화를 자율적으로 추진하는 수단으로 환경교육이 있다.

2.1.6 환경교육의 방법과 역할

지속가능한 사회를 구축하는 데에 가장 근본이 되는 것이 개인의 환경에 대한 의식이며, 지식에 기초한 행동이다. 환경교육은 그러한 의식과 행동을 촉구하기 위한 것이다.

환경교육에는 감성을 키우는 유형, 지식을 얻는 유형 등이 있는데, 어느 것이든 체험형의 교육이 가장 효과적이다. 자연을 체험함으로써 자연의 신비와 불가사의함을 느끼고, 사람과 자연에 부드러운 감성을 키울 수 있다. 이것이 자연체험형 환경교육의 목적이며, 환경교육의 원점이다. 자연과 어울린다는 것은 사람과 자연의 연결과 자연환경의 중요성을 의식하고, 환경을 배려한 활동을 자율적으로 실천하도록 유도한다.

한편 환경문제에 관한 정보를 참가자 사이에서 공유하고, 환경보전에의 의식을 높여 행동으로 이끄는 워크숍 형식의 환경교육도 실시되고 있다.

생태계와 지구온난화에 대해 배우는 것도, 쓰레기의 분리수거 법에 대해서 조사하는 것도, 에너지절약에 관한 정보를 얻는 것도 환경교육이다. 하지만, 가장 중요한 것은 개인의 의식이 환경으로 향하도록 하여, 자연과 사람의 연결이 상상가능해지도록 하는 일련의 과정이 환경교육이다.

2.1.7 지속가능한 개발을 위한 교육(ESD)

현대에 사는 지구상의 모든 사람들이 미래 세대가 안심하고 살아갈 수 있는 사회를 만들기 위하여 사회적 공정의 실현과 자연환경과의 공생을 중시한 새로운 "개발"의 방법을 "지속가능한 개발"이라고 부른다.

그 실현은 인류에게 있어서 긴급한 과제이다. 사람들이 선진국·개발도상국 쌍방이 공유할 수 있는 체제에 필요한 힘과 사고력을 배워 육성할 필요가 있다. 그것이 "지속가능한 개발을 위한 교육" = ESD(Education for Sustainable Development)인데, 환경문제만이 아니라, 지구의 지속가능성에 관계되는 모든 과제, 즉 개발·빈곤·자원·인구·성·보건위생·평화·인권 등도 포함한 종합적인 교육을 말한다.

> **지속가능한 개발을 위한 교육(ESD)**
> 2002년에 남아프리카에서 개최된 요하네스버그 정상회의(지속가능한 개발에 관한 세계정상회의)에서 일본이 제안하여, 같은 해 12월에 개최된 제57회 유엔총회에서 실시가 결의되었다. "유엔 지속가능한 개발을 위한 교육의 10년"은, 지속가능한 개발의 실현을 위해 필요한 교육의 체제와 국제협력을 적극적으로 추진하도록 각국 정부에 권유하는 유엔의 캠페인(2005~2014)

2.1.8 지속가능한 사회를 지향하여

자연환경의 이용에 있어서 현세대와 미래세대의 불공평함과, 개발에 따라서 개발도상국의 자원이 선진국의 공업생산을 위해 사용되고 있는 등, 지구 레벨의 빈부격차를 방치한다면 지속 불가능한 사회로 전락해간다. 국가와 국제기관, 기업, NGO는 그것에 대해서 무엇이 가능할까, 개인은 무엇을 하여야할까, 그러한 의식이 지속가능한 사회를 지향해야한다.

근저에서 필요한 것은 개개인이 지구환경을 의식한 각각의 행동을 실행하는 것이며, 그것을 위한 환경교육의 추진이 중요한 과제로 있다.

2.2 지구온난화 현상과 그 원인

2.2.1 지구온난화 현상

지구온난화란 인간 활동에 수반되어 배출된 이산화탄소로 대표되는 온실기체의 대기 중 농도가 높아져서 기온이 상승하는 현상을 말한다. 즉, 어떤 지역에 나타난 기온상승 분 중에서 자연발생적인 기온변화, 도시화로 인한 기온상승 그리고 자연녹지의 개발에 수반되어 나타난 기온상승 효과를 제외한 나머지 기온상승 분을 지구온난화로 인한 기온상승으로 간주한다. 이러한 지구온난화 속도는 시간이 지남에 따라서 점차 빨라지고 있다(그림1). 즉, 1994년까지의 과거 100년 간 지구 평균온도 상승(IPCC 제2차 보고서(1996))은 0.45℃이었고, 1999년까지의 과거 100년 간 지구평균온도 상승(IPCC 제3차 보고서(2001))은 이보다 0.15℃나 높은 0.6℃로 평가되었다. 그리고 2005년까지의 과거 100년 간 지구평균온도 상승(IPCC 제3차 보고서(2007))은 다시 0.14℃ 상승한 0.74℃로 평가되었다. 아울러 최근 20년을 대상으로 기온상승을 평가해 보면 약 0.2℃/100년으로 더욱 빠르게 기온이 상승하고 있다.

또 지구상에서 기상관측이 이루어진 1850년 이래로 가장 더웠던 상위 10위 이내의 해가 전부 1990년 대 이후에 나타났다. 우리나라도 역사상 6번째와 7번째로 더웠던 1978년과 1989년을 제외하고는 상위 10위 이내에 드는 고온의 해는 전부 1990년 이후에 나타났다(그림2).

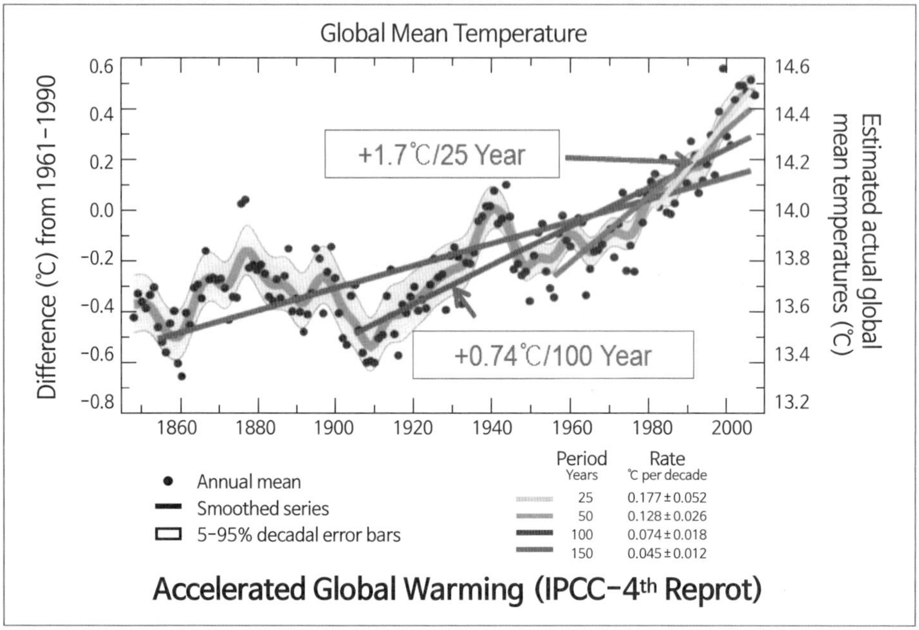

그림1. 지구온난화의 가속화(IPCC 4차보고서(2007))

우리나라 기온편차	년도	순위	년도	전지구 기온편차
1.16	1998	1	1998	0.53
0.94	1994	2	2005	0.47
0.91	2004	3	2003	0.46
0.83	1990	4	2002	0.45
0.66	2006	5	2004	0.44
0.53	1978	6	2006	0.42
0.50	1989	7	2001	0.40
0.46	1999	8	1997	0.34
0.39	1997	9	1999	0.30
0.35	2001	10	2000	0.27

그림2. 전 세계와 우리나라의 최근의 고온화 현황

그런데 대기 중 온실기체 농도가 높아지면 기온 상승의 문제만이 아니라 홍수와 가뭄의 강도와 발생 빈도 증가를 포함한 기상재해가 자주 발생하게 된다. 연간 내리는 강수량은 증가하지만 비가 내리는 강수일은 감소하는 경향을 보이고 있다(그림3). 이것은 연간 강수량은 증가하지만, 폭우 형태로 내려서 자연재해를 유발하고 토양이나 저수 공간에 저장되지 못하여 수자원으로 사용될 수 없는 비의 양이 많아진다는 것을 의미한다. 반면에 비가 내리지 않는 일수가 증가하여 오히려 가뭄피해가 증가할 개연성이 높아진다.

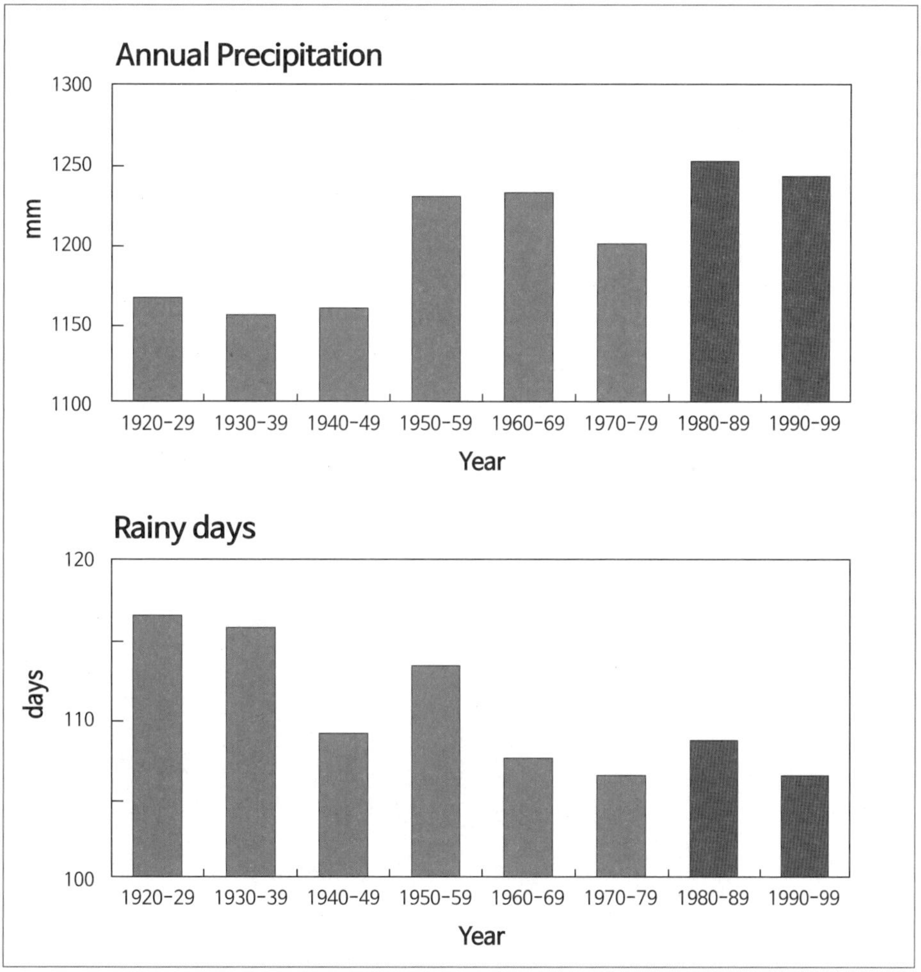

그림3. 우리나라의 장기적인 강수 유형의 변화

또 우리나라의 강수량은 여름 장마철(6월 하순~7월 초)에 집중되고 있었지만, 최근에는 오히려 장마기 이후에 강수량이 더욱 증가하는 경향을 계속 보여주고 있다(그림4). 이로 인하여 연간 강수경향을 예측하기가 어려워지고, 우기가 길어지면서 지반 약화로 인한 각종 지질재해가 증가하고 있다.

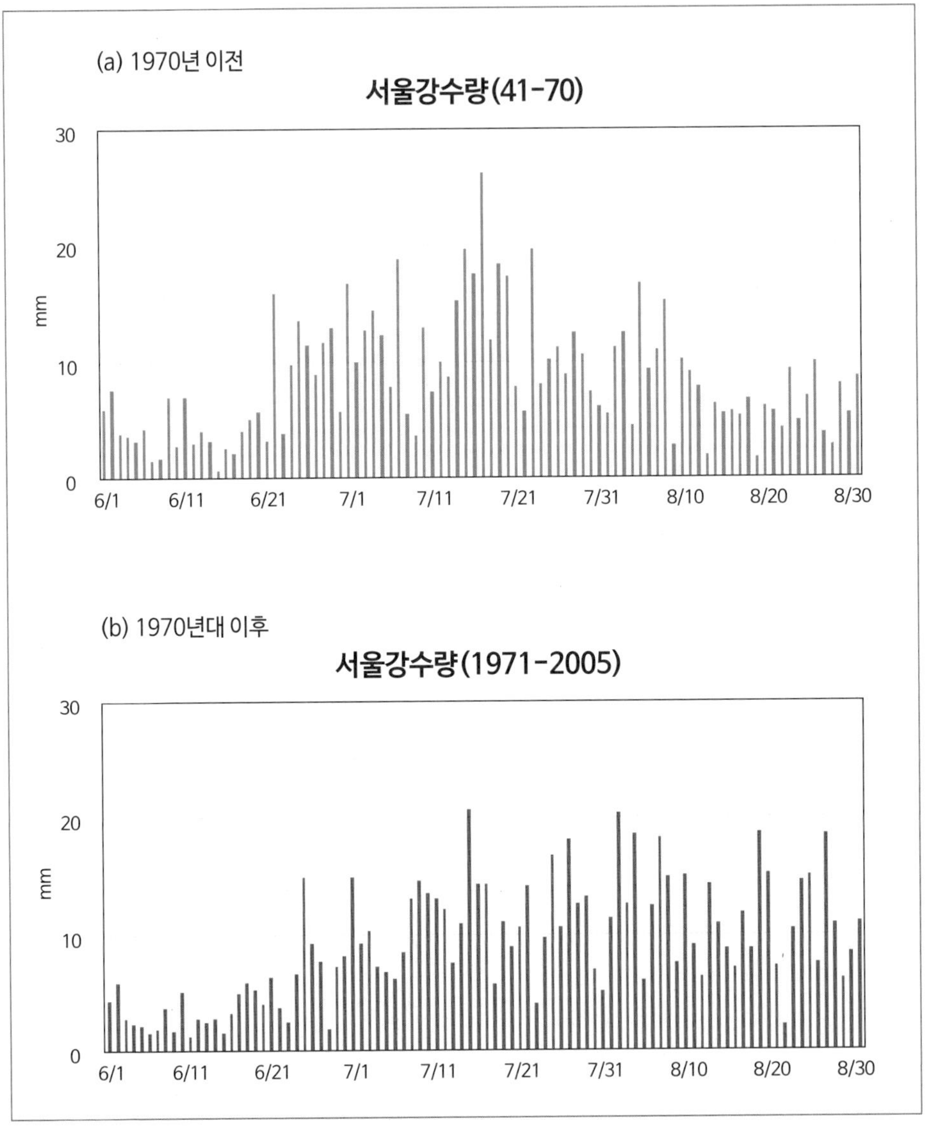

그림4. 우리나라의 여름철 월별 강수량 분포의 변화.

이와 같이 온실기체 증가로 인한 지구온난화는 장기적으로는 기온을 상승시키지만 단기적으로는 오히려 저온현상을 가져오기도 한다. 강수량도 장기적으로는 증가하지만 경우에 따라서는 극심한 가뭄이 나타나기도 한다. 태풍의 상륙 횟수도 해에 따라서 큰 변화를 가져온다. 이러한 사실은 지구온난화로 인하여 기후가 예측이 불가능할 정도로 극심한 변동을 한다는 것을 의미한다. 이러한 이유로, 오늘날엔 지구온난화보다는 기후변화라는 용어를 널리 사용하고 있다. 기후가 인간 문명에 큰 영향을 미친다는 사실은 우리의 일상생활에서도 충분히 경험할 수 있지만, 오래 전에 헌팅턴이 그의 저서 문명과 기후(1915)에서 이를 상세히 다루고 있으며, 이를 헌팅턴의 기후환경결정론이라고 부르고 있다. 온실기체의 증가로 기후환경이 황폐해지면 그에 수반하여 인류의 현대문명도 큰 타격을 받게 될 것으로 우려된다.

2.2.2 지구온난화의 원인

지구온난화를 유발하는 주요 기체로는 이산화탄소, 메탄, 프레온가스, 아산화질소를 들 수 있다. 이 중에서 이산화탄소가 지구온난화에 미치는 기여도가 약 50%에 달하여 가장 큰 영향을 미친다. 이산화탄소는 산업혁명 이래로 인간활동에 필요한 에너지를 화석연료에 과도하게 의존하면서 발생한 문제이다. 화석연료란 동식물의 유해로 만들어진 석유, 석탄, 천연가스를 말하는데, 이것은 산업혁명 이래로 인류의 가장 중요한 에너지원의 자리를 차지하고 있다.

오늘날의 대량 생산과 신속한 이동 수단 그리고 폭증하는 인구를 부양하기 위한 농산물의 증산도 화석연료로 인해 가능하게 되었다. 오늘날 인류는 화석연료로부터 에너지를 얻는 대가로 매년 약 삼백억 톤의 이산화탄소를 대기 중으로 배출하고 있다. 이것은 지구상에 살고 있는 인간들이 매년 1인당 약 5톤의 이산화탄소를 대기 중으로 배출하는 것인데, 5톤은 인간 몸무게의 약 100배에 상당한다.

화석연료는 인류에게 물질적 풍요와 인구팽창을 선물하였지만, 그 부작용으로 지구온난화로 인한 기후변화를 유발하여 지구환경을 위협하고 있다. 지난 100년 동안에 화석연료로 인하여 대기 중의 이산화탄소 농도는 25% 증가하였는데, 특별한 억제조치가 취해지지 않는다면 향후 100년 동안에는 100% 더 증가할 것으로 예상된다. 우리나라가 배출하는 이산화탄소의 양은 전 세계 배출량의 약 2%를 차지하고 있으며, 무엇보다도 증가속도가 중국에 이어 2번째로 높아 전 세계로부터 온실기체 의무감축의 압력을 받고 있다(그림5).

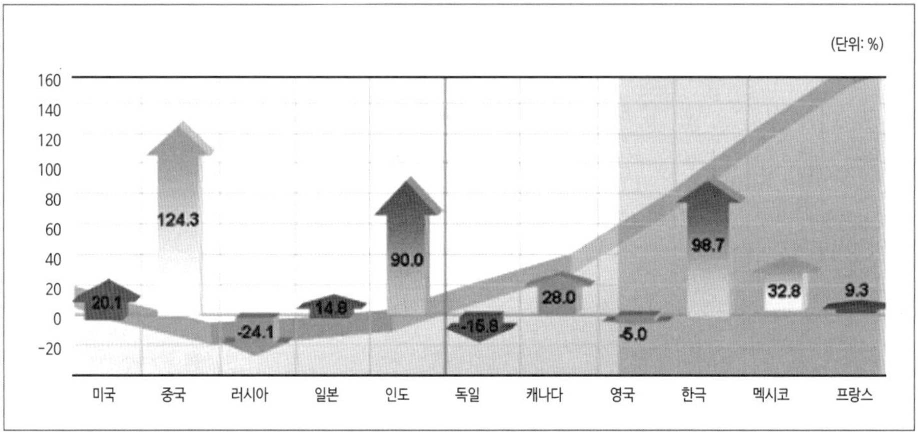

그림5. 전 세계 주요 국가의 온실기체 증가속도(1995~2005)

메탄은 지난 100년 동안에 대기 중의 농도가 2배로 증가하였다. 메탄이 지구온난화에 미치는 기여도는 15~20%정도이고, 분자 1개당의 온실효과는 이산화탄소의 20배 이상이다. 메탄은 수경재배가 이루어지는 논, 소와 양 등의 배설물 그리고 쓰레기 매립장이 주요 발생지역이다. 최근 천연가스의 사용이 증가하면서 주유과정에서 유실되어 대기 중으로 배출되는 메탄의 양도 늘어나고 있다. 더욱 우려되는 것은 대기 중의 메탄농도가 20세기 후반부터 급증하는 경향을 보이고 있으며, 지구온난화가 진척될수록 삼림지역의 낙엽의 부패속도가 빨라져 메탄의 발생이 급증할 것이라는 사실이다. 또 고위도 동토지역에 가스하이드레이트 형태로 지중에 저장되어 있는 메탄이 동토가 녹으면서 대규모로 방출될 가능성도 있다.

프레온가스는 그동안 오존층 파괴의 원인물질로 주목받아왔지만, 이것은 온실기체로서도 대단히 유해한 물질이다. 프레온가스는 화학적으로 매우 안정하여 대기 중에서 100년 이상 분해되지 않고 머무를 수 있고, 분자 1개당 온실효과는 이산화탄소보다 16,000배나 강력하다. 그래서 프레온가스는 그 농도가 매우 낮음에도 불구하고 지구온난화에 미치는 기여도는 약 20%에 이르는 것으로 평가되고 있다.

아산화질소는 토양 내의 미생물에 의해 생산되거나 화학비료 및 화석연료의 연소과정에서도 발생한다. 아산화질소의 분자 1개당 온실효과는 이산화탄소의 약 200배에 이르며, 지구온난화에 미치는 기여도는 5% 내외로 평가되고 있다. 아산화질소도 메탄과 마찬가지로 지구온난화가 진행될수록 토양내의 미생물의 활동이 활발해져서 발생량이 점차 늘어날 것이라는 점에서 위협이 되고 있다.

오늘날 세계는 지구온난화에 미치는 이산화탄소의 문제에 대해서 주로 관심을 갖고 있지만, 미래의 지구온난화에는 이산화탄소 이외의 온실기체의 기여도가 점치 커질 것으로 우려되고 있다. 지구온난화의 초기단계에 있는 오늘날 우리가 화석연료의 사용을 억제하여 지구온난화를 억제시키지 못하면 장래에는 자연에서 발생하는 메탄과 아산화질소와 같은 온실기체의 발생량이 폭증하여 지구온난화로 인한 지구환경의 파멸을 속수무책으로 지켜볼 수밖에 없게 될 수도 있다.

2.2.3 지구온난화의 영향

가장 최근에 발행된 유엔 산하 기후변화에 관한 정부 간 협의체(IPCC)의 4차 보고서(2007)에 의하면, 지난 100년 동안 지구평균온도는 약 0.74℃ 상승하였고 이것은 인간활동에 수반된 온실기체의 증가로 유발되었을 가능성이 아주 높다고 하였다. 또 이 보고서는 향후 100년간 예상되는 지구온도의 상승은 온실기체의 배출량에 따라서 최소 1.4℃에서 최대 6.3℃에 이를 것으로 예상된다고 하였다.

지난 100년 동안에 발생한 약 0.7℃ 내외의 기온상승만으로도 지구환경은 엄청난 몸살을 앓고 있다. 장기간의 가뭄으로 인한 사막화로 농경지를 잃은 농민의 수가 전 세계적으로 12억 명에 이르고, 홍수와 이상 기상으로 인한 인명과 경제적 피해는 해를 거듭할수록 기하급수적으로 증가하여, 최근 그 피해액은 연간 약 650억 달러에 이르고 있다(그림6).

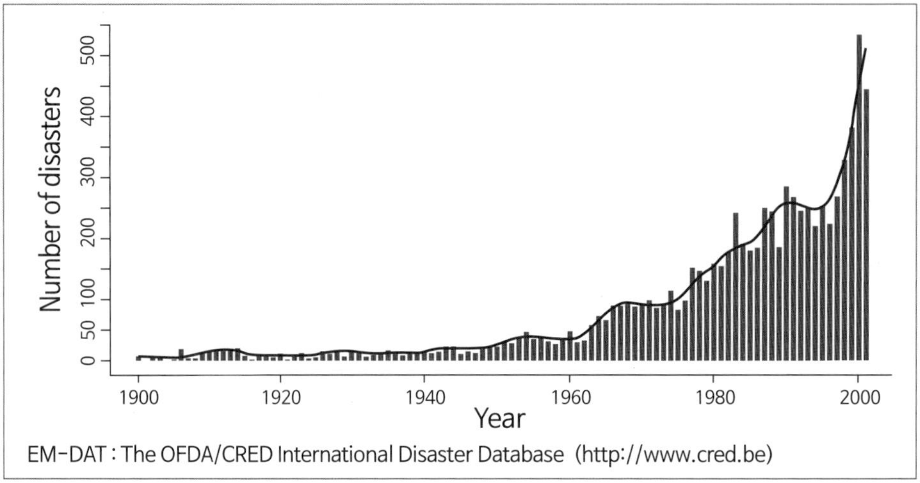

그림6. 자연재해 발생횟수의 장기적 변화경향.

우리나라도 중국 내륙지역의 급속한 사막화로 황사피해가 늘어나고 있으며, 기상재해로 인한 피해액이 연간 2조원 이상에 이르고 있다. 겨울기온의 상승에 따른 각종 병원균의 증가와 여름철 혹서 발생으로 인한 시민건강과 생태계에 미치는 피해는 제대로 평가되지도 못한 실정에 있다. 우리나라의 여름철 이상고온의 발생 증가경향과 장래 지구온난화가 진척됨에 따라서 예측되는 한반도의 환경변화를 그림7과 8에 나타내었다.

그런데 IPCC 4차 보고서에서는 지금부터 발생할 지구온난화 속도는 전 세계가 온실기체 감축을 위한 최선의 노력을 다하더라도 지난 100년 동안에 발생한 것보다 2배 정도 빠를 것이라고 한다. 그런데 실제로는 지구온난화 속도가 이보다 훨씬 빠른 4.5℃/100년에 이를 것으로 예상되고 있다. 이럴 경우 기후변화에 따른 혹독한 자연재해는 인류가 감내할 수 없는 수준에 이르고 말 것이다. 오늘날 국제 사회는 지구온난화속도를 향후 100년 동안에 2℃ 이내로 억제하자는 점에 합의하였다. 이를 달성하기 위해서는 전 세계가 온실기체 배출량을

1990년 대비 60% 이상 감축할 수 있어야 하는데, 그것도 짧은 기간 내에 달성할 수 있어야한다.

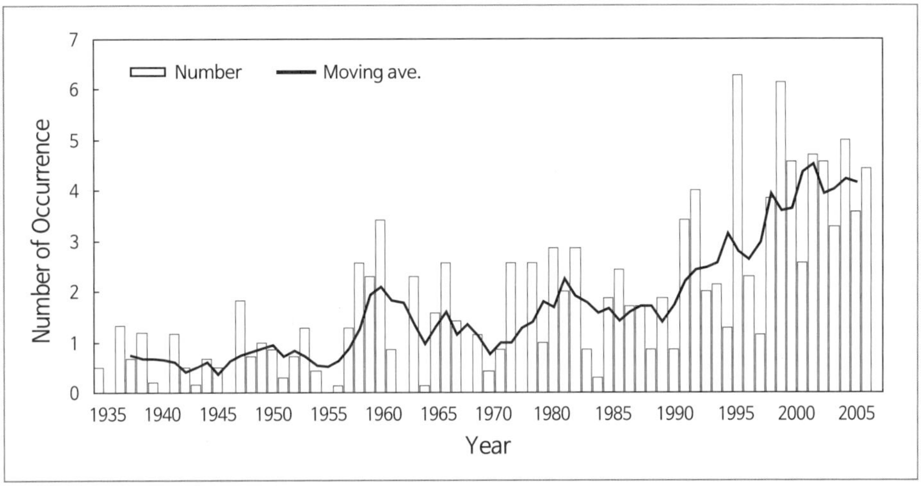

그림7. 우리나라의 여름철 이상고온 출현빈도 변화

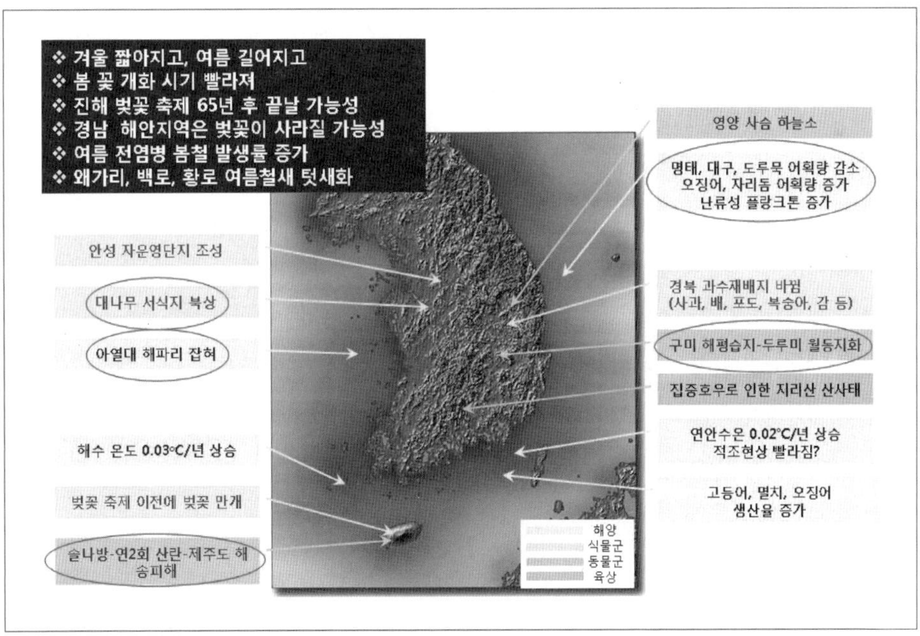

그림8. 지구온난화로 인한 예상되는 한반도의 영향

2.2.4 지구온난화에 따른 기후변화대응의 3대 축

(1)기후변화 원인의 제거(완화전략, mitigation)

기후변화를 유발하는 원인 물질인 온실가스의 발생을 줄이기 위해서는 자연환경의 보전, 에너지와 물자의 절약 및 생산 공정의 효율성을 향상시켜야 한다. 이를 달성하기 위한 구체적인 실천 방법으로는 세제 인센티브, 자발적 인센티브, 배출량 거래, 탄소 흡수 크레디트의 개발 등이 있다.

(2)기후변화로 인한 기후변화에 대비(적응대책, adaptation)

기후변화협약의 목적은 인위적 요인(온실가스의 방출)으로 인한 급격한 기후변화가 가져올 생태계와 인간에 대한 치명적인 피해를 억제하기 위하여 대기 중의 온실가스 농도를 안정화(일정 수준의 양을 유지하는 것)시키는 데에 있다(UNEP, 2001). 이산화탄소를 포함한 인간이 배출한 대부분의 온실 가스는 대기 중에서 분해되지 않고 존속되는 시간(라이프 타임)이 매우 길다. 그래서 지금부터 매우 빠른 속도로 온실가스 배출량을 줄여간다고 하더라도 기후변화는 지속될 수밖에 없다. 따라서 우리는 온실가스 배출량 억제 노력과 함께 기후변화에 적응하여 살아갈 수 있는 대책을 마련해 가야한다.

(3)기후변화 대응을 위한 국제협력

온실가스 배출량 감축과 기후변화에 적응하기 위한 기술개발과 사회시스템의 개선을 위해서는 많은 재원이 있어야 한다. 경제적 선진 국가들은 이에 필요한 재원을 갖추고 있지만, 개도국은 그렇지 못하여 개도국은 온실가스 감축을 위한 국제협력에 동참하기도 어렵고 기후변화에 적응하기 위한 사회시스템의 정비에 나설 수도 없는 실정에 있다. 이 문제를 해결하기 위해서는 선진국이 개도국에 기술과 재정적 지원에 적극 나서야 한다.

2.3 생물종 다양성과 자연환경의 위기

2.3.1 생물종 절멸의 현황

과학적으로 밝혀져 있는 야생생물종은 175만종정도이지만 유엔환경계획(UNEP)의 추정에 의하면 지구상에 존재하는 종의 수는 최대로 1억 1,100만종으로 추정되고 있다.

약 39억 년 전에 원시 박테리아가 해양 속에서 처음으로 생명체로서 탄생한 이래로 오랜 진화의 역사를 거치면서 다양한 생물이 만들어져왔다. 기후변화와 생태계의 변화 등에 의해 많은 생명종의 절멸이 발생하고 있는데, 오늘날엔 그동안 겪어보지 못한 빠른 속도로 종의 절멸이 진행되고 있다.

2.3.2 야생생물종 감소의 현상

열대우림은 지구표면적의 약 7%이지만, "종의 보고"라고 불리어지고 있듯이 지구상에 있는 생물종의 절반 이상이 그곳에 서식하고 있는 것으로 여겨지고 있다. 삼림파괴는 귀중한 야생생물종의 절멸로 이어지고 있다. 열대림의 감소로 인하여 향후 25년간에 약 4~8%의 생물이 절멸한다는 추산도 있다.

2.3.3 생물다양성이란?

생물다양성이란 문자 그대로 생태계, 생물종, 유전자 등을 포함하여 지구상에 존재하는 생명의 다양함과 자연환경의 풍부함을 말한다.

약 39억 년 전에 지구상에 생명이 탄생한 이래 오랜 진화의 역사 중에서 현재의 생물다양성이 구축되어 왔다. 이 생물다양성이 붕괴된다는 것은 단지 생물의 종류가 감소한다는 숫자상의 문제가 아니라, 생물 간의 상호보조관계, 상호보완관계, 즉 생태계의 붕괴 위기를 가져온다는 것을 포함한다.

산업혁명 이래 인류는 급속한 발전을 일구어 풍요로움을 구축해 왔지만, 생물로서의 인류에 있어서 필수불가결한 생존기반은 이 생물종 다양성에 의해 지지되어왔다. 인간이 생활해가는 데에 필수불가결한 자원, 의식주, 의약품, 산업용 원재료 등도 생물종 다양성에 의해 지탱 받고 있다.

2.3.4 야생 생물종 감소의 원인

야생 생물종 감소의 원인에는 지구환경의 문제인 지구온난화, 산성비, 삼림파괴, 사막화, 해양오염 등이 관계하고 있다. 그리고 열대림 감소의 원인인 비전통적인 화전경작, 연료용 나무의 과잉벌채, 부적절한 상업적 벌채, 삼림화재 등이 영향을 미치고 있다.

야생 생물 감소의 직접적인 원인으로는 다음과 같은 것이 있다.

① 환경악화와 파괴로 인한 서식공간의 감소
② 난획과 밀렵
③ 생태계의 변화
④ 농작물과 가축을 보호하기 위한 유해 동물의 포획

야생 생물 감소의 배경에는 삼림파괴, 사막화의 진행과 함께, 개도국의 빈곤과 급격한 인구증가, 보다 풍요로운 생활의 추구 등이 있다.

2.3.5 야생 생물종 감소의 영향

인간의 생명과 생활은 생물종 다양성에 의해 지탱되고 있다고 말할 수 있다. 예로서 오늘날 전 세계에서 처방되고 있는 의약품의 약 40%가 자연계에서 얻는 원료를 사용하고 있으며, 열대림으로부터는 난치병에 대한 치료재가 많이 발견되고 있다. 그 이외에도 식량, 자원, 원재료 등, 생물종 다양성으로부터 얻는 혜택은 인류의 소중한 재산이다.

또 가장 근본적인 영향으로서, 생명탄생으로부터 오랜 기간에 걸쳐서 진화의 역사를 통해 형성되어온 생태계에 어떤 영향이 미치게 될는지 알 수가 없다는 사실이다. 인류와 지구환경에 있어서, 구체적으로 어떤 나쁜 영향이 미치게 될는지 과학적으로 예측하는 것은 불가능하다. 하지만 일단 절멸된 생물종, 붕괴된 생태계는 인간의 능력으로는 재생할 수가 없다는 사실을 인식하는 것이 중요하다.

2.3.6 생물종 다양성의 보전을 위한 체제

국제적인 체제로서는 1975년에 워싱턴조약으로 멸종위기종의 국제거래가 규제되었으며, 1971년 람사르 조약으로 물새와 그들의 서식공간인 습지의 보호가 규정되었다.

나아가서 1993년에는 생물다양성조약이 발효되어 생물의 다양성을 보전하는 체제가 본격적으로 발효되었다. 이 조약에 근거하여 세계 각국에서 자국의 생물종 다양성을 보전하기 위한 법적체제가 갖추어지고 있다.

2.3.7 생물종 다양성을 지키기 위한 자연환경보전활동

전 지구적 규모로 진척되고 있는 지구온난화, 산성비, 삼림파괴, 사막화 등에 의해서 자연환경이 점차 파괴되어 가고 있다. 또 우리가 살아가고 있는 생활 주변에서도 도로, 댐, 발전소 등의 건설, 주택과 산업단지의 조성, 항만과 공항의 개발, 농지확대 등으로 넓은 면적의 자연이 사라지고 있다. 또 도시화, 자동차 증가, 관광객의 관광 투어 등에 수반되어 생물종 다양성을 키울 수 있는 자연환경이 위기에 처해지고 있기도 한다.

이 단락에서는 자연환경의 보전과 복원을 지향하는 노력의 개요를 살펴보도록 하겠다.

(1) 자연환경보전지역의 지정

사람의 손이 닿지 않은 우수한 자연환경을 유지하고 있는 지역에 대해서 자연환경보전법에 근거하여 자연환경보전지역으로 지정하고 있다. 지정된 지역에는 원시 자연환경보전지역, 자연환경보전지역, 지자체 관리의 자연환경보전지역이 있다.

원시 자연환경보전지역은 인간 활동의 영향을 받지 않은 채로 자연의 원상태를 유지하고 있는 지역이다.

(2) 자연공원의 지정

우수한 자연의 경관을 갖추고 있는 지역에 대해서는 자연공원법 및 지자체 조례에 기초하여, 국립공원, 지자체 관리의 자연공원으로 지정되고 있다.

(3) 자연복원을 위한 노력

인간의 활동 영역을 넓히기 위하여 오랜 기간에 걸쳐서 인간들은 연안 간척지를 조성하는 노력을 기울여왔다. 그러나 최근에는 이들 이들 간척지를 다시 자연으로 되돌리는 노력이 이루어지고 있다. 그러한 사례로 지난 2011년에 네덜란드 정부가 제이란드(Zeeland, 네덜란드 12개 주 가운데 가장 남서쪽에 자리한 주) 주 붸스터스켈드(제이란드 주에 위치한 하구만)의 자연 복원 사업에 관한 정책을 수립하여, 오랜 기간에 걸쳐 축조한 제방을 허물어 육지가 바다에 잠기도록 결정한 사건을 들 수 있다. 이러한 결정을 하기까지 네덜란드 사람들은 자연에 대항하여 인간의 활동 영역을 넓히는 것에 대한 엄청난 반대급부를 경험하였다. 즉 1953년 1월에 대형 홍수가 네덜란드의 4개 주를 휩쓸어 1795명이 목숨을 잃고 15만 헥타르의 땅이 물에 잠겼다. 피해를 본 4개 주는 모두 해수면이 육지보다 높은 지역이어서 마을마다 물이 범람하지 않도록 제방을 쌓아두고 있었다. 그러나 이 제방이 연쇄적으로 파괴되면서 피해가 증폭되었다. 치명적인 타격을 받은 네덜란드는 1950년에 시작한 서해안 댐 공사를 확대해 대대적인 공사에 착수했다. 델타 플랜이라 불리는 이 공사는 14개의 댐을 건설하여 만(灣)들을 막는 공사로 60년간 계속되어왔다. 이렇게 축성해온 제방을 포기하고 해수위보다 낮은 육지를 다시 자연으로 돌려주기로 결정한 것이다. 네덜란드는 자연에 맞서 땅을 만들고 제방을 쌓아온 나라다. 지금도 네덜란드 국민이 내는 세금의 상당 부분은 제방을 쌓고 유지하는 비용에 사용되고 있다. 그러한 네덜란드 사람들이 어렵게 만든 제방을 허물고 땅의 일부를 자연에 돌려주려 하고 있다. 네덜란드가 자연에 돌려주기로 한 600헥타르가 국토에서 큰 비중을 차지하지는 않는다. 그러나 이 결정은 앞으로 네덜란드 정부가 펼 정책에 상당한 영향을 끼칠 수 있다는 점에서 상징적인 의미를 지니고 있는 것으로 평가받고 있다.

2.4 국제사회의 노력

1970년경부터 지구규모의 환경문제가 제기되었는데, 그로부터 30년이 지난 오늘 날 전 세계의 많은 사람들이 주요과제로 인식하고 있다. 여기서는 이 논의가 어떻게 시작되었고, 전개되어 왔는지를 순차적으로 살펴보고자 한다.

선진국에서는 공업화에 수반되는 공해 문제가 나타나기 시작하였는데, 1960년대에 일본에서도 대기오염과 수질오염이 지역규모의 공해문제로 심각하게 대두되었다. 그 후, 공해는 환경기술의 발전으로 해결로 향하여, 오염 유발자 부담의 원칙 등의 체제도 정비되었다.

그러나 이어서 1970년대부터 서서히 인류는 지역에서 발생한 공해와 마찬가지로 그들의 장래에 지구규모로 나타날 가능성이 있는 위기상황에 대해서 생각하기 시작하였다. 그 때까지만 하여도 몇 명의 과학자와 경제학자 등이 경고의 목소리를 내고 있었지만, 세계적으로 지구환경문제가 큰 과제라고 인식한 것은 1972년일 것이다. 이 해에는 스톡홀름에서 유엔인간환경회의(UN Conference on the human environment)가 개최되어, 유엔 인간환경회의 선언이 채택되었다. 또 로마클럽에 의한 "성장의 한계(The limits of growth)"가 출판되었다. 성장의 한계의 추계에 따르자면, 현재의 사회시스템이 변하지 않으면 인류는 자원의 고갈로 파국을 맞을 것이라고 한다. 기술의 발전으로 자원생산성이 상승한다고 하더라도 오염과 식량부족으로 파국을 맞을 수 있다고 한다(Meadows, et al., 1972). 이처럼 인류의 개체 수 증가와 산업혁명 이래의 문명의 발전에 의해 인류가 필요로 하는 자원의 고갈, 나아가서 산업 활동에 수반되어 배출되는 물질이 지구의 환경 용량을 넘어버릴 것으로 예측되고 있다. 그래서 그들은 이런 문제를 해결하기 위해 향후 인류가 어떤 행동을 하여야 하는지를 생각하여야 한다고 지적하였다. 이런 배경에서 1985년에 오스트리아의 프라하에서 지구환경 문제에 관한 첫 세계회의가 유엔환경계획(United Nations Environment Program: UNEP)의 주최로 열렸다. 통칭 프라하 회의라고 불리는 이 회의는, 지구온난화를 주제로 하여 미국과 유럽으로부터 수십 명의 과학자가 모여 다음과 같은 선언을 채택하였다.

● **프라하 회의에서 채택된 선언의 내용**

① 21세기 전반에는 나타날 세계의 기온상승은 지금까지 인류가 경험해 본 적이 없는 대폭적인 것이 될 것이다.

② 과학자와 정치가 및 관료를 포함하는 정책결정자들은, 협력해서 지구온난화 방지를 위한 대책을 시작하여야 한다.

또 1987년에 유엔환경특별회의(World Commission on Environment and Development: WCED)는 지속가능한 개발(Sustainable Development)을 제창하였다. 제창된 내용은 다음과 같다.

● **지속가능한 발전**

Development that meets the needs of the present without compromising the ability of future generations to meet their own needs.

미래 세대의 요구를 만족시킬 수 있는 능력(가능성)을 손상시키는 일이 없이, 현재 세대의 요구를 만족시킬 수 있는 발전

1987년에는 오존층을 파괴하는 물질에 관한 몬트리올 의정서(Montreal Protocol on Substances that Deplete the Ozone Layer)가 채택되었다. 1985년에 채택된 오존층 보호에 관한 비엔나협약(Vienna Convention for the Protection of the Ozone layer)에 기초한 것으로, 오존층을 파괴하는 프레온 가스 등의 물질 사용을 규제하는 스케줄의 설정(제2조)과 비체약국과의 무역 규제(규제물질의 수출입 금지 등) (제4조), 최신의 과학, 환경, 기술 및 경제에 관한 정보에 기초하는 규제조치의 평가 및 재검토(제6조) 등이 포함되어 있다.

1988년에는, 토론토에서 개최된 선진국 정상회의(G7)의 폐막 후에 캐나다 정부 등의 주최로 40여 개 국에서 300인 이상의 기후연구자, 법률가, 정부관계자, 기업가 등이 참가한 회의가 개최되었다. "변모하는 대기-지역안전보장과의 관계"로 이름 붙여졌지만, 보통 토론토회의라고 부른다. 이 회의에서는, "2005년까지 이산화탄소 배출량을 1988년 수준에서 20% 삭감"이라는 성명이 채택되었다. 이것은 강제력을 갖지는 않았지만 구체적인 수치목표를 제시한 최초의 합의였다.

2.4.1 기후변화에 관한 정부 간 패널과 기후변화협약

선진국 간에는, 지속가능한 개발이 제기되어, 미래의 문명이 나아가야 할 방향이 논의되어 왔다. 한편, 기후변화문제에 관해서는 토론토회의에서 수치목표를 넣은 성명이 나왔지만, 이 수치는 과학적으로는 많은 불확실성을 안고 있기도 하여, 조약과 의정서 등의 체결에까지 나아가지는 못했다. 그렇다면, 현재의 개발을 어느 정도 선에서 억제하면 차세대에 기후변화로 인한 치명적인 부채를 남기지 않으면서 발전을 이어갈 수 있을까? 그래서 현재의 과학적 지식을 집결하여 인류가 자연환경에 배출하여 온 물질이 지구환경에 어느 정도 영향을 주고 있는지를 정량화하기 위하여, 기후변화에 관한 정부간 패널(Inter-Government Panel on Clumate Change: IPCC)가 1988년에 설립되었다. IPCC는 1990년 8월에 제1차 보고서를 정리하였다. 제1차 보고서는 "2100년에는 지구의 평균기온이 약 3℃ 상승한다. 대기 중의 농도를 현재 수준으로 지키기 위해서는 곧바로 인간 활동에 의한 이산화탄소 배출량을 60% 삭감하여야 한다." 는 내용을 담았다.

그로부터 3개월 후인 같은 해 11월에 스위스 주네브에서 제2회 세계기후회의가 137개국과 1지역(EU)의 참가하여 개최되었다. 이 회의에서는, 기후변화에 관한 교섭 및 각료급회의가 이루어져, 중요한 원칙이 포함된 각료선언이 채택되었다. 주요한 원칙은, 지구온난화의 원인을 만든 선진국과 그렇지 않은 개도국을 구별하는 공통적이되 차이가 있는 책임, 또 과학적인 불확실성이 있다는 것을 이유로 대책을 취하지 않는 것은 허락되지 않는다고 하는 예방원칙 등이다.

이것을 받아서, 같은 해 12월에 개최된 유엔총회에서, 기후변화협약 교섭회의(Intergovernmental Negotiating Commitee for a Framework Convention on Climate Change: INC)를 설치하는 것이 의결되어, 1992년에 개최예정인 지구정상회의까지 조약에 합의하는 것을 목표로 조약체결을 향한 교섭이 시작되었다.

1992년 6월, 브라질의 리루데자네이로에서 172개국의 정부대표와 국제기관, 102명의 국가 정상, 약 2400개의 NGO가 참가하여 환경과 개발에 관한 국제회의(United Nations Conference on Environment and Development: UNCED) (보통: 지구서미트(The Earth Summit)라고 부름)가 개최되었다. 환경과 지속가능한 개발이 주요 의제이었던 이 회의는, 많은 성과를 남겼다. 먼저, 회의에 앞서 5월에 뉴욕에서 개최된 INC5의 재개회합에서 채택된 기후변화협약(The United nations Framework Convention on Climate

Change: UNFCCC)의 서명이 시작된 것을 들 수 있다. 그 외에도, 이 회의에서는 생물다양성조약(The United Nations Convention on Biological Diversity)의 서명이 개시되어, 삼림원칙선언(The statement of Forest Principles)가 채택되었다.

기후변화협약에는 1990년 11월의 제2차 세계기후회의에서 채택된 각료선언에 포함되었던 원칙이 포함되었다. 이 조약의 조문을 발췌해서 다음에 제시한다. 그리고 지면의 사정상, 큰 의미를 바꾸지 않는 범위에서 생략과 말 바꿈을 한 곳도 있으므로, 가급적 원문에 맞추어 보기를 바란다.

2.4.2 COP(Conference of the Parties)와 교토의정서(Kyoto Protocol)

예정대로 1992년의 지구서미트에서 서명이 시작된 기후변화협약은, 50개국 이상의 체결로 규약으로 되어 1994년에 발효되었다. 동 조약의 제7조에 있듯이, 체결조약국 회의가 매년 개최되었는데, 발효된 다음 해(1995년)에 베를린에서 첫 회의가 개최되었다. 체결조약국에 부가하여 조약에 참가하지 않은 나라들도 옵서버로서 참가하여, 170개국의 정부대표와 NGO, 매스컴 관계자 등 총 3000명이 참가하였다. 이 회합에서는, 조약 중에서 추후 검토로 남겨져있던 내용을 논의하였다. 조약에서는 선진국의 의무로, "이산화탄소와 그 외의 온실가스(몬트리올 의정서로 규제되고 있던 것은 제외)의 인위적인 배출량을 1990년대가 끝나기 전까지 종전 수준으로 돌려놓는 것을 목표로 하여 정책과 조치를 강구한다." (제4조 2항의 (a))는 것도 있고, 조약체결국은 2000년 이후에 대해서도 새로운 약속을 할 필요가 있다는 점에 합의하여, 베를린 위임(Berlin Mandate)을 채택하였다.

● Berlin Mandate의 주요 내용

① 2000년 이후의 선진국의 수량화된 온실효과가스의 배출억제 · 삭감목표 및 정책과 조치를 정한 의정서를 COP3에서 채택할 것.

② 공통이지만 차이가 있는 책임의 원칙에 따라서 개도국에 대해서는 새로운 약속을 부과하지 않을 것. 조약상의 기존 약속을 재확인하고, 그것의 이행을 촉진할 것

이것을 받아서, 2000년 이후의 약속에 대한 논의를 위해 "베를린 명령 - Ad

Hoc Group(Ad Hoc Group on the Berlin mandate: AGBM)"이 설치되어, 제3회 조약체결국회의(COP3)까지 의정서를 정리할 새로운 과정이 시작되었다.

AGBM은, 1995년 8월에 있었던 제1차 모임을 시작으로 IPCC의 2차 평가보고서 발표와 COP2의 개최까지의 사이에 8회의 모임을 가졌다. IPCC는, 1992년 6월에 있었던 WMO의 집행이사회의 결의에 따라서, 조약 제2조의 approach 조사를 IPCC의 활동계획에 포함시키기로 하였다. 그에 따라서 1996년 4월에 발표된 IPCC의 제2차 평가보고서는, ①온난화의 관측사실과 예측, ②온난화의 영향·적응책·대응책, ③온난화의 사회경제적 측면에 관한 각 작업 부회(working group)의 보고서에 부가하여, 이것들을 감안한 "기후변화협약 조약 제2조의 해석에 관한 과학적·기술적 정보의 IPCC 제2차 평가보고서"라고 이름을 붙인 보고서로 구성되어 있다. 보고서는 온실효과가스의 다양한 배출시나리오를 검토한 위에, 대기 중의 온실가스농도를 안정화시키고 지구온난화의 진행을 멈추기 위해서는, 장래에 이산화탄소 배출량을 1990년보다 낮은 수준까지 삭감할 필요가 있다는 것을 강조하였다. 불확실성이 남아있기는 하지만, 기후변화로 인한 손해의 위험회피 및 예방적 approach를 고려하고, 현재의 지견을 바탕으로 볼 때, 일련의 "non-regret policy(후회 없는 대책)"를 넘어서서 대책을 개시할 근거가 있다고 하였다.

전 세계에서 약 2000명의 과학자와 전문가가 참가해서 정리한 IPCC의 제2차 평가보고서는, 충격적인 내용을 포함한 것으로 받아들여지고 있는데, 과학적인 측면에서 추가적인 대책의 필요성을 압박하는 결과가 되었다.

제2차 평가보고서가 나오고 3개월이 지난 1996년 7월에 스위스의 주네브에서 개최된 제2차 조약체결국회의(COP2)에서, 각국 각료들은 "지구온난화의 과학, 그 영향 및 현재 이용 가능한 대응책에 대해서, 현 시점에서 가장 포괄적이면서도 권위 있는 평가"라고 IPCC 2차 평가보고서를 지지하였다. 동시에 각국 각료들은 "의정서가 법적 구속력이 있는 수치목표를 갖도록 한다."는 각료선언을 정리하였다.

AGBM에서 논의가 축적되어지고, 더욱이 선진국 내에서는 1997년에 G8 환경장관회의와 G8 덴버 정상회의에서 논의되었다. 선진국과 개발도상국간 주장의 차이와, AGBM5(1996년)과 AGBM6(1997년)에서는 일본, EU, 미국이 각각 다른 제안을 하는 등, 각국의 생각이 달라서 조정하다가, 결론을 얻지 못한 채로 제3차 당사국회의(COP3)의 개최를 맞게 되었다. COP3까지 넘어온 과제는, ①삭감 목표, ②대상 가스, ③도상국의 삭감 의무화, ④EU 15개국을 하나의 큰 덩어리 국가로 간주하는 "EU Bubble", ⑤배출권 거래·공동실시, ⑥삼림 등의 흡수원 등을 들 수 있다. 이러한 가운데, 1997년 12월에 COP3이 일본을 의장국으로 하여, 교토에서 개최되었다. COP2의 각료선언에 있듯이, 법적 구속력이 있는 수치목표를 갖는 의정서에 주목이 모아진 본 회의는, 참가자도 많고, 조약체결국과 observer 국을 포함한 161개국 정부대표단과 NGO, 언론관계자 등 1만인 이상이 참가하였다. 주목된 의정서는, 법적인 구속력이 있는 수치목표가 포함된 만큼, 각국의 주장이 대립되어 전반이 종료된 시점에서는, [표1.3]에 나타난 바와 같은 상황이었다. 또 개도국의 삭감의무화에 대한 타협책으로, 개도국에 대한 자금원조 체제를 정비하는 문제를 미국, 브라질을 중심으로 검토하였다.

조약과 의정서

"조약"이란, 명칭에 관계없이 국가 간에 있어서 문장의 형식으로 체결되며, 국제법으로 규율되는 국제적인 합의를 말한다. (조약 법에 관한 비인 조약 제2조 1항(a))

조약에는, 조약 · 협약 · 규약(treaty/agreement/arrangement) · 헌장(charter) · 의정서(protocol) · 선언(declaration) · 교환공문(exchange of note) 등이 있는데, 법적 효력에 차이는 없다.

[표1.3] 각국의 주장과 협의 상황

	대상가스	감축율 (1990년 대비)	개도국의 감축 의무화	EU bubble	배출권 거래	공동실시	삼림 흡수효과 반영
일본	CO2, CH4, N2O, CFCs 대체물질 6종	원칙적으로 5%('08~'12년)	장래 의무화	조건부 찬성	찬성	찬성	도입에 전향적
미국		0% ('08~'12년)	장래 의무화	조건부 찬성	찬성	찬성	도입에 전향적

EU	CO_2, CH_4, N_2O, CFCs 대체물질 6종	15% (2010년)	장래 의무화	찬성	찬성	찬성	도입에 전향적
G77+ 중국		15% (2010년)	반대	반대	반대	반대	도입에 전향적

〈참고〉 EU bubble: 온실가스 감축 협상에서 EU국가는 개별적 할당이 아니라, EU 전체로서의 감축량을 할당받고자 하는 EU의 주장

결국, 예정되어 있던 개최기간 동안에는 합의에 이르지 못하고, 최종일의 다음 날 오후가 되어서야 겨우 합의가 성립되고, 교토의정서(Kyoto Protocol)이 채택되었다. 최종적으로는, 대상 기체는 이산화탄소, 메탄, 일산화이질소, HFCs, PFCs, SF_6의 6종류로 되었고, 이것을 의정서 부속서A에 기입하였다.

개도국의 삭감의무화는 도상국의 주장이 이겨, 조문에 포함되었다. 그렇지만, 의정서에서는 기후변화협약 조약 4조에 있는 조약체결국, 특히, 부속서I에 포함되지 않은 국가들이 수행하여야할 일의 범위를 조금 확대하는 것에 합의하였다.

삼림흡수분의 산입(算入)에 관한 문제는, 토지이용활동에 의한 배출량과 흡수량의 approach에 관한 논의로 확대하였는데, 그 결과 농업 이외의 토지이용변화에 따른 흡수·배출과 함께, 토지이용변화 및 임업(Land-use change and forestry: LUCF)에 관한 다른 조항에서 취급하기로 하였다. 교토회의에서는, 이 구별만이 성과로 남았고, 그것 이상으로 상세한 논의는 이루어지지 못했다.

배출권 거래, 공동이행에 부가하여, 청정개발체제가 목표달성을 위한 새로운 제도(교토 메커니즘이라고 불림)로 결정되었다. 그러나 의정서에는, 이들 새로운 제도가 어떠한 것이며, 어떻게 운용되는지에 대해서는 구체적으로 기술되지 못하였고, 그 후 조약체결국회의에서 논의하는 것으로 하였었다.

일본과 EU등은, 교토 메커니즘의 상세한 결정 없이는 교토의정서의 체결은 불가능하다고 하면서 서명을 하는 정도에 머물렀다. 한편, 교토 메커니즘의 상세를 결정하는 연한은 설정되지 않았었다. 그 때문에 다음 해인 1998년에 부에

노스아이레스에서 개최된 제4회 당사국회의(COP4)에서, 2000년에 개최되는 제6회 당사국회의에서 교토 메커니즘, 삼림흡수원, 준수절차 등의 운용 규칙을 합의하기로 하는 부에노스아이레스 행동계획이 체결되었다. 또, 이 행동계획에는 개도국의 강한 요망으로 개도국에의 자금, 기술이전 등 조약에 정해진 다른 의무를 추진해 가는 것도 COP6까지 합의하는 것이 포함되어졌다.

1999년에 본에서 개최된 제5회 당사국회의(COP5)에서는, 독일의 슈레드 총리를 시작으로 많은 정상들이 리우에서 개최된 지구정상회의(Earth Summit)로부터 꼭 10년째가 되는 2002년 8월말에 개최되는 요하네스버그 서미트(지속가능한 개발에 관한 세계 정상회의: WSSD)에서 교토의정서를 발효시키자고 호소하였다.

2000년에 헤이그에서 개최된 제6회 당사국회의(COP6)에서는 교토 메커니즘에 관한 합의가 이루어질 것으로 기대되었지만, 우산(雨傘)국 그룹, EU, G77+중국 등의 대립으로, 교섭이 중단되어, 다음해(2001)에 회의 재개를 기다리는 것으로 되었다. 그런데 2001년 3월에, 2001년 1월에 취임한 미국의 부시대통령은 교토의정서 교섭으로부터 이탈한다고 선언하였다. 온실가스 배출량이 가장 많은 미국의 이탈을 맞아 7월에 본에서 재개된 COP6의 회의에서 의정서의 운용규칙에 관한 합의는 위험을 맞이하였다. 그럼에도, 2001년 3월에는 IPCC의 3차 보고서의 정책결정자용의 요약집이 공표되었는데, 교토의정서 발효의 중요성은 과학적 견지에서 보았을 때 오히려 증가하고 있었다. 이러한 배경에서, COP6의 재개된 회의는 당초 예정하고 있었던 일정을 연장해 가면서 노력한 결과, 본 합의에 이르렀다. 이 합의는, 개도국 문제, 교토 메커니즘, 흡수원, 준수제도의 운용규칙 등에 걸쳐서 합의를 끌어내기 어려웠던 각 논점에 대한 합의가 포함되었다. 본 합의를 받아 11월에 모로코의 마라케쉬에서 개최된 제7회 당사국회의(COP7)에서, 각종 운용규칙의 최종안이 채택되었다(마라케쉬 합의). 이 합의의 상세한 내용은 [표1.4]에 정리해 두었다. 한편, 교토 메커니즘의 내용에 관해서는, 제2장에서 상세히 기술해 두었으므로, 그쪽을 참고하기 바란다. 마라케쉬 합의를 받아 EU는 2000년 5월, 일본은 같은 해 6월에 교토의정서를 체결하였다.

[표1.4] 제7차 당사국회의(COP 7)에서 확정한 교토의정서의 운영규칙 최종안

구분	내용
개도국의 문제	새로이 3개의 기금(특별 기후변화기금, 개도국기금, 교토의정서 적응기금), 기술 이전을 위한 전문가 그룹의 설치 등
교토메커니즘	감축목표를 달성하기 위해 각 국가 내에서 실시할 대책에 대해서 보완적으로만 이용할 수 있다(정량적인 제한은 설정되지 않았다.)
삼림흡수원	– 삼림관리, 경작지관리, 목초지관리, 식생회복의 4개 활동을 수행하여 얻어지는 흡수량도 감축목표 달성에 사용할 수 있는 것으로 결정되었다. – 삼림관리에 대해서는 대량으로 흡수량을 얻을 수 있는 국가가 발생할 수 있기에, 감축 목표 달성에 사용할 수 있는 양에 상한을 두기로 하였다(그 상한은, 나라별 사정을 감안하여 나라별로 설정).
준수 제도	– 준수위원회를 설립하고 그 기구의 구성, 감축의무 비 준수에 대한 구체적인 조치를 정하는 등 준수제도의 기본적인 체제가 합의되었다. – 비 준수에 대한 조치에 법적인 구속력을 가할지 여부의 결정은 의정서 발효 후에 개최 될 의정서의 제1회 조약 체결국 회의(COP/MOP1)에서 다루기로 한다.

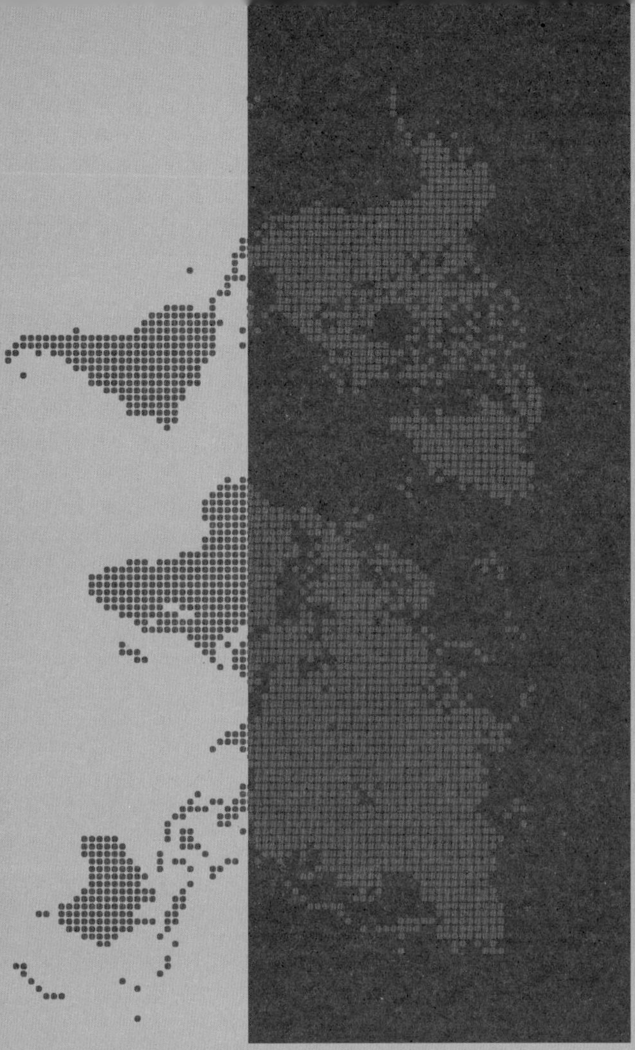

제3장

환경과 경제

제3장

환경과 경제

3.1 환경 친화적 삶

3.1.1 환경보전에 관심 갖기

1. 공동체 속에서 인성을 육성하는 문제의 중요성

지속가능한 사회를 구축해 가려면 환경에 대한 사람들의 의식을 높이는 것이 가장 중요하다. 그래서 환경을 소중하게 생각할 수 있는 인성을 길러내는 활동(환경교육)이 요구된다. 일본 환경성의 조사에 의하면, 학생들이 환경의식을 갖는 데에 가장 큰 영향을 준 주체로 학교, TV, 신문, 지자체보다 가정이 훨씬 높은 비중을 차지하였다.

2. 독특한 체제를 갖출 수 있는 학교 교육

인성 육성에 있어서 가정만큼이나 중요한 역할을 하고 있는 곳이 학교이다. 학교에서는 가정에서 할 수 없는 체제와 체험형의 교육을 할 수 있다. 학교마다 독창성을 살린 환경교육 체제를 만들어 학생들의 환경 의식을 높여줄 수 있는 역할을 학교가 담당할 수 있어야 한다.

3. 지역에서 중요한 것은 "체제 만들기"

지역과의 연계성 속에서 환경의식을 고양해 가는 것을 소홀히 할 수 없다. 도시에서는 지역에 대한 애착심이 얕다는 점을 염두에 두어 새로운 방법으로 지역과의 연계성을 찾을 수 있는 방법을 고안할 필요가 있다. 지역 활동에서 가장 중요한 것은 "체제 만들기"라고 말할 수 있다.

> 일본의 시가현과 NTT가 주최하는 "BIWAKO 시민연구소"는 시민의 자발적인 네트워크 만들기를 지원하는 인터넷 사이트이다. 어린이부터 NPO(비영리조직)법인, 행정과 연구자 등 다양한 시민이 참가하여, 환경문제의 실천을 목적으로 하는 활동을 하고 있다. 사이트는 어디까지나 "이어주는 손"이고, 중심이 되는 것은 그곳에서 이루어지는 시민의 활동이다. 주로 지역주민이 참가하여 각각의 체제를 홈페이지에서 소개하면서 활동의 폭을 넓혀가고 있다. 에콜로지 활동에 관계하는 사람을 소개한 코너 등, 발표의 장임과 동시에 귀중한 정보원이 되고 있기에, 참고가 되는 사례가 많다.

4. 자연과 친해지기, 자연을 알기, 자연을 지키기

에콜로지 활동의 바퀴를 만들려면, 체제 만들기 속에서 환경을 지켜 환경과 공생해 가자는 생각을 공유할 수 있어야 한다는 점이 중요하다. 매스컴에서는 지구온난화와 음식물에 대한 불안감, 환경오염에 의한 새로운 병의 발생 등, 불안을 주는 뉴스를 거의 매일 내보내고 있다. 건강하고 안전한 삶에 대한 갈망에서 환경에 대한 관심이 높아진다고 말할 수 있겠지만, 마이너스적인 기분만 가지고는 인간 활동이 지속되기 어렵다는 점을 인식할 필요가 있다.

3.1.2 소중한 자연환경

1. 위기에 노출되고 있는 자연환경

지구규모로 진행되고 있는 지구온난화, 산성비, 삼림파괴, 사막화 등으로 자연환경의 파괴가 진행되고 있다. 또 우리와 가까운 지역으로 눈을 돌려보면, 도로와 댐, 발전소 등의 건설, 주택 조성, 항만개발, 농지개발에 수반되어 많은 자연이 소실되고 있다.

더욱이, 오늘날에도 도시화, 자동차의 증가, 관광객의 증가와 함께 생물다양성을 키우는 자연환경이 위기에 노출되고 있다. 여기서는 자연환경의 보전과 재생을 향한 주요 활동을 소개하고자 한다.

2. 자연환경보호를 위한 체제

(1)자연보호지역의 지정

사람들의 손길이 닿지 않은 뛰어난 자연환경을 유지하고 있는 지역을 자연환경보호지역으로 지정해서, 자연환경보전법과 지자체의 조례로 이를 보호하고자 노력하고 있다. 이에 해당하는 지역은 다음과 같이 3개 분야로 분류된다.

① 원생자연환경보전지역
사람의 영향을 받지 않고 원생의 상태를 유지하고 지역으로 전국에 5개소

② 자연환경보전지역
전국에서 10개 지역

③ 지방 자연환경보전지역
전국에서 534개소

(2)자연공원의 지정

뛰어난 자연경관을 가진 지역을, 자연공원법과 지자체 조례에 기초하여 국립공원, 국정공원, 도도부현 자연공원으로 지정하고 있다.

(3)자연재생의 추진

2001년에 제정된 자연재생추진법에 기초하여, 자연재생협의회가 설치되어, 자연보호·재생을 추진하는 다른 단체와 정보교환과 교류를 쌓아가고 있다.

3. 세계적인 규모로 이루어지는 자연환경보호를 위한 체제

세계적으로 보호할 가치가 있는 지역을 세계자연유산으로 등록하여 보전활동을 철저히 수행하고 있다.

3.2 자원순환형 사회와 경제

3.2.1 일방통행형 사회에서 순환형 사회로의 전환

일방통행형 사회에서 순환형 사회로의 전환이라는 것은 지금까지의 대량생산·대량소비·대량 폐기물형의 일방통행형 사회에서 폐기물 등의 발생 규제, 적정한 순환적 이용의 촉진, 적정한 처분의 확보를 통해서 천연자원의 소비를 억제하고 환경부하를 가능한 저감하는 사회를 가리키는 순환형 사회로 이행해 가는 것을 말한다. 순환형 사회를 실현하기 위한 행동으로는 미국에서 제창된 3R, 캐나다에서 제안하고 있는 4R 및 NGO에서 제시하고 있는 5R이 유명하다.

〈순환형 사회 구현을 위한 행동〉

1980년대 중반에 미국에서는 순환형 사회 구현을 위한 행동으로 3R이 제창되었다. 3R이란 Reduce, Reuse, Recycle을 말한다. 캐나다에서는 이에 Recover(회수)를 덧붙여서 4R을 제시하였다. 이 외에도 NGO단체에서는 Refuse(쓰레기가 되는 것을 받지 않는다.) 또는 Repair(수리, 수선)를 덧붙여서 5R을 실천하자는 제안을 내놓고 있다.

3.2.2 순환형 사회 구현을 위한 기본 이념

순환형 사회체제 구현을 위해서는 우리들이 각자의 책임을 다해야할 필요가 있다. 이 책임을 다하기 위한 기본 이념으로 “배출자 책임”과 “확대 생산자 책임”의 2가지가 있다.

(1)배출자 책임의 원칙

폐기물을 배출하는 사람이 폐기물의 처리와 리사이클에 책임을 진다.

(예) 폐기물의 분리수거를 실천한다.
폐기물 배출자는 자신이 배출하는 폐기물의 리사이클과 처리의 비용을 감당한다.

(2)확대 생산자 책임의 원칙

제품생산자가 그 제품이 사용되고 폐기된 후에도 순환적 이용과 처리에 대해서 일정한 책임을 진다.

(예) 리사이클과 처리가 쉽도록 제품을 설계하고 재질을 궁리한다.
또는 제품에 재질의 이름을 표시한다.
제품이 폐기물이 된 이후에도 생산자가 수거하여 리사이클을 실행한다.

3.2.3 폐기물과 리사이클

Recycle이란 불필요하게 된 것을 버리지 않고 재생하여 이용하는 것을 말한다. Reuse(재이용)와의 차이는 제품을 원래의 형태 그대로 사용하는 것이 아니라, 일단 원료의 형태로 되돌린 후에 재이용을 한다는 사실에 있다. 리사이클 중에는 "material recycle(재생이용)" 이외에 "thermal recycle(열 회수)"를 포함하는 경우도 있다. 열 회수는 불필요하게 된 제품을 태워서 열로 회수하는 것을 말한다. 열로 회수한 이후에는 소각된 재가 남을 뿐이어서 더 이상은 순환되지 않으므로 순환형 사회 구축을 위해서는 재생이용을 우선하여야 한다.

3.2.4 환경개선 체제와 환경 management

〈환경 management 시스템〉

최근 여러 기관에서 ISO(International Organization for Standardization(국제표준화 기구)) 14001을 취득하였다고 자랑하는 곳이 늘어가고 있다. ISO 14001이란 환경을 지속적으로 개선하기 위한 기준이 되는 "체제"를 정한 것이다. 이것을 환경 management 시스템(EMS)이라고 한다.

환경 management 시스템이 탄생한 배경에는 다양한 환경문제에 규제만으로 대응하는 것이 어렵기 때문에 기업, 행정 등의 조직이 자생적으로 환경개선을 수행하는 것이 중요하다는 인식이 세계적으로 고조된 사연이 있다. 환경 management 시스템으로 대표적인 것이 ISO에 의해 1996년에 발행되고, 2004년에 개정된 ISO 14001이다. 여기서는 ISO 14001을 중심으로 환경

management 시스템의 이해를 돕도록 하겠다.

〈ISO 14001〉

ISO 14001의 기본적 체제는, 계획(Plan), 실시 및 운용(Do), 점검(Check), 개선(Act)으로 나누어지므로, "PDCA 사이클"에 따른 형태로 되어 있다.

ISO 14001은 스스로 환경개선을 위한 계획을 세우고, 실시하여, 달성을 점검하는 과정을 통하여, 환경부하의 개선을 지향한다.

ISO의 장점으로는 다음과 같은 것을 들 수가 있다.

① 모든 조직에서 도입이 가능하다.
독립기능과 관리체제가 정비되어 있다면, 다양한 종류·규모의 조직에 도입가능하다. 현재 ISO 14001 인증 취득조직은 일반 기업으로부터 지자체, 학교까지 확대되고 있다.

② 시스템을 만들 것을 요구하는 것으로, 결과를 요구하지 않는다.
ISO 14001은 환경부하를 저감하기 위해 시스템의 작성방법을 정한 것이지, 구체적인 환경부하 저감효과를 구하는 것은 아니다.

③ 개선의 대상, 수준도 자주적으로 정한다.
ISO 14001에서는 조직으로서 무엇을 개선 대상으로 하고, 어떤 수준까지 개선할까를 전부 자주적으로 결정한다. 다만 환경개선을 수행하기 위한 체제이므로, 화학공장이 사무소의 종이, 쓰레기의 삭감밖에 고려하고 있지 않는 등, 본래의 주요 취지로부터 벗어난 있다면 ISO 14001에 적합하다고 말할 수 없다.

④ 계속적인 개선을 요구한다.
환경부하의 저감 결과를 직접적으로는 요구하고 있지 않지만 시스템을 계속적으로 개선할 것을 요구받는다. 개선 효과가 나오지 않는 것은 개선하기 위한 시스템이 충분히 기능하고 있지 못하기 때문이라고 생각 할 수 있다.

⑤ 심사등록의 대상이 되고 있다.
ISO 14001에 적합할까 여부에 대한 확인은 스스로 판정하는 자기선언과

제3자인 심사등록기관으로부터 확인을 받는 방법이 있다. 심사체제는 각 나라에 1개소씩 있는 인정기관이 심사등록기관을 인정하고, 심사등록기관이 ISO 14001의 인증을 희망하는 조직의 심사를 수행한다.

〈ISO 14001이 확대된 이유〉

환경 management 시스템이 지향하는 환경개선활동을 관리하고, 계속적으로 개선한다는 생각은 과거에는 없었던 것이다. 그러기에, 환경을 지속적으로 개선하기 위한 도구로 ISO 14001이 등장한 것이다. 이를 활용하기에 따라서는 경영개선효과를 가져올 수도 있다는 사실이 ISO 14001이 확대된 배경이다.

기업이 조직으로서 ISO 14001을 취득하는 이유는 첫째, 기업의 이미지 개선, 둘째, 환경보전활동의 사회적 추진, 셋째, 지구환경보전을 위한 사회적 기업의 책임 등을 들고 있다.

〈환경 management 시스템의 효과적 도입〉

환경 management 시스템을 유효하게 사용하고 있는 조직은, 다음과 같은 방법을 도입하고 있다.

① 경영과 일체화시킨다.

환경 management 시스템에 있어서 환경개선의 목표를 세울 때에는, 경영의 방향성과 일치하지 않으면 개선이 진행되지 않는다. 효율적인 사무를 통해서 환경부하가 적어진다. 말하자면 에너지를 적게 사용하는 생산, 불량품의 감소, 과잉재고의 삭감 등 경영상의 개선을 환경상의 개선과 일치시킬 수가 있다. 환경개선의 목표로, 환경효율을 도입하는 것도 바람직하다.

② 기존의 사무를 개선한다.

조직은 제품, 서비스를 제공하는 것을 통하여 사회에 공헌하고 있다. 제공하고 있는 제품과 서비스의 환경개선을 하는 일은 기존의 사무 환경의 개선을 추진하는 것이기에, 무엇보다도 높은 효과가 기대된다. 예로서, 자동차를 생산하고 있는 회사라면 연비효율이 높은 차를 개발하고, 행정서비스를 제공하는 지자체라면 행정구역 내의 환경개선 대책을 실행하는 것이다.

③ 결과의 개선보다 과정의 개선을 중시한다.

나온 결과를 개선하는 것보다, 발생하는 원천에서부터 개선하는 것이 더 큰 효과를 올릴 수 있는 좋은 대안이 된다. 예로서, 폐기물이 나온 후에 분리, 리사이클하는 것보다 미리 발생할 폐기물을 적게 나오도록 하는 것이 더 중요하다.

〈환경 management 시스템이 사회에 주는 영향〉

환경 management 시스템이 확대되어 감에 따라서 각각의 조직 속에서 개선활동이 이루어진다. 더욱이 거래처로부터 환경 management 시스템 도입을 요구받음으로써 연쇄적으로 이 제도의 도입이 추진되어진다. 이것을 도입하는 조직은 제품, 서비스를 통하여 소비자, 고객, 지역에 대해 환경개선을 실천해갈 것으로 기대된다.

3.3 녹색산업성장과 기후변화완화대책

3.3.1 녹색산업과 지원정책

녹색산업성장

녹색산업이란 자연환경에 미치는 부하를 최소화하면서 국가의 경제 발전에 기여하는 산업을 포괄적으로 가리키는 용어이다. 즉 재화와 서비스를 만들어낼 때에 기존의 방식에 비하여 원재료와 에너지의 사용을 대폭 개선할 수 있는 산업과 환경에 부담이 적은 새로운 에너지나 신소재를 만들어 내는 산업을 말한다. 에너지 절약기술, 신재생에너지 산업, 자원순환 산업 및 친환경 소재개발 산업 등을 들 수 있다. 오늘날 전 세계가 녹색산업의 육성에 집중하고 있는 이유는 무엇보다도 기후변화의 위기와 자원고갈 문제에 대응하기 위해서이다. 아울러 시장 전망이 매우 밝다는 사실도 녹색산업에 각국 정부와 기업체가 적극적으로 참여하고 있는 중요한 이유이다. 오늘날 세계 각국은 녹색산업을 육성하여 저탄소 녹색시장을 선점하고자 녹색 경주(Green Race)라 불릴 정도로 치열하게 경쟁하고 있다. 녹색산업의 육성을 통한 경제 성장 전략은 신재생에너지와 에너지효율성 제고 분야에서 기술개발을 선도하고, 이를 새로운 국가경제 성장의 근간으로 삼고자하는 것에 모아지고 있는데, 미국, 일본, 유럽과 같은 선진국가만이 아니라 중국, 인도, 브라질 등의 개도국에서도 쉽게 찾아볼 수 있다. 우리나라가 주창하고 있는 녹색성장은 세계 각국이 추구하고 있는 녹색 산업 성장 전략과 궤를 같이 한다.

녹색산업 육성을 통해 환경부하를 줄이면서도 경제성장을 달성하고자 하는 녹색성장은 녹색기술개발 → 녹색기술 사업화 → 녹색소비 및 녹색기술·제품 확산 → 녹색기술·제품 수출산업화로 이어지는 일련의 가치사슬(value chain)이 튼튼하게 만들어져야 한다. 또한 녹색산업은 지구환경문제 해결 노력에 동참하고, 나아가서 이를 바탕으로 수출산업화 및 국제 무역환경규제에 효과적으로 대응하기 위한 국가전략산업으로 육성되는 만큼 국외 환경시장에서 국내 기업이 외국 업체들과의 경쟁에서 앞서갈 수 있도록 정부 차원에서도 지원 정책을 수립하고 이를 체계적이고 지속적으로 실천해 가야한다.

우리나라의 국가 비전으로 자리 잡고 있는 녹색성장은 “온실가스와 환경오염을 줄이는 지속가능한 성장으로서, 녹색기술과 청정에너지로 신 성장 동력과 일자리를 창출하는 신 국가발전 패러다임”이라고 정의할 수 있다(국무총리실, 2008). 개념은 국무총리실에서 발간한 기후변화대응 종합기본계획(2008년 9월)에서 찾아볼 수 있다. 우리나라가 지난 수 십 년 동안 산업화를 통한 경제발전을 위하여 추구하여온 중화학공업은 대량의 온실기체를 배출한다. 그래서 온실기체의 의무적 감축을 요구하는 기후변화 협약체제에서는 우리나라의 기간산업을 장래에도 중화학 공업으로 하는 것은 어렵다. 이러한 고민은 우리나라만의 문제가 아니라 전 세계가 공통적으로 안고 있는 딜레마이다. 이런 이유에서 전 세계는 녹색 산업을 새로운 국가 경제 성장의 동력원으로 삼고자 노력하고 있는데, 이들 산업 중에서 가장 대표적인 것을 알아보도록 하자.

녹색정보통신기술

녹색 성장은 경제성장을 추구하는 동시에 환경적인 측면에서의 지속가능성(environmental sustainability)을 개선하고 강화하고자 하는 것이다. 이와 관련하여

ICT 분야에서도 환경문제에 대한 관심이 높아지고 있다. 녹색 ICT라고 불리는 녹색정보통신 기술은 ICT부문 자체의 환경친화성을 높이는 것만을 말하는 것이 아니라, ICT를 활용하여 다른 산업부문과 경제전반의 효율성을 높여 환경적인 측면에서의 지속가능성을 강화하는 역할까지 포괄하는 개념이다.

산업혁명 이후 세계경제가 장기간 성장할 수 있었던 이유는 교통과 통신을 포함한 기술의 발전, 국가 간 교역의 확대와 함께 상당한 물적, 인적자원 투입의 증대가 동시에 지속될 수 있었기 때문이다. 그러나 천연자원의 고갈, 환경오염의 확대, 석유자원의 무기화가 이루어진 제1차 및 제2차 석유파동을 겪으면서 안정적인 경제성장에 대한 위기감이 대두되기 시작하였다. 특히 최근 들어 석유를 포함한 원자재 가격의 급등, 지구온난화로 의한 자연재해의 빈발 등을 계기로 지속가능한 성장을 위해서는 전 지구인의 공동대응과 협력이 필요하다는 데에 국제적 공감대가 형성되고 있다. 이와 관련하여 녹색 ICT 분야와 그 잠재적 역할에 대한 기대와 관심 또한 높아지고 있다.

녹색 ICT가 경제활동 전체의 효율성을 증대시킬 것으로 기대되고 있다. 녹색 ICT는 유선 과 무선 브로드밴드 네트워크의 보급 확대에 따라 활용가능 분야가 빠르게 확대되고 있어 그 역할은 앞으로 더욱 커질 것으로 기대되고 있다. ICT는 긍정적인 측면뿐만 아니라 부정적인 측면도 있다. ICT의 긍정적인 측면은 탈 물질화(dematerialization)와 디지털화를 통하여 물리적 이동의 필요성과 에너지 소비를 줄이고, 환경보전 및 개선을 위한 관리와 감시 등을 효율적으로 수행할 수 있게 한다는 것이다. ICT의 부정적인 측면으로는 ICT 기기의 생산, 이용 및 폐기와 관련된 에너지 소비 및 환경 위해물질의 배출 증가, ICT의 활용으로 인한 자원 소비의 가속화 등이 지적되고 있다. ICT의 부정적인 측면은 ICT 기기의 설계, 생산, 이용 및 폐기과정에서의 환경부하를 줄이고, 수명 주기도 연장하여 환경 위해물질의 배출을 개선하고 에너지 사용을 줄여 전 세계적인 환경규제와 온실가스 배출 감축 정책에 부응할 수 있도록 기술을 혁신하는 방식으로 해결해 갈 수 있다. ICT의 긍정적인 측면을 확대하고 부정적인 측면을 극복한 ICT기술을 녹색 ICT라고 한다.

세계 주요기관들의 자료에 의하면 ICT는 전 세계 온실가스 배출의 약 2.5%

를 차지하고 있는 것으로 추정되며, 나머지 약 97.5%의 온실가스 배출을 효율적으로 관리/감축하는 데 중요한 기여를 할 수 있을 것으로 평가되고 있다. 이러한 배경에서 정보통신기술과 네트워크의 활용은 당면한 온실가스 감축을 위한 효율적인 대응수단임은 물론 경제의 새로운 성장 동력을 만들어 내는 데에도 큰 역할을 담당하게 될 것이다.

ICT

정보 기술(Information Technology)과 통신 기술(Communication Technology)을 합한 말로 정보 기기의 하드웨어, 운영, 정보 관리에 필요한 소프트웨어 기술과 이들 기술을 이용하여 정보를 수집, 생산, 가공, 보존, 전달, 활용하는 모든 방법으로서 자기에서 필요한 자료를 수집하고, 가공하고, 재창출하기 위해서 필요한 과학적 지식과 관련한 학문을 말한다.

읽을거리

녹색정보통신 산업 발전의 현장

전 세계가 보다 지속 가능한 통신 미래를 향해 한 걸음 내딛는 통신 네트워크의 에너지 효율성을 현재보다 1000배 이상 향상시키는 기술 개발을 목표로 벨연구소가 주축이 된 글로벌 컨소시엄 '그린 터치'가 출범됐다. 에너지 효율성이 1000배 향상된다는 것은 인터넷을 포함한 전 세계 통신 네트워크 운용에 소비되는 하루분의 전력 소비량으로 3년간 운용이 가능해진다는 것을 의미한다.

기업, 학계, 정부 산하 연구소 리더들로 구성된 그린 터치 컨소시엄은 향후 수십 년 간 통신 네트워크의 핵심 이슈가 될 에너지 효율성을 혁신적으로 개선할 수 있는 방법을 개발하고 전파할 계획이라고 한다. 그린 터치는 이 사업에 전 세계의 정보통신기술 분야 관련업체 및 기관들이 동참할 수 있도록 문호를 개방할 것이라고 하였다.

그린 터치 컨소시엄의 책임자는 "앞으로 10년간 수십억의 인구가 공중망 및 사설망을 통해 영상, 이미지, 정보를 업로드, 공유하면서 새롭고 다양한 방식으로 소통하게 될 것이다"고 말했다. 또 다른 업계에서도 자체 탄소배출량을 줄이려 네트워크를 사용하게 되면서 ICT의 사용이 늘 것이며, 그에 따라서 ICT로 인한 에너지 소비도 급증할 것이라며, 이 컨소시엄은 세계적 전문가와 혁신 기술을 동원해 ICT로 인한 탄소배출량 감소를 위한 기술의 개선을 달성할 것이라고 밝혔다.

벨연구소 김종훈 사장은 "오늘날 정보통신기술에 대한 관점이 통신 네트워크 환경의 최적화에서 에너지 효율 최적화로 전환되고 있다"고 말했다. 그래서 이 컨소시엄은 에너지 소모량을 혁신적으로 줄여 통신 네트워크가 사용자의 수요에 부응하면서도 동시에 환경 보호 목표도 충족시켜가는 역할을 할 것"이라고 덧붙였다.

자원재활용 기술

폐기물 에너지는 일상생활이나 산업 활동 과정에서 발생하는 폐기물을 단순 소각이나 매립 처리를 하지 않고 적정한 기술로 폐기물을 가공하여 연료로 만들어 화석 연료의 대용으로 이용하는 것을 말하는데, 소각 시에 발생하는 폐열을이용하는 것도 포함된다. 폐기물 에너지의 종류는 성형 고체 연료(RDF), 폐유 정제유, 플라스틱열분해연료유, 폐기물소각열 등으로 나눌수 있다. 성형 고체 연료는 폐기물을 파쇄, 선별, 건조, 성형 공정을 거쳐서 석탄과 비슷한 고체 연료를 만드는 것인데, 발열량이 3,500~5,000kcal/kg에 이르러 석탄과 비슷한 수준이다. 사업장에서 발생하는 폐플라스틱을 이용하여 원료로 만든 고형 연료(RPF)는 이보다 훨씬 높은 7,000~8,000kcal/kg의 발열량을 나타낸다. 성형 고체 연료를 사용하게 되면 여러 종류와 혼합된 폐기물을 단순 소각할 때보다 훨씬 높고 고른 발열량을 얻을 수 있고, 다이옥신 등의 발암 물질 배출을 줄일 수 있어 에너지 효율성과 환경 문제를 동시에 해결할 수 있다. 고열 조건에서 폐기물을 처리함으로써 다이옥신 류의 배출량을 줄일 수 있는데, 이는 다이옥신이 250~400℃의 비교적 낮은 온도 범위 내에서 화학반응을 통하여 잘 생성되기 때문이다. 폐유정제유는자동차폐윤활유등의폐유를이온정제법, 열분해 정제법, 감압 증류법 등의 공정으로 정제하여 생산된 재생유이다. 플라스틱 열분해 연료유는 플라스틱, 합성수지, 고무, 타이어 등의 고분자 폐기물을 열분해하여 생산되는 청정 연료유를 말한다. 그리고 폐기물 소각 열 가연성 폐기물 소각 열회수에 의한 스팀 생산 및 발전, 시멘트 킬른 및 철광석소성로 등의 열원으로 이용된다. 액체 연료화는 폐플라스틱, 폐타이어, 폐유, 폐고무 등을 액체 연료로 변환시키는 방법이다. 그 원리는 비교적 간단하다. 석유를 가공해서 만든 폐플라스틱, 폐 고무 등은 역으로 산소가 없는 조건에서 열분해를 하면 다시 석유 형태로 바뀌게 된다. 이것은 다이옥신과 같은 유해물질을 발생시키지 않고, 폐수나 폐기물 등의 발생을 최소화 할 수 있다는 장점이 있다. 가스화 기술은 폐기물을 공기가 희박한 조건에서 열분해, 가스화하여 가스 연료를 생산하는 기술이다. 생산된 가스는 열과 전기를 동시에 생산하는 열병합 발전에 사용되거나 응축시켜 액상 연료로도 사용할 수 있다. 폐기물가스화는 고체 연료화나 액체 연료화와 달리 가연성 폐기물을 선별하지 않아도 된다는 것이 큰 장점이다. 그래서 가스화는 폐기물로부터의 에너지 회수와 처리를 동시에 손쉽게 해결할 수 있는 대안으로 각광받고 있다. 우리나라에서 신재생 에너지가 차지하는 에너지 공급의 비중은 약 2.1%인데, 이 중의 70% 이상을 폐기물 에너지가 차지하고 있다. 장기적으로도 국가 신재생 에너지 공급 목표량의 50% 이상을 폐기물에서 얻는 것으로 계획되고 있다. 그러나 아직까지는 에너지자원화가 가능한 폐기물의 1/3정도만 재활용되고 있고 나머지는 단순 소각 또는 매립 처리되고 있는 실정에 있어, 폐기물의 에너지자원화 비율을 향상시키는 노력이 요구된다.

신재생에너지기술

신재생에너지는 무공해, 무한정의 다양한 자연에너지의 특성과 이용기술을 활용하여 석탄, 석유, 천연가스 등의 화석연료와 원자력을 사용하는 기존의 에너지를 대체할 수 있는 재생 가능한 에너지를 말한다. 우리나라에서는 현재 11개 분야가 신재생에너지 분야로 지정되어 있다. 연료전지, 석탄가스액화, 수소에너지의 3개 분야가 신에너지에 해당하며, 재생에너지에는 태양광, 태양열, 바이오, 풍력, 수력, 해양, 폐기물, 지열 등 8개 분야가 있다.

바이오매스 에너지

나무와 식물 섬유는 소각할 때 열로 전환되어 건물을 데우고 발전기의 터빈을 돌려 전기를 생산하는 바이오매스이다(US DOE 2002b). 나무는 인간이 난방과 취사에 사용한 가장 오래된 연료일 것이다. 나무는 연소과정에서 유기탄소가 인산화탄소로 전환되어 대기 중으로 방출된다. 하지만 연소과정에서 나무에서 나오는 이산화탄소는 광합성을 통해서 나무가 흡수하였던 이산화탄소이다. 따라서 연소시킨 나무의 수만큼 식재를 한다면 대기 중의 이산화탄소를 증가시키는 효과를 없앨 수 있다.

식물을 발효시키면 액체연료를 얻을 수 있다. 식물성 섬유를 메칠 알코올로 전환시켜 연료로 이용할 수 있다. 오늘날 브라질의 대부분의 차량은 100% 메칠 알코올로 주행하는데, 이들 연료는 대부분이 옥수수를 발효시켜 얻은 것이다. 대규모의 나무나 식물섬유농장은 태양에너지를 고정시켜 바이오매스연료를 만드는 것인데, 결과적으로 화석연료의 사용을 줄이는 데에 기여하고 있다. 바이오디젤은 레스토랑에서 사용되고 있는 콩기름과 같은 식물성 기름을 이용하여 제조된다. 이것은 순수하게 그 자체로 또는 석유에서 추출된 디젤연료와의 혼합물의 형태로 표준적인 디젤엔진에서 연소된다. 오늘날 유럽에서는 전체차량의 34%가 디젤엔진 차량이고 독일에서만 종유로 제조한 기름을 파는 주유소가 1,000개소가 넘는다. 식량을 생산하던 농경지가 연료 생산지로 전환되는 것이 바람직한 것은 아닐 것이다. 하지만 대규모 건조지나 한계 농경지를 연료 생산지로 전환시키는 것은 가능할 것이다.

풍력에너지

지상의 공간적인 기압차로 만들어지는 바람도 대체에너지원이 될 수 있다. 사람들은 수천 년 동안 바람을 동력원으로 이용해오고 있다. 대륙과 대륙 사이로 사람과 화물을 운반한 배들은 바람을 이용하여 운항을 하였다. 오늘날엔 세계 곳곳에 풍차의 원리를 이용하여 전기를 만드는 풍력발전 시설이 들어서고 있다.

읽을거리

풍력(미국풍력에너지협회(AWEA 2002); http://www.awea.org)

풍력 터빈이란 무엇이며 어떻게 가동되어질까?

풍력에너지시스템은 바람의 운동에너지를 실생활에서 이용되는 전기에너지나 기계적 에너지로 전환하는 것이다. 기계적 에너지는 전원지역에서 물을 길어 올릴 때 흔히 이용된다. 풍력 전기 터빈은 가정이나 사업체에 전기를 생산하여 공급한다.

한 대의 풍력 터빈으로 전기를 얼마나 생산할 수 있는가?

전기 생산 능력은 와트(watt)로 측정된다. 와트는 매우 작은 단위이다. 그래서 풍력 터빈이나 다른 발전소의 용량을 기술할 때에는 킬로와트(1kW = 1,000W), 메가와트(1MW = 106W) 또는 기가 와트(1GW = 109W)를 사용한다.

전기의 생산과 사용량은 kilowatt-hours(kWh)로 측정한다. 1kWh는 1시간 동안에 1kW의 전기가 생산 또는 소비된 것을 의미한다. 그래서 50W 전구를 20시간 사용하면 1kWh의 전기를 소비하게 된다(50W×20h = 1,000Wh = 1kWh). 오늘날 제작되고 있는 풍력 터빈은 250W에서 1.8메가와트(MW)에 이른다. 풍력발전량은 터빈의 크기와 풍속에 의존한다. 풍차의 직경이 10m이면 45MWh를 발전할 수 있고, 직경이 71m이면 5,600MWh를 생산할 수 있다. 10kW 풍력터빈은 연간 16,000kWh를 생산할 수 있기 때문에 보통의 가정에서 사용하는 전기량보다 많다. 1.8MW 터빈은 1년에 520만kWh 이상의 전력을 생산할 수 있는데, 이는 500가구 이상의 가구가 연간 사용할 수 있는 전기량에 해당한다.

전 세계적 보급현황과 예측

전 세계적으로는 35,000 대 이상의 터빈이 작동되어 12,000MW의 전력을 생산하고 있다(AWEA, 2002). 아직은 전체 전기 사용량에서 풍력발전이 차지하는 비중이 아주 낮지만, 풍력은 전 세계 전력 수요량의 20% 이상을 감당할 수 있는 잠재력을 갖고 있다고 한다(Battle's Pacific Northwest Laboratory, 2002). 앞으로 풍력발전은 빠르게 확대되어갈 것이다. 최근 덴마크의 BTM사가 수행한 연구결과와 그린피스에 따르면 2017년까지 풍력발전이 전 세계 전력 수요의 10%를 제공할 수 있을 것이라고 한다.

오늘날 수백 대의 풍력발전기를 갖춘 대형 풍력발전시설이 빠르게 보급되어 가고 있는데 1990년대에는 풍력발전 용량이 연평균 24%의 비율로 급속히 증가하였고 오늘날에도 빠른 속도로 증가하고 있다. 하지만 풍력발전을 계속해서 확대해 가는 데에는 한계가 있는데, 가장 큰 이유로는 안정적으로 터빈을 작동시킬 수 있는 부지(최대풍속과 최소 풍속간의 차이가 적은 곳)가 많지 않다는 것이다.

태양 에너지

태양에너지는 화석연료를 대체할 수 있는 엄청난 잠재력을 가지고 있다. 연간 지표에 도달하는 태양에너지(198W/m2)는 오늘날 인류가 필요로 하는 에너지의 양보다 훨씬 많다. 태양에너지는 태양광 셀을 이용하면 전기로 전환할 수 있다. 태양광자가 이들 셀의 표면에 부딪히면 전자가 유리되어 전류를 만든다. 태양광 셀의 가격은 하락해가고 에너지효율은 향상되고 있다. 유기반도체(organic semi-conductor)를 사용하여 박막의 플라스틱 태양광 셀이 연구되고 있다. 이 새 기술은 전기 생산 효율을 획기적으로 향상시킬 것으로 기대되고 있다.

연료전지

연료전지는 우주선에서의 생명유지에 필요한 에너지를 제공하기 위한 목적으로 개발되었는데 오늘날에는 지구상의 보통 사람들의 삶을 돕는 데에 이용되고 있다. 연료전지는 대부분의 가솔린 엔진이 연소효율 30% 이하인 것에 반해서 연소효율이 55%에 이르러 매우 높은 연소효율을 자랑한다. 대부분의 연료전지는 2가지 과정에 의존한다. 하나의 과정은 전기의 생산에 수소를 이용한다. 수소는 물(전기분해로 수소를 얻음), 천연가스, 석탄, 바이오매스 또는 유기 폐기물 등의 다양한 원재료로부터 얻을 수 있다. 사용 중에 온실가스가 발생하지 않는다. 운영 과정에서 나오는 것은 물과 전기뿐이다. 청정기술의 실증사업의 일환으로 UNDP, UNEP 그리고 세계은행이 다국 간 신용기금을 이용하여 브라질, 멕시코, 인도, 이집트, 중국에 40~50여개 소의 연료전지 발전소운영 지원을 계획하고 있다.

읽을거리

연료전지란 무엇인가?(BTI 2002; http://www.fuelcells.org/)

원리적으로 볼 때, 연료전지는 배터리처럼 작동한다. 배터리와 다른 것은, 연료전지는 소모되어 정지되지도 재충전을 필요로 하지도 않는다는 것이다. 연료전지는 연료가 보급되는 한 전기와 열의 형태로 에너지를 생산한다. 연료전지는 전해질을 샌드위치처럼 둘러싸는 2개의 전극으로 이루어진다. 한쪽 전극 상으로는 산소, 다른 쪽 전극 상으로는 수소가 지나가면서 전기와 물 그리고 열을 만든다. 수소연료가 연료전지의 음극으로 주입되고 산소(혹은 공기)가 양극으로 들어간다. 촉매로 활성화된 수소원자가 양성자와 전자로 분리된다. 양성자는 전해질을 통해 빠져나간다. 전자는 양극으로 돌아가서 수소, 산소와 재결합하여 물 분자를 만들기 전까지 활용할 수 있는 전류를 만든다. 연료전지는 모든 형태의 탄소수소 연료, 즉 천연가스, 메탄올, 가솔린 등으로부터 수소를 만들어내는 "Fuel Reformer"장치를 포함한다. 그 연료전지는 연소시키는 것이 아니라 화학반응을 시키는 것이기 때문에 가장 청정한 연료 연소과정보다도 온실가스의 배출이 훨씬 적다.

연료전지는 수소연료를 생산할 때에 전기가 소비된다. 물을 전기 분해하여 산소와 수소를 분해하는 데에는 광전지나 다른 전원을 이용한다. 수소는 연소되어 동력원이나 열원으로 이용된다.

전 세계적으로 수소를 사용하는 데에 남겨진 과제는 안전성의 개선(수소는 폭발성이 높음)과 수소저장 시스템의 규모를 압축하는 것이다. 수소는 액화할 수 있지만 그 과정에 상당한 에너지가 소비된다. 안전과 저장의 문제를 해결할 수 있다면 수소는 매우 큰 잠재력이 있다. 과학자들은 수소를 만드는 데에 조류(藻類)와 미생물을 이용하는 연구를 하고 있다.

해양 열에너지

해양 열에너지 전환(OTEC)은 전기를 생산 하는 데에 심해와 표층 간의 온도 차이로 나타나는 포텐셜 에너지를 이용한다. 심해와 표층 간에 20℃ 이상의 차이가 존재하는 일부 지역에서는 이미 실용화하고 있다. 열린 주기(open-cycle)의 OTEC 시스템에서는 고수온의 해수는 진공의 챔버에서 삽시간에 증발되어 증기를 만든다. 이 증기가 압력이 낮은 터빈으로 퍼져나가면서 발전기를 가동시켜 전기를 만든다. 터빈 내의 증기는 심해에서 길어 올린 차가운 해수가 응결시킨다. 이 시스템에서 표면 압축기가 가동되면 응결된 증기는 차가운 해수와 분리되어 소금이 없는 물을 공급하게 된다. 현장 실증실험이 1993년에 하와이에서 수행되었는데, OTEC 발전으로 50,000W의 전기가 생산되었다. 잠재력은 매우 커지만 이 기술이 상용화되려면 장차 많은 연구가 더 수행되어져야 한다. 그럼에도 불구하고 OTEC은 심해 부근에 위치한 선택된 연안이나 도서지역에 전력을 공급할 수 있었다.

달과 태양의 주기운동이 조석을 만들고 바람은 해파를 발생시킨다. 조석에너지는 2가지 방식으로 이용할 수 있다. 댐을 건설하면 만조 시에 연안에 물을 가둘 수 있다. 이 물이 빠져나갈 때 터빈을 돌려 전기를 생산한다. 앞바다로 흐르는 저층의 조석류의 흐름 방향에 바람이 풍차를 돌리는 것과 유사한 장치를 설치하여 에너지를 얻기도 한다. 어느 경우나 조석간만의 차이가 큰 영역에 유효하다. 유럽에서 이용 가능한 조석에너지의 포텐셜은 조석 댐의 방식의 경우(주로 프랑스와 영국)엔 105TWh/년(TWh = tearwatt hours = 1012 watthours)에 이르고 조석류

터빈의 경우(주로 영국)에는 48TWh/년에 이른다. 프랑스의 라 랑스(La Rance)에 있는 조석댐형의 조석발전소는 1967년부터 운영 중이고 용량은 240MW이다. 어느 경우나 오늘 날엔 다른 형태의 발전소에 대하여 경제성이 낮으며 2010년까지도 기술 진보는 그다지 기대되지 않는다(E.C. 2002). 또한 조석에너지 체제는 환경에 영향을 미친다. 수위, 해류 흐름과 물질 수송에 영향을 미친다.

파력 에너지

해양의 파도에도 대규모의 에너지가 존재한다(Falnes and Lovseth 1991). 태양의 부등가열로 기압의 공간 차이가 발생하고, 그로 인하여 발생된 바람이 해파를 발생시키기 때문에 파력 에너지는 또 다른 형태의 태양에너지이다. 전 지구적으로는 총 파도에너지의 잠재력은 약 2,000TWh/년에 이른다. 유럽 연합 영역에서만 파도에너지의 잠재력은 120~190TWh/년(근해)에 이르고, 연안에는 34~46TWh/년에 이르는 것으로 추정된다.

파력 에너지를 얻는 장치가 원형 또는 시범용을 포함해서 다양하게 개발되고 있는데, 그 중에서 가장 대표적인 것은 진자형 장치이다. 이것은 직각형의 박스 형태로 이루어져 있는데 한쪽 끝이 바다 쪽으로 열려있다. 진자의 흔들림은 이 열려 있는 면에 달려있다. 그래서 파도의 운동이 진자를 앞뒤로 이동시킨다. 이 운동이 펌프를 움직여 전기를 만든다.

파력 에너지를 생산하는 대부분의 장치들은 연구단계에 있지만 실증 프로젝트로 제작되고 있는 경우도 적지 않다. 파력발전의 개발이 활발한 나라는 덴마크, 인도, 아일랜드, 일본, 노르웨이, 포르투갈, 영국, 미국 등이다. 파도에너지 사용의 유용성이 검증되고 있기는 하지만 대규모 사업으로 연결되려면 비용과 발전시설의 성능의 측면에 아직도 극복해야할 불확실성이 많아 남아 있다.

산업이 발전하고 있는 개도국에서는 화석연료의 사용이 급속히 증가하고 있다. 개도국이 배출하는 온실가스의 총량은 조만간에 주요 선진 국가들보다 많아질 것이다. 에너지 효율과 대체에너지 기술이 선진국에서 개도국으로 전달되면 이산화탄소 배출 증가율을 억제할 수 있을 것이다. 이러한 기술의 전달에는 국제적인 계획과 협력이 필요하다.

각 에너지원들은 장점과 단점을 갖고 있다. 오늘날 화석연료는 풍부하고 저렴하고 효율적이지만 온실가스와 다른 오염물질을 발생시킨다. 화석연료는 재생가능하지 않아서 언젠가는 사라진다. 수력발전은 강물의 흐름과 물고기들의 이동을 방해할 뿐만 아니라 대규모의 땅을 침수시킨다. 태양, 풍력, 조력발전소는 지리학적으로 제약을 받는다. 지열은 한정된 지역에서만 유용하다. 해양 열에너지는 효율이 낮고 지리적으로 제한적이며 대규모의 열 교환 장치를 요구한다. 원자력발전은 고비용이며 유독한 방사성 폐기물을 만든다.

오늘날 이들 중에서 전 지구 전력 생산의 큰 비중을 차지하는 화석연료를 대체할 수 있는 에너지원은 하나도 없다. 하지만 정부의 지원 하에 지속적인 연구개발 노력이 이어진다면 이들 중에서 적어도 몇몇 대체에너지들은 기술적으로나 경제적으로 더 큰 유용성을 갖게 될 것이다. 요약하자면, 이들 대체에너지원들은 가능성이 있으며 화석연료 소비를 대폭 감축시킬 수 있을 것이다.

지능형전력망기술

지능형 전력망기술은 '스마트그리드'라고 알려져 있다. 스마트그리드는 에너지·환경 문제 해결과 녹색성장시대에 새로운 성장 동력 산업으로 각광을 받으면서 전력산업계의 유망 산업으로 떠오르고 있다. 스마트그리드는 기존 전력망에 IT기술을 접목하여 전력공급자와 소비자가 실시간 정보를 교환해 에너지효율을 최적화하는 차세대 전력망으로, 일명 '똑똑한 전기'로고도 불린다. 스마트그리드 분야는 앞으로 모든 신재생 에너지의 효율적 소비를 위한 통합 관리도 담당하면서 지속적인 성장을 할 것으로 전망된다. 스마트그리드는 2008년 420억 달러 규모의 시장을 형성하고, 매년 9.1%씩 성장해 2013년에는 650억 달러 규모로 확대될 것으로 예상되고 있다(미국 연방에너지규제위원회, 2008).

스마트그리드 기술은 전력공급자와 소비자가 실시간으로 전력 정보를 교환할 수 있어 에너지효율을 최적화할 수 있게 한다는 것이 최대 강점이다. 생산자는 전기요금이 낮은 시간대로 전력수요를 유도하여 최대 전력 사용 피크를 낮출 수 있어 보다 낮은 단가로 전력을 생산할 수 있다. 소비자들은 소비 시간을 조절함으로써 보다 저렴한 가격으로 에너지를 공급받을 수 있다. 스마트그리드가 보급되면 소비자는 자신의 전기사용 행태와 그에 따른 전기요금을 실시간으로 확인할 수 있게 되어 자발적으로 에너지 사용을 줄일 수 있게 된다.

아울러 스마트그리드는 분산형 신재생에너지 발전소의 확대에 기여할 수 있다. 풍력, 태양광 등 전력생산량이 불규칙한 신재생에너지 발전소가 전력망에 대규모로 연결되거나 전기자동차, 연료전지 등 분산형 전원을 통해 전력을 생산·저장·판매하기 위해서는 전력망의 지능화가 필요하다. 나아가서 지능화된 전력망을 통해 고장요인을 사전에 감지·제어해 전력품질을 획기적으로 향상시킬 수 있는 것도 스마트그리드의 장점으로 꼽힌다.

그래서 스마트그리드가 보급될 경우 우리나라는 연간 1조8000억원(6%)의 전기사용량과 1조원의 신규발전설비 투자비용을 절감하고, 전기자동차 보급과 지능형 전력망 설비투자 등을 통해 2030년까지 20조원 이상의 신규시장이 창출될 것으로 예상되고 있다. 이로 인한 온실가스 배출량 감축실적은 4.6%(2700만톤)에 이를 것으로 추정된다.

하지만 스마트그리드가 성공적으로 도입되기 위해서는 우선 실시간 요금체계가 자리 잡아야 한다. 아무리 뛰어난 스마트그리드 기술이 개발되더라도 현재의 용도별 요금체계로는 스마트그리드가 뿌리 내릴 수 없을 것이다. 현재의 전기요금체계는 전기시장의 다양한 공급환경과 서비스, 부하 수준을 제대로 반영하지 못하고 있다.

정부도 이러한 지적에 따라서 '지능형 전력망 촉진법'과 함께 전력수요변화가 반영되는 실시간 전기요금제 도입을 역점과제로 설정하고 있지만 이것이 자리잡기 위해서는 국민들의 공감대를 얻어야한다는 과제가 숙제로 남아있다.

생태관광

생태관광의 개념과 특징

생태관광은 희소하거나 빼어난 생태계와 문화자원을 감상·학습하고 보전을 도모하며 개발이익이 지역주민에게 환원되는 관광을 말한다. 생태관광은 자연의 재생과 회복기능을 중시하는 소극적 개발로서 관광지의 개발과 운영 과정에서 자연환경에 미치는 부하를 최소화할 수 있어야 한다. 또 생태관광은 생태계의 학술적, 교육적, 문화적 내용을 현장에서 학습하고 체험하는 과정이 중시되는 관광, 즉 관광경험의 질적인 측면을 중시한다는 점이 기존의 관광산업과 구별되는 특징이다.

생태관광 도입의 필요성

생태관광이 갖추어야 할 필수적인 조건은 관광 대상지역의 환경을 보전하는 데에 기여할 수 있어야 한다는 것이다. 그래서 생태관광은 적극적인 개발이 아니라 자연의 재생과 회복기능을 중시하는 소극적인 개발을 추구한다. 개발 대상지역의 환경자원을 자세히 조사하여 보전의 대상이 되는 환경자원을 최적의 상태로 보전하는 것을 전제로 할 때에 생태관광으로 인정된다. 이런 점이 환경보전의 측면에서 생태관광의 도입이 필요한 이유이다.

또 지역의 자본으로 지역주민이 개발을 주도하고 지역주민을 우선 고용하며 기존의 지역산업을 우선 고려하여야 한다는 것도 생태관광이 갖추어야할 중요한 조건이 된다. 따라서 생태관광은 대상지역주민이 생태관광 프로그램에 적극 참여하는 것이 전제되기 때문에 관광으로 인한 경제적 혜택이 지역 주민에게 돌아갈 수 있다는 점도 생태관광의 큰 장점이다. 생태관광은 관광을 통하여 모든 생명체는 생태계 속에서 상호 의존하여 살아간다는 지혜를 얻자는 것이다. 자연의 일부분인 인간이 자연과 공존 공생하여야 하는 이유를 깨닫자는 데에 생태관광의 궁극적인 목적이 있다는 것이다. 생태관광을 통하여 자연생태계와 접촉해 가면서 동·식물을 비롯한 다양한 생명체와 그것의 존립을 가능하게 해주는 건강한 서식환경 및 인간과의 상호관계에 대한 이해를 새롭게 한다는 측면에서도 생태관광 도입의 필요성이 제기되고 있다.

생태관광의 바람직한 도입방향

오늘날 전 세계적으로 생태관광에 관심이 높아지고 있으며, 생태관광은 21세기를 주도할 차세대 관광 산업으로 각광받고 있다. 우리나라도 이를 환경보전과 지역 경제 활성화를 동시에 달성할 수 있는 주요 수단으로 활용하고자 하는 점에서 높은 관심을 기울이고 있다. 하지만 생태관광이 주의 깊게 추진되지 않고, 단순히 선진국의 개발기법을 무분별하게 모방하거나 세계적 유행에 휩쓸려 생태관광의 본질을 망각하는 시행착오를 경계하여야 한다는 우려도 제기되고 있다.

생태관광이 성공적으로 정착되려면 무엇보다도 관광객들의 관광문화의식과 환경에 대한 윤리의식의 개선이 있어야 한다. 따라서 자연환경보전의 중요성과 책임의식 그리고 올바른 관광행동 또는 활동을 유도하기 위한 교육과 홍보에 대한 구체적인 방안이 철저히 준비되어져야 한다. 아울러 기존의 대규모 리조트 형식의 과도한 인위적 개발방식을 지양하고 생태관광 취지에 맞게 소규모이면서 자연 친화적인 최소한의 편의시설, 환경교육시설 및 안내시설, 또한 전문적인 생태 안내원, 지역정서를 느낄 수 있는 향토기념품, 지역 특성을 체험할 수 있는 프로그램 등의 충실한 서비스 환경의 제공도 충실히 고려되어야 한다.

녹색금융

녹색금융의 정의와 영역

유엔환경계획(UNEP)에서는 녹색금융을 "경제활동 전반에 걸쳐 자원 및 에너지 효율을 높이고 환경을 개선하는 상품 및 서비스의 생산에 자금을 제공함으로써 저탄소 녹색성장을 지원하는 활동"이라고 정의하고 있다.

이 정의를 바탕으로 금융계에서는 녹색금융을 다음과 같이 크게 3가지 영역으로 나누고 있다. 첫째, 녹색기술과 녹색산업의 육성을 통해 일자리를 창출하고 관련 산업이 글로벌 경쟁력을 갖출 수 있도록 선도하는 영역이다. 두 번째, 기업과 개인의 생산 활동과 소비활동이 친환경적으로 이루어질 수 있도록 녹색금융상품을 개발하고 보급을 활성화함으로써 국가경제 전체의 에너지효율 개선과 환경훼손 방지를 유도하는 영역이다. 세 번째는, 탄소시장 형성과 각종 환경규제 강화 등 산업 환경 변화에 대응해 금융기업이 새로운 수익원을 적극 발굴하는 영역이다.

녹색금융상품의 종류와 현황

오늘날 우리나라에서 판매되고 있는 녹색금융 상품에는 녹색펀드와 녹색예금, 녹색채권 등이 있는데, 자금의 60% 이상을 정부 인증 녹색기술이나 녹색

프로젝트에 투자하는 경우에는 세제 혜택이 주어지고 있다. 이들 금융상품에는 대중교통이용자나 자전거 이용자에게 금리를 우대해 주는 녹색금융상품도 있다. 일부 지자체에서는 시장규모가 빠르게 성장하고 있는 신재생에너지 등의 녹색산업 육성을 위해 자체적으로 대규모의 녹색성장 펀드를 만들어 운영에 나서고 있는 곳도 있다. 또한 금융계에서도 녹색금융 상품 개발 움직임이 활발한데 금융투자협회에서는 녹색펀드, 녹색채권 등의 도입전략을 마련하고 있다.

녹색산업성장과 저탄소 정책

녹색산업성장과 전략

범지구적 환경문제 해결에 기여하고 국가비전인 녹색성장을 이룩하기 위해서는 기술·산업 분야에 집중적인 투자를 하고, 정부와 민간의 협력 속에 정책과 제도 개선 노력도 이루어져야 한다. 우선 급성장하는 녹색시장에 대응할 기술경쟁력을 확보하기 위해서 기술 개발과 인력양성에 정부의 과감한 투자가 필요하다. 오늘날 우리나라의 자원순환 기술이나 기후변화 대응기술, 친환경상품 기술과 같은 녹색성장을 주도할 수 있는 분야에 대한 기술수준은 선진국 대비 60~80% 수준에 머물러 있는 것으로 평가되고 있다.

산업의 에코 효율성(eco-efficiency) 개선 즉, 환경영향을 줄이면서 경제성을 높이기 위해서는 '기업의 녹색경영 추진'과 '산업의 소프트화'를 추진하여야 한다. 에코 효율성이 낮은 기업이나 제품은 환경 규제를 새로운 무역 기술 장벽으로 활용하고 있는 세계 시장에서 더 이상 살아남을 수 없다. 이런 배경에서 우리나라는 친환경제품기술 및 산업을 녹색성장을 위한 10대 환경기술개발 및 산업육성 항목으로 분류하여 정책적 지원을 위한 전략을 수립하여 시행하고 있다. 또 생산과 사용 및 폐기 단계에 걸쳐서 원재료와 에너지 사용이 기존 제품보다 우수하고 유해물질을 배출하지 않는 녹색 상품의 소비를 지원하기 위하여 친환경상품 구매촉진에 관한 법률을 제정하여 공공기관이 환경마크제품 등 친환경상품을 의무구매하여 내수기반을 확보토록 지원하는 등 녹색제품을 보급·확산하기 위한 다양한 지원제도를 시행하고 있다.

녹색기술과 녹색 상품으로 세계를 주도해 가는 데에는 개발된 녹색기술이 산업화로 쉽게 이어질 수 있도록 지원하는 정책도 필요하다. 이를 위해서 개발된 녹색기술이 실용화되고 사업화되어 수출산업화 될 수 있도록 지원하는 녹색기술의 녹색산업화에 필요한 많은 연계 프로그램을 개발하여 지원에 나서고 있다. 특히, 국내 환경산업의 해외진출지원을 강화하기 위하여 신흥 개도국의 환경기술수요분석 및 환경개선종합계획의 수립을 지원하는 '개도국 환경개선 마스터플랜 수립·지원 사업', 국내 기업들이 해외환경프로젝트를 수주하는데 필요한 '해외환경프로젝트 타당성조사지원 사업' 등 다양한 시책을 통하여 해외 유망 환경프로젝트 발굴과 국내 환경산업체 해외사업 참여를 정책적으로 지원하고 있다.

오늘날 전 세계는 에너지와 자원절약을 통하여 환경 부하를 낮추고 온실가스 배출량을 줄여 기후변화로부터 지구환경을 지켜야 한다는 과제를 안고 있다. 그래서 각 분야에서의 환경성이 중요하게 대두되면서 환경산업의 발전 없이는 지속 가능한 경제발전은 불가능해질 것이다. 이러한 이유로 저탄소 녹색성장을 통한 환경기술의 경쟁력 확보는 지속가능한 발전사회를 구현하기 위한 필수적인 과제로 자리 잡고 있다.

저탄소사회를 위한 정책

온실가스를 보다 효율적으로 감축하여 저탄소 사회를 이룩하기 위한 정책으로는 경제적 인센티브를 활용하는 것이 일반적이다(IPCC 2002). 경제적 인센티브에는 세금제도, 자발적 인센티브, 배출량 거래, 청정개발체제, 공동이행 제도 및 탄소 흡수 크레디트가 있다.

세금제도

화석연료 사용량을 줄이는 데에는 네거티브와 포지티브 인센티브 제도를 이용한다. 즉 포지티브 인센티브 제도로는 에너지 절약수단이나 대체에너지를 도입하는 가정이나 기업체에는 정부가 세제지원을 하는 것을 들 수 있다. 대표적인 네거티브 인센티브 제도로는 탄소세를 들 수 있다. 탄소세는 "배출 자 부담의 원칙"에 기초하고 있는데, 이는 오염물질 관리의 비용을 제품과 서비스 생산자가 부담하여야 한다는 것이다. 가솔린 세가 가솔린의 소비를 억제할 수 있을 것이다. 또 가스세가 대체에너지원을 찾도록 자극해서 온실가스 발생을 줄일 것이다. 유럽에는 탄소세의 도입이 일반화되고 있다. 예로서 덴마크는 온실가스를 2005년까지 1988년 대비 20% 감축할 목적으로 전체 가정과 산업체의 절반을 대상으로 이산화탄소 1톤 당 16달러의 세금을 물리고 있다.

반면에 신재생에너지에는 세금을 부과하지 않고 있다. 덴마크는 신재생에너지와 폐기물 재활용 분야의 육성과 금세기 이내에 숲의 면적을 2배로 증가시키고자 하는 계획을 추진하고 있는데, 이를 달성하는 데에 세제 인센티브를 적극 활용하고 있다(UNFCCC 2003).

자발적 인센티브

제품에 에너지 사용 수준을 알려주는 라벨링 제도를 실시하여 소비자들이 자원과 에너지의 효율성이 높은 제품을 구매할 수 있는 정보를 제공함으로써 생산자들이 자발적으로 저탄소 상품 생산에 나서도록 유도하는 제도이다. 우리나라도 탄소성적표시제도(탄소 라벨링)와 저탄소상품 인증제도라고 하는 자발적 인센티브제도를 실시하고 있다. 탄소성적표지 인증은 법적인 강제적 인증제도가 아니라 기업의 자발적인 참여에 의한 임의적 인증제도이다. 그리고 저탄소 인증제품은 저탄소 기술을 적용하여 온실가스 배출량을 감축한 제품임을 정부가 인증한 제품으로 온실가스 배출량 인증을 받은 제품이 해당 제품의 탄소발자국을 기준으로 국가에서 제시한 최소 감축 목표를 달성한 제품에 부여되고 있다. 저탄소상품 인증을 받기 위해서는 해당 제품에 대한 배출량 인증을 반드시 받아야 한다.

온실가스 거래제도

교토메커니즘으로 알려져 있는 배출권거래제는 공동이행, 청정개발, 국제 배출량 거래로 분류된다. 이 세 종류의 제도는 넓은 의미로는 배출권거래의 범주에 속하지만, 형태로서는 공동이행과 청정개발체제는 “기준선 설정에 바탕을 둔 크레디트 (baseline and credit) 제도”, 국제 배출량거래는 “한도설정 후 거래제도(cap and trade)”으로 구분한다.

국제 배출권 거래제도

배출권 거래제도(emission trading)는, 교토의정서에 의해 온실가스를 의무적으로 감축하여야 하는 선진국 사이에서 배출 권리를 거래할 수 있는 제도로, "cap and trade형"으로 분류된다. 유엔으로부터 부여받은 온실가스 배출량 한도(cap)를 초과하여 배출하게 되는 국가와 그보다 낮은 수준의 배출이 가능한 국가가 있을 경우에 그들 간에 배출 권리를 거래할 수 있는 제도이다. 배출권 거래를 위해서는 우선 각 국가별 배출한도를 정해야 한다. 교토의정서에서 결정한 온실가스 감축 대상 기간은 제 1 공약기간이라고 불리는 2008~2012년의 5년간이다. 기준 연도는 1990년이기에, 의무감축 의무가 있는 각 국가에 주어지는 배출량 한도는 1990년의 온실가스 배출량×5년×(1-약속된 삭감 비율)로 주어진다.

청정개발체제

청정개발체제(CDM: Clean Development Mechanism)는 선진국(의무감축국가로 투자국)이 개발도상국가(교토의정서에 참여한 개도국으로 사업이 실시되는 국가)에서 온실가스 배출을 줄이거나 흡수 원을 강화하는 사업을 공동으로 수행하여 획득한 온실가스 배출량 감축 실적을 크레디트(CER)로 나누어 갖는 제도이다. CDM은 프로젝트를 실시하지 않았을 경우와 비교하였을 때 배출량에 감축실적이 얻어질 수 있는 것이어야 한다. CDM 프로젝트를 실시하지 않았을 시의 배출량(기준선)과 CDM 프로젝트가 실시되었을 경우의 배출량을 비교하여 그 차이가 크레디트로 주어진다.

온실가스 감축의무가 없는 개도국에서 프로젝트를 실시하여 얻어진 크레디트가 선진국의 총 배출 부여 량에 더해지기 때문에 선진국의 총배출량이 증가하게 된다. 개도국은 획득한 크레디트를 의무 감축국가(선진국)에 판매할 수 있다.

공동실시

공동실시(JI; Joint Implement)는 선진국(투자국)이 다른 선진국(사업 실시 국가)에서 온실가스 배출량 감축 또는 흡수 원을 강화시키는 프로젝트를 실시하여 얻어진 온실가스 감축실적을 크리디트로 하여, 서로 나누어 갖는 제도이다. 이것도 CDM과 마찬가지로 사업이 실시되기 이전 상태에서 배출된 온실가스 양을 기준으로 실적을 평가하여 설정하는 기준선을 바탕으로 크레디트가 만들어지는 제도이다. 투자국이 얻어진 크레디트를 자국의 온실가스 감축 목표 달성을 위한 수단으로 사용할 수 있다는 점은 CDM과 같지만, JI와 CDM의 가장 큰 차이는 CDM에서는 배출량의 한계가 설정되어 있는 선진국과 설정되어 있지 않은 개도국 사이에 시행되지만 JI는 배출량의 한계가 설정되어 있는 선진국 사이에서 이루어진다는 점이다.

탄소 흡수 원 크레디트

숲의 면적이 많거나 조림의 여지가 국가들은 그들 나라에 현재 존재하고 있는 조림지역과 장래에 달성할 조림 실적도 온실가스 배출량 설정에 반영되어야 한다고 주장한다. 최근 국제 사회에서는 삼림파괴로 발생하는 온실가스 배출량 증가를 줄이자는 취지로 삼림을 보존하는 것에 대해서 대가를 지불하자는 주장이 제기되고 있다. 오늘날 지구상에서 배출되는 온실가스의 약 18%가 삼림파괴에 기인하고 있다. 석유나 석탄도 자연의 일부인데 이것을 이용하는 과정에서 온실가스가 배출되면 세금을 물리고 있다. 이와 마찬가지로 삼림도 자연의 일부이지만 이를 파괴하여 개발하면 경제적 이득이 있지만, 그대로 보전하는 노력에 대해서는 대가가 지불되지 않는 것은 불합리하다는 것이다. 이 문제에 대해서 국제적 합의가 이루어진다면 삼림이 많은 개도국은 삼림보전을 통하여 상당한 경제적 도움을 받게 되어 삼림보존을 위한 자발적 노력을 하게 될 것이라고 한다. 이를 삼림보존배출권제도(REDD: Reducing emissions from deforestration and degradation in developing countries)라고 한다.

3.4 환경보전과 기업의 사회적 책임

3.4.1 생산자와 기업의 책임과 기대

1. 기업이 환경에 대처하는 체제를 살펴보자.

지구온난화 문제가 심각해지고 있는 오늘날 CSR(기업의 사회적 책임)활동과 환경보고서에 적극적으로 참여하는 기업이 많이 보인다.

기업의 에콜로지 활동을 크게 나누어 보면 2가지 방향이 있다. 하나는 상품과 서비스에서 환경보전을 표현하는 경우이고, 다른 하나는 환경보전을 목적으로 활동을 하는 경우이다.

2. 친환경 상품의 개발과 생산

리사이클 제품의 생산·활용이라는 것은, 가장 알기 쉬운 기업의 에콜로지 활동이다. 재생용지의 사용, 리사이클 섬유를 이용한 양복, PC나 가전제품의 부품 또는 건축자재와 타일 등의 내장재에도 리사이클 제품이 있다.

리사이클 제품은 아니지만 사용하는 것 자체가 친환경적인 것을 출시하는 기업도 있다. 하이브리드 자동차는 대표적인 제품이다. 또 기업들은 에너지 효율이 높은 제품을 계속해서 만들어 내고 있기도 한다. 2006년 10월부터 제품을 에너지 효율에 따라서 별 5개에서 1개까지로 나타내는 에너지절약 레벨 부착제도를 도입하고 있다. 소비자가 쉽게 받아들일 수 있도록 에너지 효율 등급에 따라서 1년간 절약되는 전기요금이 얼마인지도 환산해서 표시하고 있다. 소비자들은 이 정보를 바탕으로 에코제품을 선택할 수 있다.

3. 제로 배출 운동과 같은 꾸준한 활동

기업의 에콜로지 활동 중에는 직접 상품과 서비스로 드러나지 않는 것도 많이 있다. 예로서, 생산과정에서 나오는 폐기물을 철저하게 분리 배출하여 리사이클을 솔선수범하는 기업에서는 폐기물을 없애는 제로 배출 운동에 나서고 있는 것이다. 이 외에도 환경정화와 환경보호활동에 적극 참여하는 기업도 많이 나오고 있다. 최근에는 지역에서 녹색구매에 적극 나선다든가, 에코펀드를 조성하여 기업의 환경에 대한 사회적 기여를 평가해 주는 기회를 만들어내는 사례도 증가하고 있다.

4. 소비자가 육성하는 social · marketing

social marketing이란, 기업의 사회적 책임을 기점으로 하여, 기업과 사회와의 연계성을 고려하여 이루어지는 marketing이다.

1960년대에 미국에서 생긴 소비자운동이 기회가 되어, 판매 가능성만을 최우선시하는 기업 활동에 대한 반성에서 만들어졌다. 소비자를 무시한 이익 추구형의 마케팅기법에 대항해서, 기업의 사회적 책임이라는 관점에서 소비자의 이익과 안전성, 환경보전 등을 중심에 둔 마케팅을 말한다.

3.4.2 에코관광과 환경보호

1. 에코관광이란?

에코관광이란 "자연(역사문화) 체험과 학습관광의 총칭"이라고 정의되는데, 자연환경과 약사문화를 대상으로, 이것을 체험하면서 배우고 나아가서 대상 지역의 자연환경과 역사문화의 가치가 유지될 수 있도록 보전을 하고 가치를 더욱 향상 시키는 활동을 추구하는 것을 말한다.

2007년 6월에는 적절한 에코 관광을 추진하기 위한 종합적인 체제를 정하는 법률로, 에코 관광 추진법이 제정되었다(2008년 4월 1일 시행).

이 법률은 지역의 자연환경의 보존을 배려하면서, 지역의 창의성을 살린 "에코 관광"을 추진함에 있어서 구체적인 추진방법을 정하였는데, 에코 관광을 통한 자연환경의 보전, 관광 진흥, 지역진흥, 환경교육의 추진을 장려하는 것을 목적으로 한다. 환경성은 에코 관광 추진회의를 설치하여, 모델 사업의 채택과 보급을 추구하고 있다. 환경성이 제정한 에코 관광헌장에는 이러한 이념이 잘 드러나 있다.

에코 관광 헌장

천천히 둘러보자.
보이지 않았던 색이 보여 온다.
몰랐던 향기가 느껴져 온다.
들리지 않던 노래가 들려온다.
계절이 이동해 간다.
대지가 다정하게 느껴진다.
숲이 넓게 분포해 있다.
하늘과 바다가 끝없이 펼쳐져 있다.

자연은 친절하고 따스하다.
크게, 많이 안다.
때로는 황량함이 느껴진다.
때로는 너무나 황량하다.
인간의 삶, 역사와 문화는,
그런 자연과 함께 자라왔다.
대자연에서 시골 마을이나 도시의 작은 자연까지
자연의 생명과 인간의 생명을 공명시킨다.

바람이 스쳐 지나간다.
물이 떨어져 땅을 적신다.
생물체가 호흡한다.
인간의 고향이 여기에 있다.

그런 여행을 해보자.
여유롭게 호흡하고,
천천히 돌아보고,
여유롭게 한발을 떼어보고 싶다.

2. 에코 관광의 효과

에코 관광의 효과로는 다음의 3가지를 생각할 수 있다.

① 대상 지역의 자연환경 · 문화자원에 대해서는, 그것의 가치가 유지되도록 보전되거나 향상된다.
② 관광업에 대해서는, 새로운 요구에 적절하게 대응하여 새로운 관광수요를 만들어 낼 수 있다.
③ 지역사회에 대해서는, 고용의 확보 등의 경제적 파급효과와, 주민이 지역에 자부심을 갖게 되어 지역 발전으로 연결된다.

3. 누구나 할 수 있는 에코 관광

대규모 테마 파크가 연이어 도산 혹은 폐업으로 내몰리고 있는 오늘날, 온천관광이나 세계 문화유산 관광 붐에 편승하여 앞으로 에코 관광이 확대 보급되어 갈 것으로 예상된다. 한편으로, 에코 관광의 확대에 따라서 이상적인 에코 관광의 정신을 잃어갈 것으로 예상된다. 그래서 에코 관광의 정신을 잃지 않고 바른 실천을 할 수 있도록 철저히 준비하는 것이 무엇보다도 중요할 것으로 생각된다.

3.4.3 소비자와 기업 간의 관계변화

1. 소비자운동에서 생활자(生活者) 활동으로

일본의 소비자운동은 그 시대적 상황을 반영하여 변화되어 왔다. 1950년대를 생활유지를 위한 운동의 시대, 60년대를 소비자문제 발생의 시대, 70년대를 소비자 주체의 시대로 분류하기도 한다. 1980년에는 국민생활센터에 상품 테스트, 연수시설이 설치되는 등, 테스트 설비를 갖춘 행정기관이 만들어졌고, 같은 해 소비생활 어드바이스 제도가 시작되면서 소비자운동도 큰 변화를 맞이하였다.

그동안, 자연파괴나 공해문제 등은 기본적으로 특정 기업에 의한 특정 지역의 문제로 보고, 소비자단체는 특정 기업의 자세를 비판하는 것으로 문제를 해결해 왔다. 하지만 1980년대부터, 비파호의 부영양화 문제와 같이, 대결 자세만으로는 해결할 수 없는 문제가 나오기 시작하였다. 아무리 불매운동을 해도 원인을 만들어 내고 있는 생활자 자신이 바뀌지 않으면 해결할 수 없는 문제가 증가하고 있다.

근래에는 소비자라는 말 대신에 생활자라는 말을 언론을 포함한 많은 분야에서 사용하고 있다. 수동적인 느낌을 주는 소비자가 아니라, 자립한 생활자라는 말을 사용하여 "소비자활동"에서 "생활자 활동"으로 변하고 있으며, "기업활동"에 대비되는 의미로 받아들여지고 있다.

2. 소비생활 어드바이스 제도의 탄생

1980년에 소비자와 기업 그리고 행정 등과의 가교로서 소비생활 어드바이스 제도가 생겼다.

소비자와의 고통상담 등을 받아, 적절한 어드바이스를 할 수 있는 인재를 양성하여, 소비자의 의향과 고정(苦情)을 기업 경영 또는 행정부처에 제언하여 반영시키는 제도이다. 소비생활 어드바이스 제도는, 소비자 이익의 확보, 기업의 소비자 지향 촉진을 추구함과 동시에 현명한 소비자를 육성하기 위한 역할을 하고 있다.

구체적인 업무는 다음과 같다.

a. 상품, 서비스 등에 관한 불만 상담 또는 사용법에 관한 상담과 조언
b. 상품의 성능, 안전성 등, 사용 목적에 따른 구입 물품의 상담과 조언
c. 상품 개발, 기획에 관해서 소비하는 입장에서의 조언
d. 소비자 용도의 안내서와 상품 설명서, 각종 자료 등의 작성을 체크
e. 그 이외에, 상품 테스트, 모니터, 시장 조사, 취재 등, 소비자의 의향을 반영하는 제언 등

3. 기업과 사회 간의 새로운 관계 만들기

최근, 기업의 사회적 책임으로서의 자세를 엄중하게 요구하고 있다. 때문에 기업과 사회 간의 환경 커뮤니케이션의 수단으로서, 다수의 기업이 환경보고서와 CSR 리포트를 발행하고, 환경기금 등을 설치하여 NPO활동을 지원하는 기업도 눈에 띄게 늘어나고 있다.

또 기업과 지역 간의 커뮤니케이션으로서, 지구환경 이벤트에 참가한다든가, 지역 주민의 불안을 해소시키기 위해서 공장견학을 실시하고 초등학교에 환경교육을 지원하고 있다.

무엇보다도 개인이 기업에, 기업이 지역 커뮤니티와 사회에 정보를 제공하든가 행동을 호소해 가면서 함께 지속가능한 사회 만들기에 동참하는 것이 중요하다.

4. 녹색소비자의 탄생

녹색소비자운동이 구체화된 것은, 1988년에 영국의 환경컨설팅회사가 출판한 "녹색소비자 안내서(The Green Consumer Guide)"에서 찾을 수 있다. 또, 1989년에는 미국의 민간조사기관인 CEP가 출판한 "보다 나은 세계를 만들기 위한 구매행위(Shopping for a better world)"라는 안내서도 녹색소비자 운동의 지향을 제시한 바 있다. 이 2개의 안내서는, 전 세계의 소비자운동과 환경운동에 종사하고 있던 사람들에게 큰 충격을 가져왔다. 이것을 계기로 세계 각지에서 녹색소비자 운동이 활발하게 이루어지게 되었다.

최근에는 일본 동경의 녹색소비자단체에서 녹색소비자운동이 지향하는 바를 12개 항목으로 선언한 바 있다. 이것은 보통 일본 동경의 100만인 녹색소비자 선언이라고 불리는데 그 내용은 다음과 같다.

〈녹색소비자 백만인 선언의 내용〉

1. 필요한 것을 필요한 만큼만 구매한다.
2. 오래 사용할 수 있는 제품을 구매한다.
3. 가능한 포장이 적은 제품을 구매한다.
4. 시장바구니를 이용한다.
5. 자원과 에너지의 절약이 뛰어난 제품을 선택한다.

6. 계절에 맞춘 생활을 한다.
7. 가까운 곳에서 생산된 제품을 우선 구매한다.
8. 안전한 제품을 선택한다.
9. 가능한 한 용기를 재사용할 수 있는 제품을 선택한다.
10. 재생품을 선택한다.
11. 친환경 생산 활동에 열심인 회사의 제품을 선택한다.
12. 녹색소비자운동에 동참하도록 권유한다.

이처럼 환경을 배려한 소비자운동은, 제품과 서비스의 생산과 유통에 관여하고 있는 모든 기업들에게 환경을 배려한 기업 활동을 하도록 영향을 미치게 된다.

5. 시민운동이 기업과 사회를 바꾸어 간다.

환경문제가 심각해져가고 있는 오늘날 각지에서 다양한 시민활동이 전개되고 있다. 현명한 생활자가 키운 시민운동이 활발해지면 기업과 산업계에 미치는 영향이 강해지고, 서서히 기업과 사회가 변해간다.

오늘날 기업의 사회적 책임(CSR)으로서, 환경보전 활동에의 참여 상황 등에 관한 정보를 공개한다든가, 환경보호활동에의 기부, 시민활동의 지원과 협동 등, 적극적으로 환경문제에 기여하기 시작한 기업이 많아지고 있다.

경제산업성에서도 지역의 기업과 시민이 연계한 환경커뮤니티 비즈니스를 지원하기 시작하였다.

6. 국민생활센터의 역할

국민생활의 안정과 향상을 위해, 종합적인 견지에서 국민생활에 관한 정보제공과 조사연구를 수행하는 기관으로서, 독립행정법인 국민생활센터가 설치되고 있다.

소비자상담과 소비자피해의 사전 예방과 확대방지를 위한 지원과 상품 테스트, 교육연수, 생활에 관한 조사연구를 실시하고 있는데, 그에 따른 결과를 정보로 제공하고 있다. 이제부터는 환경관련의 체제구축에도 기대가 모아지고 있는 셈이다.

3.4.4 커뮤니티 비즈니스의 역할

〈포인트〉
안심과 안전 그리고 쾌적한 생활을 만들어가려면, 스스로 생활환경을 정비해가는 것이 중요하다. 환경을 사업테마로 해서 자신의 경험과 특기 분야에서 작은 사업을 하는 사람이 증가하면 지역이 활성화될 수 있다.

1. 주목되는 커뮤니티 비즈니스

커뮤니티 비즈니스란, 시민이 주체가 되어 지역의 과제를 비즈니스적으로 해결해 가고, 거기서 얻은 다양한 성과를 지역에 환원시켜가는 사업을 말한다. 복지와 환경 분야가 중심이 되고 있다. 각각 뜻과 꿈을 가진 개인이 시작해서 다수의 사람들과 조직이 연대해 가는 것으로, 휴먼 네트워크의 기반이 만들어져 간다. 커뮤니티 비즈니스는 하나하나의 조직과 영역은 작더라도 지역민들이 직접 커뮤니케이션해 가면서 협동과 연대를 통해 주체적으로 사업을 추진해 간다. 각자가 당사자와 지원자가 되어 지역사회에 참가하면서 서로 지켜주는 관계가 구축된다. 돈이 관여하면서 책임감이 생겨 사업이 계속될 수가 있다. 나아가 세금에 맡겨져 있던 환경보전에 관한 업무가 능동적이고 소규모적인 사업의 연대로 수행되기 때문에 지역경제는 활성화되어 간다.

지역에서 같이 살아가고 있는 친구가 지혜와 경험을 가지고서 주변의 자원을 활용한 사업아이디어를 내면서부터 비즈니스의 가능성이 생긴다. 지혜, 장소, 자금이 부족하더라도, 지역에 호소해보면 의외의 사람들이 참여하면서 힘을 합치게 된다.

뜻을 가진 사람들에서 시작된 커뮤니티 비즈니스 활동이, 기업과 행정기관과의 연대로 생활환경을 정비하는 일로 연결되고, 지역의 자립에도 기여하여 지속가능한 사회의 건설에 이바지하게 된다.

2. 커뮤니티 비즈니스의 사례

滋賀縣 愛東地區는 유채꽃을 이용한 자원순환형의 마을가꾸기로 유명하다. 애동지구에서는 비파호의 오염에 의한 수질문제로 환경에 관심을 가진 생활자가 많았는데, 1986년에 "애동지구 리사이클 시스템"을 만들어 행정기관과 주민이 협력하여 폐식용유를 회수하여, 리사이클 비누를 만드는 사업을 시작하였다.

1995년에는 독일에서 하고 있던 유채기름을 바이오 디젤 연료(BDF)로 사용하는 연료화 공장이 완성되어 가동되고 있다. 그 중심이 된 것은 지역 생협이 만들어낸 전국 최초의 환경문제를 전문으로 다루는 "환경 생협"이었다.

1998년부터는 "유채꽃 에코 프로젝트"가 시작되어, 휴경지에 유채꽃을 심어, 유채기름을 식용유로 사용한 후에 BDF와 비누로 재활용하는 시도가 이루어지고 있다. 또, 기름을 짠 후에 남는 찌꺼기를 비료로 활용하고 있다. 지금은 노인 인재센터의 고령자도 정규직 직원으로 일을 하고 있다. 유채꽃 재배면적이 넓어져 가면서 학생들의 환경 학습 체험의 장으로 이용되고 있고, 학교급식으로 "유채꽃 에코 급식"이 시작되는 등, 유채꽃의 활용 용도가 확대되어가고 있다. 유채꽃을 이용한 "유채꽃 프로젝트"는 자원순환의 바퀴로서 중요한 역할을 하고 있다.

3.4.5 시민, 기업, 행정기관간의 협동의 시대

1. 왜, 이제부터는 협동이어야 하는가?

핵가족을 단위로 하여 도시화가 진행된 오늘날의 사회에서는 개인 중심의 생활방식이 정착되어 자유와 편리함을 쉽게 얻을 수 있게 되었다.

이와 동시에 마이너스적인 면도 노출되기 시작하였는데, 가족과 지역사회의 인간관계가 희박해졌다는 점이다. 돈으로 살 수 없는 마음의 교류와 서로 돕는 관계가 붕괴되어, 기성세대와 고령자들은 불안과 불편함을 안고 일상생활을 보내게 되었다.

한편, 고도로 기술이 발전하여 다양한 정보와 서비스의 제공이 가능해져서 지역을 뛰어 넘어 다양한 관계가 맺어지고 있다. 그래서 얼핏 보면 지역사회를 의식하지 않아도 부자유스럽지 않게 살아갈 수 있을 것 같다. 하지만 예를 들어 폐기물을 처리하는 등, 개인의 힘만으로는 처리할 수 없는 면이 많이 있기 때문에 규제와 규범에 기초한 생활을 유지하기 위해서는 지역의 협력이 필요하다.

건강에 대한 안심과 방범, 방재가 확보되고, 즐겁고 기분 좋은 삶을 보낼 수 있는 지역에 대한 기대를 버릴 수가 없다. 이러한 사회는 개인의 힘으로 가능한 것이 아니라 지역에 살고 있는 사람들과 기업, 행정기관, 학교 등이 서로 연계하여 만들어 가야한다. 지역과의 관계를 깊이하려면 서로 만나고, 서로 알고, 협력할 수 있는 기회와 장소가 필요하게 된다. 즉 각각의 목적과 역할을 해낼 수 있는 만남의 장을 만들어 내는 것이 중요한 요소가 된다.

즉 세대, 성별과 고향을 뛰어넘어 사람들이 협동함으로써 깊은 관계가 맺어져 간다. 인간관계가 희박해진 오늘날 새로운 지역과의 관계성을 재구축할 필요성이 요구되고 있는데, 환경보전과 지역 재생을 테마로 주민들이 협력을 시작하면 인간관계를 회복하는 좋은 계기가 될 수 있다.

2. 협동을 추진하고, 지원하는 움직임

환경문제에서는 모든 사람들이 피해가 될 수도 있고 가해자가 될 수도 있다. 이런 인식을 바탕으로 소비자는 생활의 안전성 문제 등에 대해서 국제적인 연대를 강화해갈 필요가 있다. 1997년의 기후변화협약 제3차 당사국회의(COP3)을 기회로, 환경에 대한 관심이 급속히 높아져서, "협동"이라는 말이 시대의 키워드가 되었다. 대립에서 연대라는 새로운 조류가 생겨났다. 환경문제야말로 지구촌의 주민으로서 소비자, 사업자와 행정기관이 일체가 될 수 있는 과제이어야 한다. 키워드는 "공존", "공유", "협동", "연대"인데, 공통의 과제를 향해서 서로의 입장을 알고, 인정하고, 정보를 공유해 가면서 함께 과제해결을 위해 행동할 수 있는지를 묻고 있다.

기업들도 "환경"과 "경제"는 상반하는 것이 아니라, 새로운 사업을 만들어 내는 영역으로 주목하고 있다. 동시에 환경보전의 면에 고도의 기술을 활용, 지역에 밀착한 중소기업의 진출, NGO나 NPO의 활약이 기대된다. 또 지역의 환경을 관리하는 행정의 역할도 요구되는데, 행정기관은 주민과 사업체와 협동해가면서 "지역과 지구"를 보전하고, 재생해가는 역할을 담당하여야 한다.

제4장

환경과 사회

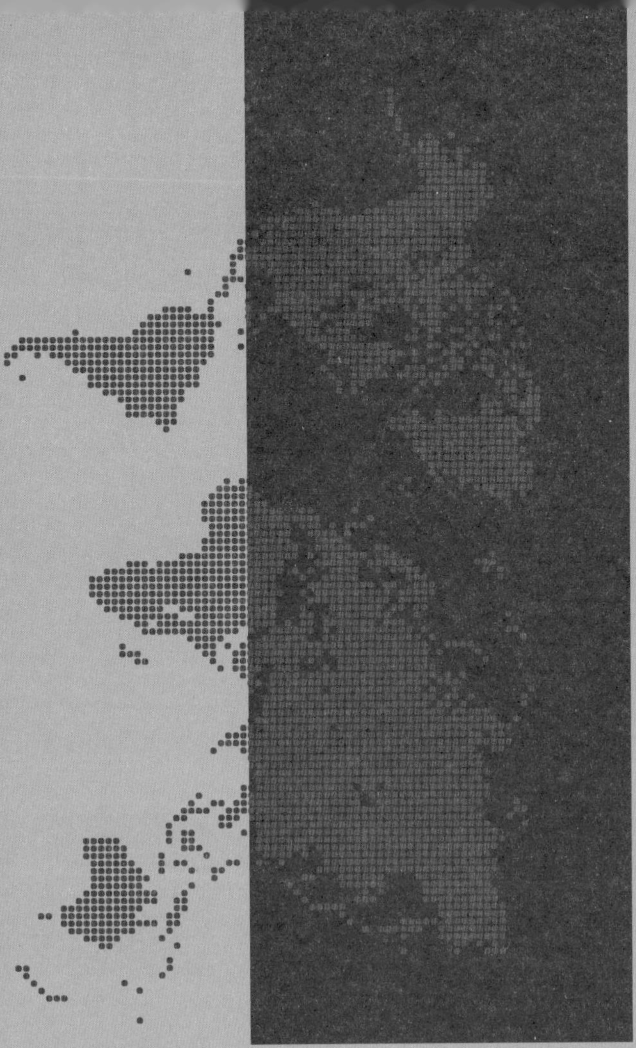

4.1 ◆

개인생활과 환경문제

4.2 ◆◆

풍요로운 식사와 환경의 관계

4.3 ◆◆◆

자연 공생형 주거환경

4.4 ◆◆◆◆

생활과 환경

제4장

일상생활과 환경

4.1 개인생활과 환경문제

4.1.1 생활 속의 환경문제와 우리의 역할

1. 차세대에 풍요로운 자연환경을 전하기 위해서

우리가 살고 있는 이곳은 숲이 풍요롭고 수자원이 풍부한 혜택 받은 아름다운 곳이다. 경제력도 세계적으로 높은 수준에 있다. 일상생활 중에서도 의식주가 충족되고, 학교와 직장생활에 열중하면서 취미생활도 향유할 수 있을 만큼 행복한 매일 매일을 보낼 수 있는 사람들이 많을 것이다.

하지만, 지금 상태의 생활방식을 지속하는 것이 바람직한 것일까? 이런 생활을 지속해 가는 것이 가능할까?

우리가 편리하고 쾌적한 삶을 구가하는 사이에 지구환경은 상처를 받고, 지구온난화 문제는 심각해져 가고 있다. 동시에 우리의 생활환경도 점차 악화되어 가고 있다.

차세대를 위해서 풍부한 자연환경을 지켜야할 책임감이 현 세대를 살아가고 있는 우리에게 주어져 있다.

2. 개인의 자각이 환경을 바꾼다.

개개인이 생활환경을 무시하여 물과 공기를 더럽히게 되면, 그 결과로 지구환경의 문제가 발생하게 된다.

더럽혀진 물은 토양에 스며들어 작물의 성장을 약화시키기에 필요 이상의 비료와 농약을 사용하게 된다. 다량의 비료와 농약이 사용되면, 우리의 건강이 악영향을 받게 되고 우리는 건강을 회복하기 위해 시간, 돈, 에너지를 더 많이 투여하여야하는 악순환 속에서 살아가야 한다. 환경악화는 우리의 생활 속에 잠재해 있는 것으로 보인다. 지금이야말로 우리가 삶의 방식을 바꾸어 환경을 개선해 가야할 시기이다. 이를 위해서는 4가지 관점에서 환경을 바로 보고 환경개선을 위한 행동에 나서야 한다.

① 환경문제에 대한 의식을 바꾼다.
환경을 지키기 위해서 폐기물을 배출하지 않도록 노력하는 것이 첫걸음이라면, 이보다 한발 더 나아가서 폐기물을 필요 없게 된 것으로 바라보지 말고, 새로운 자원이라는 시각으로 바라보도록 의식을 바꾸고 실천하는 것이 중요하다(폐기물은 자원이다!!!).

② 자신이 할 수 있는 일과 다른 사람에게 부탁해야 할 일을 구분해 보자.
환경을 배려한 삶을 유지하기 위해서는 자신의 힘으로 할 수 있는 일, 자신이 반드시 하여야 하는 일, 다른 사람이나 기관에 위탁해야 가능한 일을 구분해 보는 연습을 하자.

③ 환경개선을 위해서는 규제가 따른다는 것을 이해하자.
환경을 개선하기 위해서는, 우리 생활에 규제가 따를 수 있다는 사실을 이해하는 자세가 필요하다. 하지만 규제를 두려워하기 보다는 모두가 합심하여 환경 파괴를 막아야 한다는 사실을 염두에 두어야 한다.

④ 풍요롭고 편리한 생활의 추구가 환경에 미치는 악영향을 상상해 보자.
자신이 추구하는 풍요롭고 편리한 생활이 환경에 어떤 영향을 주며, 다른 사람에게는 어떤 피해를 끼치게 되는지를 상상해 보자.

3. 건강과 환경은 표리일체이다.

환경문제를 잘 모르겠다면서 건강 문제에는 관심이 높은 사람이 적지 않다. 실은, 이 건강 문제야말로 환경문제와 표리일체의 관계에 있다.

공장폐수가 원인이 된 미나마타병(水保病)과, 배기가스와 매연이 원인인 천식을 언급하지 않더라도, 오염된 물 때문에 설사가 난다든가 배기가스가 많이 배출되는 교차점에 있으면 호흡이 힘들어진다든가 하는 경험을 한 적이 있을 것이다. 물과 대기, 토양과 동식물을 시작으로 우리 생활 주변의 모든 것이 환경이기에, 환경의 악화가 우리의 건강을 좌우한다. 건강한 정신과 신체는, 기분 좋은 생활환경에서 오는 것이다.

4. 일상생활 방식을 개선하도록 하자.

개개인이 환경을 의식하여 일상생활 방식을 되돌아보고, 자신이 할 수 있는 것부터 고쳐가도록 하자. 보다 의식이 높아진 사람이 많이 모이게 되면 개인의 힘은 작다하더라도 큰 힘이 될 수 있다. 입장이 다른 사람이거나 아이들이라 하더라도 가정과 직장, 학교와 일을 통해서 환경에 관심을 갖고서, 자신의 의무를 다할 수 있다면 아름다운 자연환경을 보전·재생시켜 쾌적한 생활환경을 창출해 갈 수 있다.

5. 이 단락의 역할

이 단락에서는, 식생활과 환경을 중심으로 복잡하게 얽혀있는 환경문제의 특성을 가능한 쉽게 이해할 수 있도록 배려하고 있다. 환경문제는 생활을 종합적으로 취급하지 않으면 해결할 수 없는 것이 많으며, 또 삶 중에서 환경문제를 생각함으로써 지구환경문제의 해결에는 스스로의 바람직한 행동이 중요하다는 것을 이해할 수 있다.

4.2 풍요로운 식사와 환경문제

4.2.1 전 세계의 식재료를 모아서 영위하는 우리의 식생활 습관

1. 전 세계에서 온 식탁 위의 재료

오늘날 가정의 식탁에 오르는 식재료는 전 세계에서 밀려든 것으로 구성된다. 두부와 된장의 원료가 되는 대두는 미국에서, 야채도 중국, 미국, 뉴질랜드, 호주 등으로부터 오고 있으며, 생선과 육류는 이보다 훨씬 다양한 나라에서 수입되고 있다.

2. 식생활 습관의 변화에 따라서 식량 자급률은 더욱 저하

식재료를 전 세계에서 수입해 오는 이유의 하나는, "지역에서 생산되는 것을 먹는다."에서 "먹고 싶은 것을 먹는다."로 식생활 습관이 바뀐 것에 있다. 현재, 우리나라의 식량 자급률을 저하시키고 있는 직접적인 원인이 쌀과 야채 중심의 전통적인 식습관에서 고기와 밀가루 중심의 식생활로 바뀐 것에 있다고 한다. 식용유와 축산의 사료가 되는 곡류는 국내 생산이 부족하면 수입해올 수밖에 없다.

또 하나의 원인은 소비자가 가격이 저렴한 수입 식품을 선택하는 데에 있다. 야채 같은 경우엔 국내공급도 가능하지만 인건비가 싼 수입품이 국산보다 저렴하기에 국내산이 수입품에 밀려나고 있는 실정이다.

이처럼 소비자가 기호, 가격을 기준으로 다양한 제품을 선호하는 경향이 확대되면서 해외 수입의 폭은 나날이 확대일로를 걷고 있다.

3. 친환경적인 식생활을 찾아서

수입야채와 양식 어패류는 생산·출하 공정과정에서 약재, 항균제, 보존재료 등이 사용되고 있다고 하여 이에 대한 안전을 우려하는 목소리가 커지고 있다. 식재료의 장거리 수송과정에서 사용되는 대량의 방부제는 식재료의 안전성에 대한 우려를 키우고 있을 뿐만 아니라, 토양과 해양을 오염시켜 환경을 파괴하고 있다. 더욱이 수확한 식재료를 먼 거리까지 이동시키기 때문에 수송수단이 환경에 미치는 간접적인 영향도 무시할 수 없다. 식재료의 수송은 그만큼 부담을 끼치고 있다.

친환경적인 식생활을 위해서는 "가까운 곳에서 생산된 것을 먹는" 로컬 푸드의 습관이 필요하다. 해당 지역의 생산품의 소비를 촉진하려면 생산자와 소비자의 긴밀한 접촉을 촉진하는 것이 중요하다.

4. 안전을 보장하는 유기농업 체제

로컬 푸드(地産地消) 운동은, 식재료는 수입에 의존하지 않고 자신이 살고 있는 곳에서 생산된 것을, 나아가서 안전한 것을 먹고 싶다는 희망에서 온 것이다. 로컬 푸드는 유기농업을 떠나서는 생각할 수 없다.

지금, 상점에 1000원짜리 수입품과, 이보다 2~3배 비싸지만 "생산자 확인이 가능한" 유기농 야채가 나란히 진열되어 있다고 하자. 어느 쪽을 선택할지는 소비자의 의식과 가계의 수입에 달려있다. 다소 부담이 되더라도 해당 지역에서 생산된 식재료와 유기농산품을 우선 구매하게 되면, 이것은 폐기물의 발생을 없애고 나아가서 장래에는 보다 싼 가격으로 제품을 구매할 수 있는 토대를 만드는 것으로 이어진다.

생활양식은 소비자가 자신들의 의지를 자발적으로 소비행동으로 나타냄으로써 만들어진다. 개인의 작은 소비활동이라 하더라도, 식생활에 대한 주위의 의식을 높일 수 있다. 작은 바퀴를 돌리는 행위가, 자치단체와 중앙정부 등 큰 행정을 움직여가는 계기가 될 수 있다.

1-2 계절에 관계없이 식탁에 오르는 식재료

1. 순(旬)이라는 감각을 잃을 가고 있다.

4계절 있는 풍요로운 자연 속에서 살아온 우리의 식생활은 계절에 따라 많이 생산되는 식재료를 연중 차례로 즐길 수 있었다. 하지만 오늘날엔 시장에 가면 계절에 관계없이 야채와 과일이 진열되어 있다. 식당에서도 1년 내내 같은 종류의 식재료를 이용하여 메뉴를 제공할 수 있게 되었다.

2. 계절을 벗어난 식재료는 환경에도 건강에도 부적절하다.

계절에 관계없이 식재료를 즐길 수 있게 된 것을 마냥 기뻐할 수만은 없다.

계절을 벗어나서 생산되는 작물은 노지재배가 아니라 하우스 등에서 재배된 것이다. 자연의 섭리에 반하여 인공적으로 만들어낸 것이기에 다량의 에너지, 다량의 농약과 비료가 투입되어 얻어진다. 하우스 제품은 농약이 강우에 씻겨나간다든가 일사로 분해되는 양이 적기 때문에 잔류 농약이 많이 존재한다. 또 작물을 보존하기 위한 비용 등, 계절 농산물에는 불필요한 자원과 인간의 노동이 소비된다.

또 하나, 식재료의 계절성에 있어서 놓칠 수 없는 점은 영양의 문제이다. 신선재료는 제 계절에 생산된 것의 영양이 가장 풍부하다. 계절을 벗어난 것은 영양가가 떨어지는 경향이 있다.

또 자연의 작물은 본래 인간의 신체에 적합한 역할을 한다. 예로서, 더운 여름에 생산되는 오이나 수박은 몸의 열기를 낮추어 건강에 도움을 주지만 이것을 겨울에 먹게 되면 오히려 건강에 역효과를 낸다.

이처럼 제철 식재료를 먹는 일은 건강을 위해서도 중요하다고 말할 수 있다. 하지만 오늘날, 계절의 감각을 잃은 현대인에게는 제철 식재료를 찾아 먹는 것 자체가 점차 어려워지고 있다.

3. 제철 식재료를 잃어가는 다양한 원인

영양가도 높고, 싼 가격으로 맛있게 즐길 수 있으면서도 환경에 미치는 부하가 적은 제철 식재료. 이를 지혜롭게 즐길 수 없게 하는 요인은 무엇일까?

우선, 연중 냉난방 속에 지내고, 자동차나 대중교통을 부담 없이 이용할 수 있는 생활 속에서는 계절의 오고감을 제대로 느끼기가 어려워진다. 계절에 맞추어 즐기던 각종 축제와 행사도 단순화 내지는 자취를 감추어 현대인이 계절을 감각할 수 있는 기회가 줄어들고 있다는 점도 들 수 있다.

가정요리가 변한 것도 요인이다. 예전에는 제철 식재료를 이용한 음식이 주를 이루었지만, 최근엔 카레와 같이 계절의 감각과 관계없는 음식을 즐기는 기회가 증가하였다.

또 농업기술과 양식기술, 냉동기술이 발달하여, 하우스 야채와 양식 물고기를 대량으로 생산한다든가, 어획한 물고기를 수개월씩 보존할 수 있게 되면서 생산자나 기업이 소비자의 요구에 앞서서 새로운 식생활을 제시하기도 한다. 이렇게 하여, 우리는 먹고 싶은 것을 언제든지 먹을 수 있게 되어 식생활에서 계절이 사라지게 되었다.

4. 즐거움으로서의 식탁에 제철 식재료를 올려보자.

계절을 즐기기 위해서는, 옛 사람에게서 배울 점이 많다. 연중행사와 지역 특산품을 이용한 향토음식의 지혜를 배워가면서, 부분적으로 제철 식재료를 즐기는 일이 그렇게 어려운 것은 아니다. 환경보호라는 측면만이 아니라 건강을 고려한 즐거운 식생활을 위해서 제철 음식을 중심으로 하는 식생활 개선이 필요하다.

다행히, 이러한 움직임을 지원하는 활동이 나타나고 있다. 현장에서는 환경과 조화를 이룬 농업생산을 지향하는 "Eco-farmer 인정제도"가 설정되고 있다(일본의 경우). 또 각지에서 향토음식 강좌와 요리교실 등이 활발하게 열리고 있다. 이러한 새로운 음식문화를 즐겨가면서 요리를 만드는 과정에서 제철 식재료를 만나게 되면 보다 좋은 식생활을 즐길 수 있을 것이다.

〈참고〉 일본의 Eco-farmer 제도

1999년에 제정된 "지속성이 높은 농업생산방식" 도입 촉진에 관한 법률(지속농업법)에 기초하여, "지력 증진", "화학비료 저감", "화학합성농업의 저감" 기술로 지속성이 높은 농업생산방식을 도입하는 계획을 각 지방자치단체장에게 제출하여 인정을 받는 제도

4.2.3 자연과 건강을 소중하게 생각하는 풍요로운 식생활로

1. 현대인에 대한 식생활 교육의 중요성

음식에 관한 지식과 음식을 선택하는 힘을 길러, 건강하고 안전한 식생활을 영위하기 위한 교육을 말하는 "식생활 교육"이 시작되고 있다. 농림수산성이 정리한, "일본의 식생활 현황과 식생활 교육에 관해서"에 의하면, 아침을 굶는 아이들과 외식이 증가하고 있음이 입증되는 자료와, 음식에 대한 잘못된 지식의 사례로부터 현대인에게 식생활 교육을 시킬 필요가 있다는 제안이 제기되었다. 이것이 식생활 교육이 시작된 계기이다.

2. 학교와 지역사회에서 시작된 식생활 교육

식생활 교육이 전국적으로 퍼져가고 있다. 지역사회와 학교가 연계하여, 학생들은 학교의 재량시간에 식생활 교육을 받고, 상점에서는 학생들이 고안한 도시락을 판매한다든가 제철에 생산되는 야채와 생선재료를 포스터로 제작하여 공개하는 등의 방식으로 지역 특성을 고려한 식생활 교육을 실시하고 있다. 할머니의 지혜를 손자들이 배워 계승해가도록 돕는 세대를 잇는 식생활 활동도 많이 보인다. 또 학교와 시민농원에서 작물을 키운다든가, 도농교류활동을 강화한다든가, 농림수산물의 생산지에서 체험학습을 하는 "교육 Farm"도 실시되고 있다. 농림수산성이 2002년도에 조사한 결과에 의하면 "교육 Farm"을 실시하고 있는 지역이 70%에 이르고 있다.

이외에도, 식사예절, 씹는 것의 중요함을 생각하는 강좌 같은 것도 많아서, 식사교육은 편식, 개식(個食), 결식 등, 결코 바람직하다고 할 수 없는 현대인의 식생활을 고쳐가는 운동이라고 생각된다.

3. 식사교육의 배경이 되는 슬로푸드 운동

1980년대 중반에 이탈리아에서 시작된 슬로푸드운동은 해당 지역의 전통적인 식생활과 식문화를 재평가하는 자연회귀의 식생활 스타일을 제창하는 운동이다. 편리함과 저렴함, 스피드 등을 우선하여, 자연의 생태계를 파괴하고 폐기물의 대량 배출을 유발하면서 음식의 안전성과 자연과의 연계성을 단절해가고 있는 현대인의 식생활을 비판하는 것이다. 페스트 푸드와 역방향이지만, 반드시 대립관계에 있는 것은 아니다.

향토음식과 같이 지역의 특성이 묻어나는 맛, 소규모이지만 우량한 생산자가 만들어내는 맛, 획일적이지 않은 개성 있는 미각을 소중하게 키우는 의식을 중요하게 생각하는 것이 슬로푸드의 정신인데, 이것이야말로 식사교육의 출발점이다.

4. 가정음식은 식재료의 안전과 안심을 최우선으로

가정에서의 식사교육은, 제철 식재료와 자기 고장의 식재료를 이용하는 가정요리로부터 출발한다. 유기 재배한 야채와 식품첨가물이 들어가지 않은 가공식품 등, 안정과 안심을 우선하는 식재료를 선택하고, 식재료가 가진 자연의 맛을 살린 음식을 맛보도록 한다.

그리고, 아침을 먹지 않는 아이, 저녁을 늦게 먹는 아이의 비율이 증가하고 있기에 부모의 생활방식을 개선해야 한다는 지적도 많다. 바람직한 식생활이라는 측면에서는, 늦잠을 자서 지각이 걱정되더라도 아침을 제대로 먹고 하루를 시작하는 것이 좋다.

간과할 수 없는 또 하나의 큰 문제는, 젊은 20대의 식생활이다. 후생노동성이 2000년에 수행한 "국민건강·영양조사"에 의하면, 20대 젊은이의 결식률이 높은데, 혼자 살고있는 20대 젊은 남자들의 결식률은 70%에 이르렀다. 거기에 20대의 식사내용은 야채섭취가 부족하여 영향불균형이라는 결과가 나왔다. 미래 사회를 담당해야할 젊은이들이야말로 식사교육을 실천해 가야할 필요성이 높다. 무엇보다 가정에서 요리한 영양이 풍부한 아침식사를 하는 것에서부터 균형 잡힌 식사하기가 시작되어야 한다.

5. 생산자와 소비자가 손을 잡고

식사교육을 도도한 흐름으로 만들어가기 위해서는 생산자와 소비자 양측이 함께 노력할 필요가 있다. 특히 중요한 것은 생산·유통·판매 등 식자재를 공급하는 측과 소비자의 의식개혁이다. 노동도 많이 요구되고 판매 리스크도 큰 유기재배와 무 농약 재배의 야채를 생산자가 만들려면 농작물을 안정적으로 구입해 주는 소비자가 없으면 어렵다.

또 최근에는 MSC마크와 생산정보 공표 마크가 표시된 상품이 등장하고 있다. MSC는 바다의 에코 마크라고 불리는 수산물에, 생산정보 공표마크는 소고기에 부착되고 있다. 어느 것이나 환경에 엄격한 조치를 취한 생산에게 주어지는 인정마크이다.

이들 식재료를 직접 계약 등의 형태로 간접 유통을 줄여 비용을 줄이는 노력을 소비자가 하는 것 이외에는 안전한 식재료를 싸게 구매할 다른 방법이 없다. 현재 다소 가격이 높더라도 맛있고 몸에 좋은 것을 먹고 싶다는 소비자는 증가하고 있다. 향후, 점점 산지의 목소리에 귀를 기울여가는 소비자의 수가 증가할 것으로 생각된다.

4.2.4 안전·안심 우선의 음식물 확보를 위한 원칙

1. 식재료의 안전성에 불안을 느낀다.

2001년에 일본을 포함한 전 세계에서 광우병 감염소가 확인되었고, 2003년에는 조류 인플루엔자 문제가 부상하였다. 또 제초제를 뿌려도 고사되지 않는다는 유전자조작 작물, 수입식품의 잔류 농약과 방부제의 검출, 양식어류에서 다량의 항생제와 항균제 투여가 문제로 부상하였다. 2007년 여름에는 유통기한의 부실 표기, 위장 표시까지 문제로 대두되어 식품에 대한 불안이 일시에 증폭되었다.

2003년 10월에 사이타마 현이 시민들에게 앙케트를 실시해 보았더니, 음식물에 대한 안전성이, "대단히 불안"이 39%, "다소 불안"이 52.2%로 나타나서 92.1%의 사람들이 불안을 안고 있다는 결과가 도출되었다.

불안을 느끼는 이유로는, "위장 표시", "무등록 농약의 사용", "식품 첨가물", "광우병 발생", "농약과 항생제의 잔류", "다이옥신과 수은 등의 유해 화학물질에 오염", "유전자 조작 식품" 등이 많았다. 이에 덧붙여서 "식품 안전에 대한 정보의 부족"도 불안의 하나로 나타났다.

우리는 건강하게 살아가기 위해서 매일 식품을 섭취할 수밖에 없다. 적어도 안전·안심할 수 있는 식재료를 구매하기 위해서는, 적어도 식재료에 부착된 표시를 보는 방법을 학습하여, 안전성을 확인하고 구입할 수 있어야 하겠다.

2. 안전 · 안심할 수 있는 식품을 선택하는 원칙

(1)소비기한과 상미(賞味)기한을 체크해 보자

소비기한은, 도시락, 샌드위치, 생과자, 생 라면, 생선, 식육제품 등에 표시되어, 정해진 방법으로 보존하였을 때 상품의 안전성이 훼손될 염려가 없는 기한으로, 대체로 제조일로부터 5일 이내이다.

상미(賞味)기한은, 우유, 유제품, 계란, 햄, 소시지, 냉동식품, 즉석 면, 청량음료수, 캔류 등에 표시되는 방법이다. 기재된 방식대로 보존하였을 경우에 식품의 품질이 유지되는 기한을 말한다. 품질이 비교적 오랜 기간 지속되기 때문에, 기한을 넘기면 곧바로 먹을 수 없게 되는 것은 아니다.

(2)신선식품에는 원산국·원산지가 표시된다.

(3)가공식품의 원재료명은 식품첨가물과 그 이외의 원재료로 구분해서 기재한다.

식품 참가물은, 사용 중량이 많은 순서대로, 물질 명과, 감미료·보존료·착색료와 같은 용도명, 향료·향신료·유화제 등의 일괄 명으로 기재된다.

(4)유기식품은 유기 JAS 마크를 확인, 유전자 조작식품도 안전성이 확인된 것은 그 내용을 표시하고 있다.

유기농산물과 유기가공식품은, 유기 JAS 마크가 붙어있지 않으면, "유기", "organic"이라는 표시를 할 수 없다.

또, 유전자 조작 농산물은, 대두, 밀, 옥수수, 면화를 포함한 7개 식품과 그 가공식품 32개 품목은 안전성 심사 절차를 거치고 있으며, 그 결과를 표시하고 있다.

3. 생산지와 가정을 잇는 식품의 이력서

식품의 생산, 가공, 유통 등의 각 단계에서, 원재료의 출소와 식품의 제조원, 판매 등의 기록을 기장·보관하여, 식품에 대한 정보를 확인할 수 있도록 하는 것이 식품의 이력서이다.

생산·유통 측에서는, 식품의 안전성을 확인시키고 싶을 때, 문제가 발생하였을 때의 원인규명에, 또는 식품의 추적과 회수가 용이하다는 이점이 있다. 또 소비자에 있어서는 생산에서 유통까지의 과정이 확실하게 드러나므로, 안전성과 안심감을 얻을 수 있다.

4. 3 자연 공생형 주거환경

4.3.1 주거환경의 변천과 현재의 환경 중시의 주거방식

1. 우리의 건축 관과 풍토

비교적 온난한 기후대에 속하는 우리나라의 전통적인 집(한옥)은 비를 막는 경우를 제외하고는 바깥과의 소통이 원활하게 이루어지도록 배려하였다. 자연과 조화를 이룬 열린 구조를 갖춘 집이 많았다.

2. 주택 구조의 변천

전통 한옥 주택은 실내와 실외 간의 소통이 고려된 개방형 주택이었지만, 서구화의 영향으로 밀폐형 공간으로 전환되어 갔다.

3. 개방공간형의 주택에서 밀폐 공간계통의 주택으로의 변화

전통적인 주택공간은 지구환경과의 연계성을 갖추고 있었는데, 요즘은 작은 환경 공간인 실내가 지구의 환경과는 다른 환경을 갖도록 변했다. 이런 현상이 때로는 sick house의 원인이 되기도 하고, 에어컨·환기기구 등의 전기제품을 도입하도록 만들어 주택환경에서의 에너지 낭비를 만들어 내게 되었다.

4. 환경을 배려한 미래의 바람직한 주거환경

지금까지의 경험과 반성을 바탕으로, 오늘날에는 "환경 공생형 주택"과 "에코 주택"이라고 불리는 환경을 배려한 주거방식이 제안되고 있다. 2000년 이래로 일본에서는 "주택 품질 확보 촉진법", "sick house 법", "건설 리사이클 법" 등이 시행되기에 이르러 법적인 기준이 정비되고 있기도 한다.

장래 우리나라의 주택도 우리의 전통 주택이 가지고 있던 좋은 측면을 살려가면서, 최신의 태양광발전 기술 등의 에너지절약 기술과 에코 건자재 등을 활용하여, 지구환경보전에도 도움이 되도록 하는 점이 요구된다.

5. 친환경적 주거 방식

건물자체는 쾌적한 주거공간을 찾는 인간의 욕구와 기술의 진보로 환경과의 조화와 에너지 절약을 배려해 왔지만, 하지만 그 속에서의 생활, 소위 말하는 주거방식은 최근에 이르기까지도 친환경적이었다고 말할 수 없는 것이었다.

환경의 중요성을 인식하고 있으면서도 대량의 쓰레기를 배출하고, 여름철에도 차가울 정도로 냉방을 하면서 고온의 공기를 대량으로 바깥에 방출하였기 때문에 도시지역에서의 열섬현상을 유발해 왔다.

주택자체에서 달성할 수 있는 성능의 개선은 이미 한계에 이르렀기 때문에 이제부터는 주거방식을 친환경적으로 개선해 가는 것이 중요한 문제로 대두되고 있다.

(1)자연과의 공존

①식물의 커튼

식물의 커튼이란 옥상, 벽면녹화의 일종으로, 주로 중소규모의 건축물의 외벽에 식물을 육성함으로써 건축물의 온도 상승을 억제하는 것이다. 커튼이라는 이름대로, 그늘을 만들 수 있는 식물을 건물 외벽에 나열해 두는 형태가 일반적이다.

주요 목적은 햇빛의 차단과 식물 잎의 증산작용에 따른 기화열로 온도상승을 억제하는 것이다. 광합성으로 이산화탄소를 흡수하는 것도 부수적 효과이다. 또 본래의 목적에 덧붙여서 경관의 개선과 식물 생장과정의 관찰 및 수확을 얻기도 한다.

②옥상녹화, 벽면녹화

옥상녹화, 벽면녹화는 일반적으로는 식물의 커튼보다 규모가 큰 식물을 이용하는 것으로, 최근에는 공공건물이나 상업용 빌딩 옥상에 대규모로 설치되어 시민들의 휴식 공간으로 활용되기도 한다. 또 지자체에 따라서는 보조금을 지급하면서 이를 장려하기도 한다.

③태양열의 이용

태양열의 이용은 옛날부터 시도되어 왔다. 장치를 설치하지 않더라도 태양 빛을 집안으로 더 많이 들이는 것으로 실내를 더 밝고 따뜻하게 만들 수 있다.

(2)폐기물 발생 억제

①에코 가전·건축저재

에코 가전이란 과거의 가정용 전기제품 중에서도, 에너지 절약을 더 많이 배려한 것을 말한다. 예로서, 가정 내에서도 전력을 소비하는 냉장고와 에어컨 등은 인버터 제어기술의 발달로 소비전력이 최근 10년 동안 많이 감소되었다. 또 오존층 파괴를 가져오는 프레온 가스의 사용도 보다 영향이 적은 물질로 교체되어 왔다. 대량의 물을 사용하는 세탁기도 요즘은 절수형이 많이 나오고 있다. 1960년대에는 냉방기(cooler), 칼라 TV(color TV), 자가용(car)을 "3C"라고 불렀고, 이것을 소유하는 것이 선망의 대상이었지만, 당시에는 에코라는 관념이 없었다. 에코 가전이 보급되기 위해서는 생산자와 소비자 쌍방이 환경에 대한 이해를 깊이 할 필요가 있다.

또, 건축자재도 재이용이 쉬운 것과 단열효과가 높은 유리와 내구성이 높은 조명, 내구성이 높은 합금 제품이 나오고 있다.

②사용 전력 표시, 이산화탄소 배출 체크

최근 대형 가전매장에 가보면, 에너지 절약형이라는 문구가 붙어있는 제품을 많이 볼 수 있다. 또 아직 많지는 않지만, 현재 사용되고 있는 전력량과 그것을 바탕으로 계산된 이산화탄소 배출량을 알 수 있는 장치가 붙어 있는 제품도 있다. 눈에 보이지 않는 에너지 소비를 시각적으로 파악할 수 있게 하는 일이 절전의식의 고양을 가져온다.

(3)재생 이용

①퇴비화 장치(compost)

생활에서 나오는 폐기물은 간단하게 재이용할 수 있는 것이 적지 않다. 가정에서 나오는 음식쓰레기에 미생물을 작용시켜 비료나 재생토를 만들어 내는 장치가 퇴비화장치이다. 퇴비화 자체는 옛날부터 국내외적으로 널리 이용되고 있었다. 근래에 가정에서 나오는 쓰레기 처리가 유료화 되면서 퇴비화가 더욱 각광을 받고 있다.

②폐 건축재 이용

과거에는 건축자재는 해체하면 대부분이 산업폐기물로 버려졌다. 최근에는 재이용이 쉽도록 고안된 건축자재가 등장하고 있다.

(4)재사용

①우수 이용

최근에는 우수를 탱크에 저장시켜 두었다가 정원수나 세차용으로 사용하기도 하고, 소방용으로 저장하는 가정도 늘어나고 있다. 또 비상시에 음료수로 이용할 수 있는 여과장치가 가정용으로 보급되고 있다.

②지열 이용

그다지 많지는 않지만, 지하에 물과 기름이 밀폐된 관을 이용해서, 연중 온도차가 거의 없는 지열을 가정으로 끌어들여 냉방과 난방으로 이용하는 가정이 증가하고 있다.

(5)그 외의 방법

설령 에너지 절약형의 에어컨을 구입하여 사용한다고 하더라도 사용량이 감소하지 않으면 의미가 없다. 에너지 고효율 제품의 사용 이외에도, 에너지 사용을 줄일 수 있는 생활의 지혜를 활용할 수 있어야 한다.

4.3.2 주거생활 중에 발생하는 환경문제

1. Sick House란?

신축 건물이나 오랜 기간 비워 두었던 집에 입주를 하게 되면, 눈이 따갑고 목이 칼칼해지는 경험을 하는 경우가 있다. 또 아이들만이 아니라 어른도 아토피성 피부염과 같은 증상이 나타나든가 기침이 많이 나는 고통을 겪는 사례가 보고되고 있다.

이러한 현상을 “sick house 증후군”이라고 하는데, 거주 공간이 유발하는 다양한 증상을 지칭한다.

2. VOC의 영향

sick house 증후군은, VOC(휘발성 유기화합물)에 의한 실내 공기 오염으로 나타나는 건강장해이다. 그 정체는 포름알데히드와 톨루엔 등의 화학물질인데, 국토

교통성에서는 아래의 [표]에 제시한 5개 물질을 특정 측정물질로 지정하고 있다.

[표] 특정 물질로 지정되어 있는 VOC의 명칭과 용도

물질	용도
포름알데히드	합판 등의 접착제, 방부제, 합성수지 원료
톨루엔	접착제와 도료의 용제(신나), 화장품
키시렌	접착제와 도료의 용제(신나), 살충제
에틸벤젠	접착제와 도료의 용제(신나), 잉크
스틸렌	합성수지 원료, 도료, 단열재(발포 스티로폴)

이들 물질은 일정한 안전기준이 설정되어 있어서, 그 범위 내에서 사용하도록 주의하면 심각한 피해를 유발하지 않는 것으로 알려져 있다. 후생노동성은, 이런 기준을 넘지 않는 범위에서 집이 건축되도록 권장하고 있다.

3. sick house가 유발하는 것은?

sick house는 포름알데히드를 포함한 VOC의 발생을 물리적인 방법(충분한 환기 등)으로 건물 외로 배출시키든가 중화제 등을 이용하여 화학적으로 제거함으로써 개선할 수 있다. 하지만 일단 sick house 증상이 나타나면, VOC의 농도가 낮아지더라도 좀체 증상이 사라지지 않는다. 자택에서는 증상이 개선되더라도 일정한 양의 VOC가 있는 다른 공간에 노출되면 증상이 재발되는 사례가 보고되고 있다.

이것을 sick house 증후군에 의한 "화학물질 과민증"이라고 한다. 화학물질에 의해 신경과 호흡기의 이상이 발생하며, 허용 범위 이내의 화학물질 농도에서도 과민하게 반응하는 증상이 발생한다.

아직 완전히 설명되고 있지 않지만, 성인 아토피성 피부병환자가 증가하고 있는 이유의 하나도 sick house 증후군으로 추정되고 있다. 또, 현대병이라고 일컬어지는 스트레스 증후군과의 관계에 대해서도 아직 연구가 진행 중에 있다.

4. 석면의 영향

석면은 내열성이 높고 가공하기 쉽기 때문에 옛날부터 지붕재로서 슬레이트 재료와 단열재 등에 사용되어 왔다. 또 학교와 병원 등의 대규모 건물에도 많이 사용되었기 때문에, 사용량을 명확히 파악할 수 없는 지경에 있다.

석면 자재는 존재하는 자체가 문제로 대두되는 것은 아니고, 재건축이나 해체 시에 나오는 미세한 석면 가루를 흡입함으로써 진폐증, 악성 종양 등이 발생할 가능성이 있다는 점에 있다. 후생노동성은 실태조사를 계속해가면서 석면이 포함되지 않은 건축 자재로의 전환을 유도하고 있지만, 해체 시에는 현장 부근에서 공기를 흡입하지 않도록 주의하는 것이 최선의 대책이다.

5. 새로운 주거방식에 대한 고려

최근 anti-aging 의학에서는, 건축생물학이라는 말을 많이 사용하고 있다. 이것은 사람과 거주환경과의 관계를 다루는 분야이다. 건축생물학에서는 건물은 인간(유기체)의 연장으로, 제3의 피부라고 한다.

지금까지는 비바람을 막아주는 것이 주택의 중요한 기능이라고 생각해 왔지만, 여기서 한발 더 나아가서 주택을 생활 속의 친구로 간주하여 적절한 사용과 관리·폐기가 가능한 친환경적인 주택을 만들어 가도록 기업과 소비자가 같이 노력해 가는 것이 중요하다.

4.3.3 마을가꾸기와 환경과의 관계

1. 도시와 환경간의 깊은 관계

도시는 사람이 모여 있는 지역으로, 인구밀도가 높고, 일반적으로는 농업 등의 1차 산업보다 2차, 3차 산업의 비중이 높은 영역을 가리킨다. 환경적인 관점에서 말하자면, 생활과 경제활동에 적합한 장소(기온 등의 자연환경이 좋고, 교통에 부하가 걸리지 않고, 에너지와 식량의 공급이 쉬운 등의 조건)에 도시의 씨앗이 뿌려지고 다른 도시와의 관련을 가지면서 자연적으로 확대되어간 것으로 본다. 하지만 과도한 인구집중과 무계획적인 개발 등으로 인해, 20세기 이래로는 도시기능이 무너지기도 하고, 근교 도시나 집락에 악영향을 미치는 경우도 많아졌다.

지속가능한 도시의 창조를 향해서, 오늘날 다양한 관점에서 환경을 중시한 계획된 개발의 중요성이 인식되고 있다.

2. 환경과 교통계획

도시에 사람이 살고, 경제활동이 원활하게 이루어지기 위해서는 사람과 물자(에너지와 폐기물도 포함)의 원활한 이동이 가능하여야 한다. 하지만 이동수단의 발달은 환경의 측면에서는 많은 희생이 강요되는 문제라고 말할 수 있다. 예로서, 도로와 선로를 만들려면 삼림의 벌채, 항구를 만들려면 준설이 요구되고 이용 단계에서 배기가스가 나와 식물을 고사시키고 오존층에 영향을 미치기도 한다. 당연히, 무제한적인 개발은 문제라는 의견이 나오고 있으며, 파괴된 자연에 대한 인식이 새로워지면서 전 세계적으로 친환경적인 이동수단이 제안되어 채용되고 있다.

이동자체가 환경에 큰 부담을 끼치지 않는 것으로는, 도보와 자전거, 동물(말, 소 등)에 의한 이동이 옛날부터 존재하였다. (석탄을 연소시켜 이동하던 기차에서 전환된 전기를 전차는 대량의 전기를 소비하지만, 전차가 달리는 도중에는 배기가스가 발생하지 않는다.) 오늘날 환경에 가장 큰 부하를 끼치는 것은 자동차이다. 하지만 개인의 요구가 다양화되고 정보전달이 점점 더 빨라지고, 레저 활동이 일상화되면서 자동차의 이용은 어쩔 수 없는 경우도 많아서 자동차 자체에 다양한 친환경성을 부여하는 노력이 이루어지고 있다.

도시의 경우는 자동차 본체의 환경오염보다도 자동차도로의 혼잡·지체에 따른 배기가스의 충만과 무질서한 교통계획에 따른 경관의 파괴 등이 다른 지역에 비하여 문제가 되고 있다. 최근에는 해외의 선진적인 교통체제가 연구되고, 근교 도시까지 자동차 대신에 전차를 이용한다든가 1대의 차량을 여러 사람이 같이 이용하는 실험도 시도되고 있다.

3. 환경과 에너지 계획

도시로 인구와 경제활동이 집중되면서 발생하는 주요 문제의 하나가 에너지의 문제이다.

쾌적한 도시를 만들기 위해 많은 에너지를 소비하면 그때 배출되는 폐열이 도시기온을 상승시켜 도시의 온난화를 가져온다. 또 과도한 인프라 투자와 전기발전이 뒤따른다. 송전선과 수도관의 효율적인 관리가 이루어지더라도 지진이나 사고로 인한 파손과 그에 따른 복구비용이 막대하게 발생하기도 한다. 이런 문제를 최소화할 수 있는 계획이 요구된다.

4. 환경과 폐기물 처리 계획

지금까지 도시는 쾌적하고 선진적인 생활의 대가로 발생하는 폐기물을 당연하다는 듯이 바다나 산 등의 자연에 버려왔다. 하지만 공해의 다발과 폐기물 처리능력의 저하(폐기물의 증가와 복잡화에 기인) 등이 문제로 대두되고, 나아가서 환경보호의 중요성이 사람들에게 인식되면서 폐기물처리는 생활과 산업을 위해 지불해야할 비용의 자리를 차지하게 되었다.

또 건축물의 재건축과 인구, 산업의 변화에 따른 부산물(scratch)을 어떻게 처리할 것인가를 장기적인 관점에서 계획을 세워야 하게 되었다.

5. 도시와 동 · 식물과의 관계

숲은 대기를 정화하고, 도시기온을 낮추며, 소음을 저감시키며, 강풍을 약화시키는 기능을 할 뿐만 아니라, 주민들의 휴식과 소통의 장으로서도 중요한 역할을 하고 있다. 또 새와 곤충들의 서식처로서도 중요하다. 이들 공간을 확보하고 보호하는 것이 도시인과 자연과의 연계성을 확보하는 데에 큰 도움이 된다.

6. 도시환경과 주민과의 관계

도시의 안전과 쾌적성을 유지하기 위해서는 주민들의 힘으로 방재기능, 환경정화, 마을 커뮤니티의 창조 등의 활동을 강화해 가는 것이 중요한데, 이러한 활동이 점차 활성화되어가고 있다.

4.3.4 마을가꾸기와 숲

1. 식물의 역할

(1)기상조절 기능

(2)건물경관 개선의 기능

(3)환경공학적인 기능

: 숲은 대기정화, 악취제거, 소음방지, 이산화탄소 흡수, 토양수분 보전 등의 기능을 한다.

2. 마을가꾸기와 녹화

도심부에서 심각성을 더해가는 도시열섬을 억제하는 데에 숲의 역할이 크다. 거리가로수, 공원 확보, 옥상녹화, 벽면녹화가 효과적이다. 아울러 숲은 사람들의 심리적 안정을 가져오는 역할도 한다.

3. 마을가꾸기와 녹지에 관한 법률

도시녹지 법에서는, 도시 녹지의 보전과 녹화를 추진하기 위한 다양한 의무와 처분이 규정되어 있다. 또 도시공원법과 수도권 근교 녹지보전법 등으로 도시지역의 녹화를 추진하고 있다. 2004년에는 일본에서는 처음으로 경관에 관한 종합적인 법률인 경관법이 시행되게 되었다.

4. 앞으로의 마을가꾸기와 숲

마을가꾸기라고 하면 도시부와 그 근교만의 문제로 생각할지 모르겠지만, 농촌과 산간지역에서도 자신들이 살고 있는 마을의 환경을 어떻게 생각해 갈 것인지를 고심하는 일은 매우 중요하다. 동물의 적절한 육성과 보호는 물론이고 가능한 범위에서 도시와의 교류를 만드는 것도 마을가꾸기의 하나이다.

지역에 관계없이 지금 중요한 것은 숲과 사이좋게 살아가고자 하는 자세이다.

4.3.5 환경과의 조화를 고려한 마을 가꾸기

1. 다양한 사람과 단체가 참가하여 스스로 만들어 가는 "지속가능한 지역사회"

쓰레기 하나 없이 깨끗한 길 위에 잘 정리된 폐기물 집적소가 있고, 활기 넘치게 인사를 나눌 수 있는 상점가와 생기가 도는 주택가를 지날 때면, 그 지역에 사는 사람들은 환경과 건강을 배려한 생활을 하고 있음에 틀림이 없다는 생각을 하게 된다. 마을에 다양한 사람들과 단체가 활동하고 있다하더라도, 지역 커뮤니티에서 일상을 보내고 있는 개개인이 환경에 관심을 가지고 있느냐의 여부에 따라서 마을에 사는 사람들의 심지는 크게 다를 것이다.

최근에는 지구온난화 방지를 위해 가정과 직장의 옥상과 벽면, 테라스를 이용한 녹화대책이 적극적으로 추진되고 있어, 이것이 아름다운 마을 만들기의 일익을 담당하고 있다. 빈터와 공용의 땅을 이용한 "지역의 정원 가꾸기(커뮤니티 가든 가꾸기)"도 주목받고 있는데, 주민이 주체가 되어 학교와 기업과 연계하여 이용하고 있지 않은 민간의 땅을 활용해서 화단과 밭을 만들어 관리하는 작업을 하고 있다. 지속가능한 사회를 지향하여, 주민과 기업, 행정기관이 협동해서 만들어 내는 "환경을 배려한 마을의 삶"은 단지 환경보전을 위한 것만이 아니라, 생활의 즐거움과 윤택함을 주는 원천이 되고 있다.

2. 3R을 기본으로 해서 시작하는 환경과의 조화를 고려한 마을 가꾸기

환경과의 조화를 고려한 마을 가꾸기의 제1보는, 역시 3R을 진화시키는 것부터 시작하는 것이 지역에서 받아들이기 쉽다.

3. 생산자와 소비자가 연계된 마을 만들기

이와 관련해서는 山形의 레인보우 플랜이 유명하다. 이 사업은 농가와 소비자가 협력해서 지역순환시스템을 만들어, 유기자원의 순환을 이룸으로써 자연환경의 개선과 건강한 식생활을 창출하여 자연과 인간의 영속적인 공존을 추구하는 것이다.

먼저 가정에서 나오는 음식쓰레기를 유기물로 하여 재자원화 하여, 우량한 퇴비를 생산한다. 가정과 학교, 사업소 등에서 분리 배출된 음식쓰레기는 수집소를 경유하여 퇴비를 생산하는 퇴비 센터로 운반된다. 이것은 농협을 통해 농가로 위탁 판매된다. 농가에서 이 비료로 토질을 살려 유기농산물을 생산하여 지역의 가정, 학교, 병원 등에 판매되고 있다.

4.3.6 에코주택과 커뮤니티

1. 친환경 주택의 확대

최근 에코 하우스, 환경 공생 주택, 에너지 절약형 주택, 제로 배출 주택 등, 에코 주택이라고 불리는 건물이 증가하고 있다. 또 마을 전체 차원에서 에너지 절약을 지향하는 에코 타운도 여러 곳에 나타나기 시작하였다.

하지만 그곳에 거주하는 사람들의 마음에 에코가 없으면, 그 목적은 달성되지 않고 오히려 고가의 물건을 사는 것에 지나지 않게 되어 개발과 건설에 소요된 시간과 수고는 에너지 낭비에 불과하게 되기에 의미가 없다.

2. 에코 주택의 종류

에코 주택이란, 재질, 공법, 냉난방 시스템과 해체·리사이클 등의 하드웨어적인 면과, 그곳에서 살아가는 방식과 라이프스타일의 변화와 같은 소프트웨어적인 명의 전부, 혹은 그 일부로서 에너지절약을 목적으로 제안·제공되고 있는 주택을 말한다.

전력의 자유화로 최근에는 태양광발전으로 낮 동안에는 생산된 전기를 사용하고 남은 것은 전력회사에 팔기도 하기에 하루를 통틀어서는 에너지 비용이 제로에 가까워진다는 "제로 에너지 주택"이 등장하고 있다.

3. 에코 커뮤니티의 확산

에코를 주민과 행정부처가 연계하여 "면(面)"으로서 실천하고 있는 지역을 일반적으로 "에코 커뮤니티"라고 부른다.

대체적으로 보면, 지역 전체가 녹화계획을 만든다든가, 숲의 보호활동을 한다든가, 집합주택에서는 단열 외벽을 설치하고 벽면의 색을 바꾸는 활동이 있다. 또 주민 전체가 정화활동에 나선다든가, 여름철 한낮에 일제히 물을 뿌려 기온을 낮추는 활동을 하기도 한다.

개인주의가 팽창해 가고 있는 시기에, 마을 사람들이 공동체 생활을 추진하여 관계를 맺어가는 것을 환경의 관점에 바라보면 중요한 의미가 있다고 말할 수 있다.

4. 환경을 고려한 주택의 선택

지속적으로 환경을 지켜가기 위해서는 다음과 같은 기준으로 주택을 선택할 필요가 있다.

① 건축자재는 천연의 자재인가? 산지는 어디인가?
② 건강을 배려하고 있는가? 사용된 화학물질에 대한 수치가 제시되어 있는가?
③ 재이용과 리사이클이 가능한가? 재자원화 비율이 얼마인가?
④ 장기간 사용이 가능한가? 보장 · 보증기간이 얼마인가?
⑤ 에너지절약이 배려되어 있는가? 에너지 절약형 소재와 공법이 적용되었는가?
⑥ 자재를 만드는 공장은 에너지절약이 실천되고 있는가?
⑥ 제품 생산 현장은 폐기물 배출 억제를 실천하고 있는가?
⑦ 사후관리체제가 충실한가? 리폼이 가능한가?

4.4 생활과 환경

4.4.1 생활폐수에 의한 하천, 바다, 지하수의 오염

1. 자연 속에서 순환하는 물

지구상의 물은 큰 순환을 하고 있다. 비와 눈으로 지상에 내린 물의 일부는 강이나 호수로 흘러가고 일부는 땅속으로 흘러 들어가서 지하수로 되는데 결국은 어느 경우나 바다로 간다. 태양에너지를 받아 해수와 하천, 호수 또는 지표의 물은 수증기로 바뀌어 하늘로 올라가 구름이 된다. 구름은 다시 강수가 되어 땅에 내린다. 인간을 포함한 생명체는 이 순환하는 물을 이용하여 생명을 유지한다.

2. 수질오염의 3요소

물 오염은 다음의 3가지로 대별해 볼 수 있다.

(1)콜레라와 같은 병원균에 의한 오염

수도 시설은 이런 병원균의 전염을 막을 목적으로 발달하였고, 오늘날에도 수돗물은 염소로 살균 처리되고 있다.

(2)납이나 크롬과 같은 유해물질에 의한 오염

산업체에서 배출한 폐수에 포함된 비소나 카드늄이 하천을 오염시켜, 큰 사회적 문제가 되는 경우가 있다. 이런 경험에서 1970년에 수질오탁방지법이 제정되었다. 사업장 폐수에는 엄격한 기준이 정해졌다. 기업도 수질보전에 힘을 쏟은 결과, 오늘날 유해물질에 의한 오염은 현저히 감소하였다.

(3)음식물 잔존물, 대소변, 세제 등의 유기물에 의한 오염

본래 유기물은 수중의 미생물에 의해 분해되어 자연적으로 정화되지만, 산업이 발달하고, 풍요로운 생활이 이루어지면 매일 대량의 물을 사용한 후에 버리게 되는데, 거기에 포함된 유기물이 자연의 정화능력을 초과하면 문제가 발생한다.

2005년도 환경성의 조사에 따르면, 유기물에 의한 수질오염지표인 BOD 또는 COD 환경기준을 달성하고 있는 하천은 87.2%, 호소는 53.4%, 해역은 76.0%로 나타나서, 호수와 내해와 같은 폐쇄된 수역에서 달성율이 낮게 나왔다. 또 지하수의 경우에도 환경기준을 초과하는 비율이 높게 나왔는데, 최대의 원인은 생활폐수와 비료에 있는 것으로 평가된다.

3. 강과 바다를 오염시키는 생활폐수

유기물에 의한 강과 바다 오염의 70%는 일반 가정의 생활폐수가 원인이다. 음식물 쓰레기를 그대로 버린다든가, 샴푸와 세제를 필요 이상으로 하기 때문에 물을 오염시키게 된다.

하수도가 보급되어 있는 요즘은 폐수는 수처리장에서 처리된 후에 강과 바다로 방출되지만, 하수도가 없을 때에는 합병처리정화조가 사용되고 있었다. 중소규모 마을에는 아직도 하수도의 정비가 지체되고 있는데, 일본의 하수도 보급률은 2005년 기준으로 69.3%, 정화조 등을 포함하더라도 80.9%에 머물러 있다.

4. 물 안전성의 한계

댐에 저장된 물과 빗물의 일부는 필요에 따라서 상수도원으로 방수되어, 하류에 있는 취수장을 거쳐 정수장에 보내어진다. 정수장에서는 물의 오염과 물에 포함된 유기물질을 제거하고, 염소 등으로 살균하여 음용수로 만든다.

하지만, 급속하게 물의 오염이 진행되는 상황 하에서는, 정수장에서의 수질분석과 감시체제에 한계가 있다. 또 오염된 원수는 정수장에서 부과되는 염소와 반응하여 트리할로메탄 등의 발암물질을 발생시킨다. 우리가 무의식적으로 물을 더럽히는 행위가 물의 안전성을 낮추어 건강을 위협하게 된다는 점을 잊지 말아야 한다.

4.4.2 안전한 물을 확보하기 위해서 할 수 있는 일

1. 오염물을 버리지 않는 행위가 물을 지킨다.

물을 오염시키지 않기 위해서 가장 필요한 것은, 오염물을 버리지 않는 것이다. 예를 들어, 된장 1컵을 물에 흘러 보내면 물고기가 살수 잇을 정도의 수준으로 상태를 회복 시키는 데에 약 1,400리터의 물이 필요하다. 우유나 라면국물이라면 더 많은 물이 필요하다.

2. 절수는 친환경적인 행위이다.

생활폐수를 줄이기 위해서는 절수가 중요하다. 절수는 결과적으로 생활폐수를 줄인다. 절수는 친환경적인 행위가 되는 것이다.

3. 물과 친해지기, 방수(防水), 배수(排水)의 의식을 바꾸자.

아이들이 물과 친해지면서 자연 환경을 생각하는 장소를 만들 수 있다. 환경성에서는 깨끗한 물에서만 사는 반딧불이가 살 수 있을 정도의 환경을 만든 후에, 그런 환경 속에서 동식물을 관찰한다든가, 수질검사를 한다든가, 환경정화활동을 한다든가하는 활동을 하는 동아리를 지원하고 있다. 매년, 아이들에 대한 지원 활동을 강화하고 있다. 지구는 물의 행성이라고 일컬어지는데, 물로 인해서 생명이 키워지고, 지켜진다. 그 물을 깨끗하게 사용하는 일이 무엇보다도 소중하다.

4.4.3 쓰레기를 배출하지 않는 생활, 폐기물을 유효한 자원으로 만들자.

1. 쓰레기를 배출하지 않는 생활을 고안해 보자.

친환경적인 생활을 하는 소비자를 "녹색소비자"라고 부른다. 우리가 풍요롭고 쾌적한 생활을 하고, 다음 세대에 풍요로운 자연환경을 물려주려면 녹색소비자의 의식을 갖는 것이 중요하다. 포장지와 용기에서 기인하는 쓰레기를 줄이기 위해서는 시장바구니를 휴대하든가 간단한 포장이 되도록 한다. 물이나 술, 된장, 두부 등을 용기를 가져가서 양으로 파는 것을 사도록 한다. 상품을 구입할 때에는 환경 레벨이나 식별 마크 등을 확인하여, 쓰레기의 재사용, 재이용까지 고려하도록 하고, 필요한 것만 구입하여 쓰레기를 최대한 배출하지 않는 감축(reduce) 우선의 생활 활동을 하여야 한다.

2. 폐기물은 유효한 자원으로 이용 · 활용하자.

폐기물의 분리배출은 당연한 것이기에, 식별 마크를 체크하여 올바른 분리배출을 하도록 하자. 음식쓰레기는 퇴비화가 되도록 지자체나 기업에 요구할 필요도 있다. 또 환경을 배려한 상품의 구입과 쓰레기 제로를 추진하는 사업자를 지원하고, 쓰레기를 줄여 쾌적한 삶을 영위할 수 있도록 노력하여야 한다. 개인과 단체가 모두 당사자의 의식을 갖고서 쓰레기 배출 제로 운동에 적극 참여하고자 하는 자세를 갖도록 하여야 한다.

4.4.4 쓰레기 문제에 참여하는 새로운 사회적 동향

1. 지역민의 협력이 요구되는 상황

쓰레기의 올바른 분리 배출은 개인이 할 수 있지만, 이 쓰레기를 정해진 시간에 정해진 장소에 내어 놓는 것은 지역민들이 협력하여야 한다. 또 쓰레기를 수집하는 지자체와의 연계도 반드시 필요하다. 쓰레기 문제는 생활자 개인과 지역과 지자체가 함께 계획을 세우는, 합의형성을 하는 과정이 필요하다.

2. 변모하고 있는 쓰레기

분리 배출된 쓰레기 가운데, 우유병, 맥주병, 청주병 등은 재사용되고, 헌옷, 책, 장난감, 가구 등도 리사이클 숍 등을 통해서 리폼, 재사용된다. 헌 신문, 잡지, 우유박스, 플라스틱병, 알루미늄캔 등은 자원으로 리사이클(자원으로 재생 이용)되고, 가전제품, 소형 2차전지, 자동차, 건축자재 등도 다양한 재료로 분리되어 재사용되고 있다.

이와 같이 쓰레기는 그 모습을 바꾸어가면서 재이용되어 간다. 더욱이 재생이 어려운 원재료 등은 소각하지만, 이때 발생하는 에너지를 열로 회수하여 공중목욕탕이나 수영장의 온수보급에 이용하고 있다.

3. 쓰레기 문제에 참여하는 체제변화의 사례

(1)개인에서, 지역을 거쳐, "지역순환형 시민사회"로

나고야에서 활동하고 있는 "NPO 법인, 중부 리사이클 운동 시민의 모임"은 1980년 10월에, 사용하고 버리는 사회와 환경파괴에의 위기감을 느껴, "가능한 것에서부터 시작하자"는 뜻을 모아 리사이클 시스템을 출발시켰다. 이 모임은 7개의 사업을 중심축으로 하는 운동을 시작하였다.

a. 지역 리사이클 시스템 만들기

모임의 활동 이념으로, 누구나 참여할 수 있는 "시스템과 장(場)만들기"가 있다. 시민이 구체적, 일상적으로 참여할 수 있는 체제이다.

나고야에 가정에서 배출된 11품목의 자원을 한 장소에서 회수할 수 있는 "리사이클 스테이션(recycle station)"을 42개소 설치하였다. 또, 불용품을 쓰레기로 만들지 않기 위한 "불용품 data bank"는 지역의 신문(中日新聞과 岐阜新聞)에 주 1회 불용품 정보를 게재하여, 불용품의 소유자와 그것을 사용하고 싶어 하는 사람을 연결해 주고 있다. "Free market"은 reuse(재사용) 활동의 일환으로, 기획·운영을 하고 있는데, 활발히 개최되고 있다.

b. 에코 상품의 개발과 보급

폐지를 회수하는 도중에, "폐지를 모으는 것만으로는 순환의 바퀴가 돌아가

지 않는다."는 생각에 닿아, "사용하는 리사이클"을 concept로 신문폐지 100%로 만든 복사용지인 "Eco paper 100", 재생지 100%의 공예용 종이를 개발하였다.

또 가정쓰레기의 30~40%를 차지하는 음식쓰레기 재생제품을 기업, 연구기관과 공동 개발하여, 비료화 촉진제 등의 환경을 배려한 제품을 만들어 내었다. 누구라도 간단하게 음식쓰레기 리사이클을 즐겨가면서, 쓰레기의 감량을 달성할 수 있을 뿐만 아니라, 농약과 화학비료가 함유되지 않은 양질의 흙을 이용한 가정 원예용품의 보급에 일익을 담당하고 있다.

(2)쓰레기를 배출하지 않는 Reuse 우선 사회를

환경의식이 높아져 가고 있는 오늘날에는 "쓰레기를 배출하지 않는" 생활에 대응하여 reuse 체제가 구축되고 있다. 일단 사용된 제품을 회수하여, 필요에 따라서 적절한 조치를 하여 제품으로 재이용하는 reuse가 사회로 확산되고 있다. 병, 책, 식기, OA기기 등의 생활용품과 도구 이외에도 주택 등 다양한 분야로 확대되어가고 있다. reuse전문 상점이나 인터넷상에서 다양한 조직이 만들어지고 있다. 무엇보다도 NPO와 지자체 등이 사업주체가 되어 있는 경우가 주목받고 있다.

a. reuse 식기 네트워크

그 하나가 NGO·NPO와 지자체로 구성되 는 네트워크 조직인 "reuse 식기 네트워크"이다. 주요 활동 내용은 다음과 같다.

① 3R을 이벤트로 실시하는 것인데, 많은 사람들에게 순환형 사회의 중요성을 홍보한다.
② 이벤트에 reuse 도입 코디와 노하우의 제공, 식기의 대출을 수행하면서 지역의 NGO, NPO와 지자체의 협력 하에 지역에서 reuse체제를 구축해 가는 것을 핵으로 하는 단체가 전국적으로 늘어가고 있다.
③ reuse를 실천적으로 추진해가고 있는 각지의 단체를 연결하여, reuse에 관한 다양한 정보를 공유, 노하우 만들기와 과제의 해결을 향해 협조, 협력을 촉진한다.

b. 축구경기 관전에 reuse 컵을 사용

종이컵을 사용하고 버리는 행위를 멈추고, 반복해서 사용할 수 있는 플라스틱제 용기를 reuse하는 체제가 축구와 럭비구장을 중심으로 확대되어가고 있다.

(3)숲과 민가의 재생을

전통가옥을 해체하였을 때에 나오는 재료의 재이용과, 목재를 주택 건축자재로 확대 사용하자는 운동이 시작되고 있다. 목조건축은 도시에서 긴 수명을 가지며, 목재는 탄소를 저장해 있는 것이기에 목조건축을 확대하여 도시를 제2의 숲으로 만들자는 운동이 전개되고 있다.

4.4.5 도시생활과 환경

1. 도시 인구의 과밀화 현상

지구환경의 문제인 삼림파괴, 사막화, 야생 생물종 감소의 주요 원인이 열대림의 감소인데, 열대림이 감소되는 배경에는 개발도상국을 중심으로 한 인구의 급증현상이 있다. 보통 자연에는 재생능력(자정능력)이 있다. 예를 들자면 대기로 유해한 물질을 배출되었든가 토양이 오염된 경우에도 그것이 자연재생능력의 범위 내라면 자연생태계의 작용으로 회복되기에 환경이 악화되지 않는다.

그런데 재생능력을 넘어서는 많은 양의 유해물질이 배출된다든가 인간 활동이 이루어진 경우에는 자연의 힘만으로는 재생할 수 없게 된다. 인구의 도시집중은 지역적인 인구의 급증이라는 현상이므로 지역규모에서 재생능력을 넘어서 버린다. 또 도시주민의 생활과 활동을 가능하게 하기 위해서 대량의 자원과 에너지 및 식량이 공급되고, 대량의 배출 물, 폐기물이 발생한다. 그로 인하여 지역환경에 다양한 환경문제가 발생하고 있다.

2. 폐기물 문제는 도시환경문제의 출발점

도시의 환경문제는 이미 18세기경에 런던에서 발생하기 시작하였다. 특히 식품폐기물과 배설물 등의 폐기물에 의한 오염과 석탄난방에 의한 대기오염이 진척되어 19세기에 걸쳐서 심각한 문제로 발전하였다. 오늘날에도 동남아시아 등 개발도상국의 수도와 수도 주변에 대량의 쓰레기가 버려진 "쓰레기 산"등으로 불리는 장소가 발생하고 있다. 우리나라를 포함한 많은 나라에서 도시에서 멀리 떨어진 산림지역 등에 불법 폐기물이 방기되어 사회적 문제로 대두되고 있다.

3. 현대 도시가 안고 있는 환경문제

인구가 집중되는 도시에는 사람들의 활동이 집중되고 다양한 재화도 집중되며, 생활의 장인 주택도 집중된다. 그 결과로 다양한 환경문제가 발생한다. 현대의 도시가 안고 있는 주요환경문제는 다음과 같다.

① 사람들의 일상생활과 경제활동 과정에서 발생하는 폐기물의 처리
② 자동차의 증가, 교통지체에 따른 대기오염
③ 주택과 공장, 상업시설 등이 밀집에 따른 소음, 진동, 악취 등의 감각성 공해의 증가
④ 삼림, 녹지의 부족, 콘크리트와 아스팔트 구조물의 증가, 에어컨의 방출열 등에 따른 도심지의 기온이 상승하는 도시열섬 현상

이 외에도 광해(光害), 도시경관의 악화, 도시형 홍수 등의 환경문제가 지적되고 있다.

최근 지구온난화와 도시규모의 확대와 고도화에 따른 도시열섬의 악화로 여름철 냉방기 사용량이 증가하여 여름철 열적 부하 량이 더욱 증가하고 있다. 이러한 경향은 장래에 더욱 심화되어갈 것으로 예상되고, 도시지역의 환경문제도 더욱 악화되어 갈 것으로 예상된다.

4. 도시의 환경문제 해결을 위한 체제

도시의 환경문제가 자연에 의한 재생능력(자정능력)을 넘어서고 있는 이상, 인간의 힘으로 도시환경을 재생 또는 개선시킬 수밖에 없다. 기업 등의 창의적 노력을 통한 환경대책기술개발과 지역사회와 NPO의 협력을 통한 협력체제 구축 등이 중요하다.

아울러 무엇보다도 도시 시민들의 환경을 지키기 위한 규칙을 지키고자하는 의식이 없으면 쾌적하고 건강한 도시생활은 만들기 어렵다는 자각이 필요하다.

참고 문헌

기상연구소. 2009.「기후변화 이해하기 II」. "한반도 기후변화: 현재와 미래".

지식경제부, 2007, 기후변화협약에 의거한 제3차 대한민국 국가보고서 초안

한국환경정책평가연구원. 2011.「우리나라 기후변화의 경제학적 분석」.

IPCC., 2007.「Climate Change 2007」"Impacts, Adaptation and Vulnerability".

권원태. 2005.「기후변화의 과학적 현상과 전망」.

足立芳寬 외, 2005.「環境 System 工學」. 東京大學出版會.

김경익 외, 2011, 환경대기과학, 동화기술

ACEA 2002 European Automobile Manufacturers Association *http://www.acea.be/ACEA/index.html.*

Adams R 2001 Senate's Energy Policy Rift Grows as Democrats Unfurl their Bill and GOP Loses ANWR Vote. Congressional Quarterly Dec. 8, p. 2907. Available from: *http://www.cq.com.*

Alliance to Save Energy, American Council for an Energy-Efficient Economy, Natural Resources Defense Council, Tellus Institute, and Union of Concerned Scientists, 1997 Energy Innovations: A Prosperous Path to a

Clean Environment. Washington, DC, p. 172, http://www.ase.org/.

Anon 2000 Greenhouse gas reduction news. Electric Perspectives 25(2): 4-6

API 2002 American Petroleum Institute Available from: http://www.api.org/globalclimate/.

Bruce JP, Lee H and Haites EF, eds 1996 Climate Change 1995: Economic and Social Dimensions of Climate Change. Contribution of Working Group Ⅲ to the Second Assessment Report of the Intergovernmental Panel on Climate Change. Cambridge: Cambridge University Press.

Carboncredits.nl 2002 Senter International, Netherlands Ministry of Economic Affairs. http://www.senter.nl/asp/page.asp?id=i001003&alias=erupt.

CEPW 1989 Responding to the Problem of Global Warming. Committee on Environment and Public Works, United States Senate. Hearing before the Subcommittee on Environmental Protection; August 10. Superintendent of Documents, Washington, DC, p. 122.

DeCanio SJ 1997 The Economics of Climate Change. San Francisco: Redefining Progress. Available from: www.rprogress.org.

Dooley JJ and Runci PJ 2000 Developing nations, energy R&D, and the provision of a planetary public good: a long-term strategy for addressing climate change. Journal of Environment and Devel opment 9(3): 215-239.

Edmonds J and Wise M 1999 Exploring a technology strategy for stabilizing atmospheric CO2. In: Carraro C, ed. International Environmental Agreements on Climate Change. Boston: Kluwer Academic Publishers, pp. 131-154

EEA 2002 European Environment Agency, http://www.eea.eu.int/.

EU 2002 European Union, Available from: http://www.europa.eu.int/comm/environment/climat/home_en.htm.

Giles J 2001 "Political fix" saves Kyoto deal from collapse. Nature

412: 365.

Harmelink M, Phylipsen D, de Jager D and Blok K 2002 Kyoto without the U.S.: costs and benefits of EU ratification of the Kyoto Protocol. ECOFYS Energy and Environment, Utrecht, The Netherlands. A report to the World Wildlife Fund. Available from: www.ecofys.com/climate.

Hecht AD and Tirpak D 1995 Framework agreement on climate change: a scientific and policy history. Climatic Change 29: 371-402.

ICLEI 2002 The International Council for Local Environmental Initiatives. Available from: http://www.iclei.org/.

IPCC 2002 Intergovernmental Panel on Climate Change. United Nations Environment Programme and World Meteorological Organization, Available from: http://www.ipcc.ch/.

Luterbacher U and Sprinz DF, eds 2001 International Realtions and Global Climate Change. Cambridge: MIT Press.

Mabey N, Hall S, Smith C and Gupta S 1997 Argument in the Greenhouse: The International Economics of Controlling Global Warming. London: Routledge.

McKibbin WJ and Wilcoxen PJ 1997 A Better Way to Slow Global Climate Change. Policy Brief 17, June 1997. Washington, DC: The Brookings Institution. Available from: http://www.brook.edu.

Munich Re 2002 Munich Re Group, Munich, Germany, Available from: www.munichre.com.

Nash JF 1953 The bargaining problem. Econometrica 21: 128-140.

OECD 2000 Ancillary Benefits and Costs of Green house Gasmitigation. Organization for Economic Cooperation and Development, Proceedings of an IPCC Co-Sponsored Workshop. 27-29 March, Washington, DC, p. 583, Available from: http://www.oecd.org/env/cc.

Pickrell J 2002 Scientists shower climate change delegates with paper. Science 293: 200.

Pizer W 2002 Resources for the Future, Available from: *http://www.rff.org.*

Wieringa K 2001 European Environmental Priorities: An Integrated Economic and Environmental Assessment. RIVM Report 481505010, National Institute of Public Health and the Environment (Rijksinstituut voor volksgezondgeid en milieu) Bilthoven, The Netherlands, *http://arch.rivm.nl/ieweb/ieweb/.*

Science 2002 The science of climate change. Editorial 292: 1261.

Stone R 1994 Most nations miss the mark on emission-control plans. Science 266: 1939.

Sun M 1990 Emissions trading goes global. Science 247: 520-521.

The Economist 2002 United States: blowing smoke. Climate Change 362(8260): 27-28.

UNEP 2001 United Nations Environment Programme. Backgrounder: Basic Facts and Data on the Science and Politics of Ozone Protection. *http://www.unep.org/ozone/mp=text.shtml.*

UNFCCC 2003 United Nations Framework Convention on Climat Change, Available from: *http://unfccc.int/.*

U.S. EPA 2002 *http://www.epa.gov/airmarkets/index*

USGCRP 2002 Our Changing Planet: The FY 2002 US Global Change Research Program. Report by the Subcommittee on Global Change Research, Committee on Environment and Natural Resources of the National Science and Technology Council, Available from: *http://www.usgcrp.gov/.*

WWF 2002 World Wildlife Fund. Policy News, Available from: *www.worldwildlife.org.*

Mark J. Harris and Anselmo Lastra, 2001, Real-Time Cloud Rendering. Computer Graphics Forum(Eurographics 2001 Proceedings), 20(3): 73-84

Hoffman N., AJ Preetham, 2002, Rendering Outdoor Light Scattering in

Real Time, Game developers conference.

Tomas Akenine-Moller, 2008, Real Time Rendering 3rd, AK Peters.

Wang, Z., M. T. Montgomery and T. J. Dunkerton, 2008, A dynamically-based method for forecasting tropical cyclogenesis location in the Atlantic sector using global model products, Geophys. Res. Lett., 36, L03801, doi:10.1029/2008GL035586.

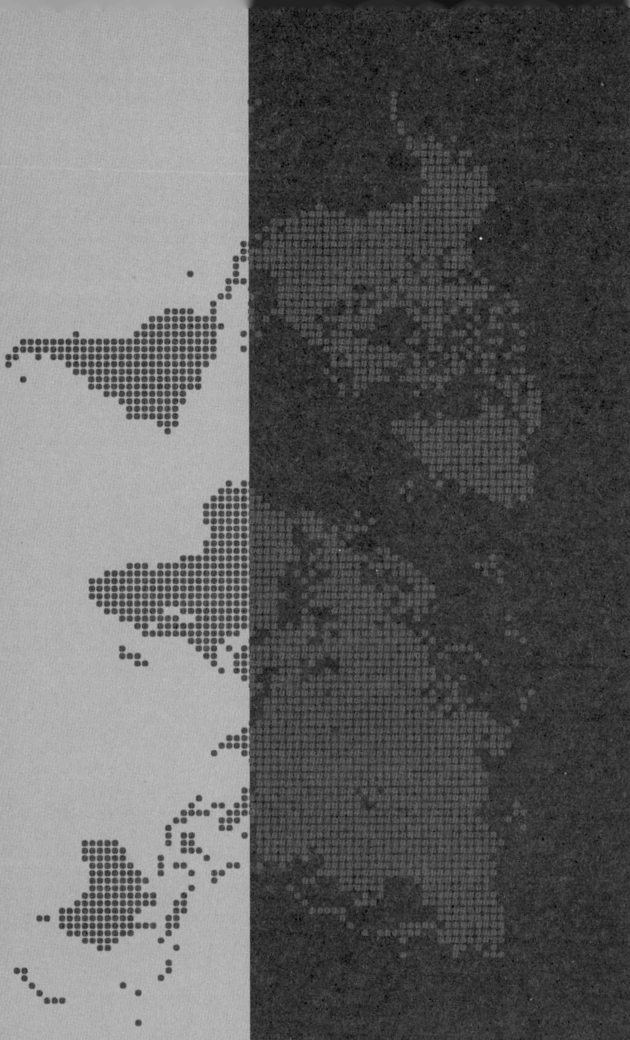

부록

1 ◆
기후변화와 태풍활동

2 ◆ ◆
대구 기후환경생태의
현황과 보전방안

3 ◆ ◆ ◆
도시열섬의 환경평가와
도시기상관측시스템 구축방안

부록

기후변화와 태풍활동

1. 태풍의 에너지와 기후적 특성

태풍은 수십만km²의 면적을 갖는 거대한 공기의 소용돌이 현상으로 지구상에서 가장 강력하고 파괴적인 자연현상 중의 하나이다. 태풍에 수반된 강우량은 대략 중심에서 300km정도 벗어나면 하루에 1mm정도로 적지만 중심부근에서는 하루에 수 백 mm 이상의 엄청난 양의 비가 내린다. 하지만 중심에서 멀어져감에 따라서 하루에 내리는 비의 양은 감소하는데, 중심에서 300km 정도 벗어나면 하루에 1mm 정도로 감소한다(그림1).

또 태풍은 정의에 의하면, 초속 17m 이상의 풍속을 갖는 폭풍이기에 엄청난 운동에너지를 지니고 있다. 일반적으로 태풍의 중심 해면기압은 약 950hPa정도이지만 극단적으로 강력한 태풍의 경우에 870hPa까지 관측된 사례가 있다. 태풍의 직경은 대체로 400~500km에 이르고 높이는 대류권계면 고도(약 12km)에까지 이른다. 태풍 내에서 운동에너지의 분포는 태풍의 중심에서 10~30km 정도 떨어져 있는 곳에서 최대로 나타나고 이보다 안쪽이나 바깥으로 갈수록 작아지는 것이 일반적이다. 이렇게 막대한 태풍의 운동에너지의 원천은 해수면에서 증발한 수증기가 태풍 내에서 상승하여 응결할 때 발생하는 응결열에 있다. 수증기 응결열이 태풍의 유지와 발달에 충분한 에너지를 보급할 수 있다는 사실은 아래와 같은 간단한 계산을 통해서 확인할 수 있다.

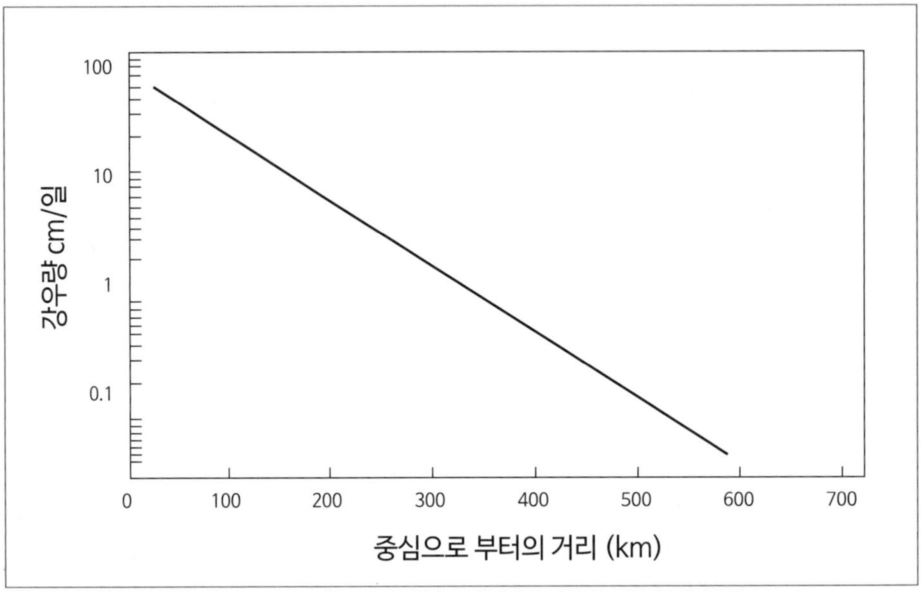

그림1. 태풍 중심으로부터의 거리에 따른 강우량의 분포(Ogura, 1968).

문제를 간단하게 하기 위해서 태풍의 반경이 200km이고, 이 영역 내에서는 어디에서건 하루에 100mm의 비가 내리는 것으로 하자. 즉 이 영역 내에서 응결하는 물의 양은 약 1.2×1013kg이다. 1kg의 수증기가 응결될 때 약 2.5×106주울(Joule)의 열을 방출하므로, 결과적으로 하루에 약 3×1019주울(Joule)의 열이 방출되는 것이다. 한편 태풍이 하루 중에 마찰에너지로 잃는 운동에너지의 양은 지금 계산한 수증기 응결에 따른 방출열의 3%정도에 지나지 않는 것으로 평가된다. 그리고 중간규모의 태풍이 갖는 운동에너지는 대략 수소폭탄의 100배, 2차 세계대전 말에 일본의 나가사키와 히로시마에 투하된 원자폭탄의 십만 배정도에 상당한다고 한다. 또 규모 7의 지진보다도 50배나 큰 운동에너지를 갖고 있다(표1).

[표1] 태풍과 다른 현상과의 에너지 규모 비교(기상청 태풍백서, 2011)

구분	강도
1950년대 세계 에너지 소비량	100
태풍	1
크로카토아 화산폭발	1/10
뇌전을 동반한 폭풍우	1/10,000
나가사키 원폭	1/10,000
지진	1/10,000
7천톤의 석탄연소	1/10,000
벼락	1/1,000,000,000
돌풍	1/10,000,000,000

우리나라의 연평균 강수량은 1200mm 내외인데 태풍이 지나갈 때면 하루에 400~500mm의 비가 내리는 경우도 종종 있다. 태풍에 수반된 피해 가운데 가장 큰 부분을 차지하는 것은 호우에 의한 것이다. 호우로 인한 대표적인 피해로는 큰 하천유역에 많은 비가 집중되어 발생하는 홍수, 산지 지역에서 발생하는 산사태, 소하천의 범람 및 해안 도시의 저지대에서 잘 발생하는 침수 등이 있다.

경우에 따라서는 태풍이 가져오는 비가 가뭄을 해소해 주는 역할을 하기도 하여 중요한 수자원 공급자로 간주되기도 한다. 장마철에 비가 부족하였던 해에는 특히 그러하다.

왜 태풍에 수반되어 많은 비가 내릴까? 그 이유의 하나는 상승기류가 강하기 때문이다. 또 하나의 이유는 태풍이 열대 해양에서 발생하기 때문에 기온이 높고 공기가 습윤해져 있기 때문이다. 잘 알려져 있듯이 대기 중에는 수증기가 무한대로 포함될 수 있는 것이 아니라 한계가 있다. 수증기가 공기 중에 최대로 포함될 수 있는 한계까지 포함되어 있을 때 대기는 수증기로 포화되어 있다고 말한다. 이런 경우를 상대습도 100%라고 한다. 이때 단위 체적의 공기 중에 포함되어 있는 수증기의 양을 포화수증기량이라고 한다. 이 포화수증기량은 온도에 따라서 큰 차이를 보인다. 예를 들자면 기온이 30℃일 때는 기온이 10℃일 때보다 포화수증기량이 3배 이상 많다.

태풍이 접근해 와서 비가 내리기 시작할 때부터 끝날 때까지 어떤 지점에서 관측되는 총강수량은 태풍이 어떻게 이동해 가느냐에 큰 영향을 받는다. 태풍이 빠르게 통과하여 사라질수록 총강수량이 적다. 이와 반대로 태풍이 쇠퇴하지 않으면서 어떤 장소에 오랫동안 머물러 있든지 또는 아주 느린 속도로 통과해갈 경우에는 강수가 지속되는 시간이 길어지고 총강수량도 많아지게 된다.

태풍에 수반되어 내리는 강수량에 미치는 영향으로 지형의 영향도 간과할 수 없다. 반시계 방향으로 회전하면서 태풍의 중심을 향해 수렴하는 특성을 가진 태풍에 수반된 바람이 높은 산에 부딪히게 되어 있는 지형적 특성을 가진 지역에서는 산자락을 따라서 강한 상승기류가 발생한다. 이런 지역에는 지형에 따른 호우가 내리기 쉽다. 남해안에서 동해로 태풍이 통과해갈 때 지리산의 남쪽과 동쪽 및 영동지역에 호우가 자주 발생하는 것은 바로 이런 지형적 요인에서 그 이유를 찾을 수 있다. 또 우리나라에 장마전선이 위치해 있고, 태풍이 북상하여 이 장마전선과 겹쳐질 경우에는 전선을 따라서 호우가 발생하기도 한다.

2. 태풍의 발생과 그에 영향을 미치는 기후인자

2.1 태풍의 발생

대부분의 열대폭풍이 해양의 서쪽에서 태풍상태에 이르지만, 초기 기원은 열대교란(tropical disturbances)이라 불리는 소규모의 뇌우 클러스터의 형태로 동쪽 해상에서 시작된다. 열대교란은 기압경도가 약하고 회전이 거의 없는 상태로 조직화되지 못한 뇌우들의 무리를 지칭한다. 이들 열대교란의 대부분은 큰 규모로 성장하지 못하고 소멸되지만, 그 중의 일부가 성장하면서 서로 합쳐지면서 중심 주위를 회전하는 저기압으로 발달한다. 열대저기압의 중심기압이 낮아지고 규모가 커지고 풍속이 17m/s 이상에 이르면 우리나라와 일본에서는 태풍이라고 간주한다. 하지만 미국에서는 최대 풍속이 33m/s로 까지 발달한 것을 허리케인으로 간주한다. 태풍과 허리케인의 크기와 최대풍속에 따른 분류를 [표2-1], [표2-2] 및 [표2-3]에 제시하였다.

[표2-1] 태풍의 규모에 따른 분류: 풍속 15m/s 이상인 영역 반경에 따라서 분류함(태풍백서, 2011)

소형	중형	대형	초대형
300km 미만	300~500km	500~800km	800km 이상

[표2-2] 열대저기압의 강도에 따른 분류: 태풍(태풍백서, 2011)

<table>
<tr><th colspan="2">중심 부근의 최대 풍속</th><th>17m/s미만</th><th>17~24m/s</th><th>25~32m/s</th><th>33~43m/s</th><th>44m/s이상</th></tr>
<tr><td rowspan="3">구분</td><td>세계기상기구</td><td>Tropical Depression (TD)</td><td>Tropical Storm(TS)</td><td>Severe Tropical Storm(STS)</td><td colspan="2">Typhoon(T)</td></tr>
<tr><td rowspan="2">한국 · 일본</td><td rowspan="2">열대저기압</td><td>약한 태풍</td><td>중간 태풍</td><td>강한 태풍</td><td>매우 강한 태풍</td></tr>
<tr><td colspan="4">태풍</td></tr>
</table>

[표2-3] 열대저기압의 강도에 따른 분류: 허리케인(태풍백서, 2011)

중심 부근의 최대풍속	17m/s	17~23m/s	33m/s 이상
구분	Tropical Depression	Tropical Storm	Hurricane

열대교란의 형성은 대부분 다음의 두 가지 기상조건하에서 이루어진다. 그 중 일부는 중위도의 기압골이 열대지역으로 이동할 때 형성되고, 또 다른 것은 적도수렴대(ITCZ)와 관련된 대류활동으로 형성된다. 그리고 이들이 서태평양으로 이동하면서 태풍으로 발달하는 것은 정상적인 무역풍 패턴 하에서의 큰 파동 또는 그것 보다 작은 진동현상을 가리키는 편동풍 파동(Easterly Wave) 하에서 이루어진다. 그림2는 전형적인 열대지역의 편동풍 파동을 나타낸 것이다.

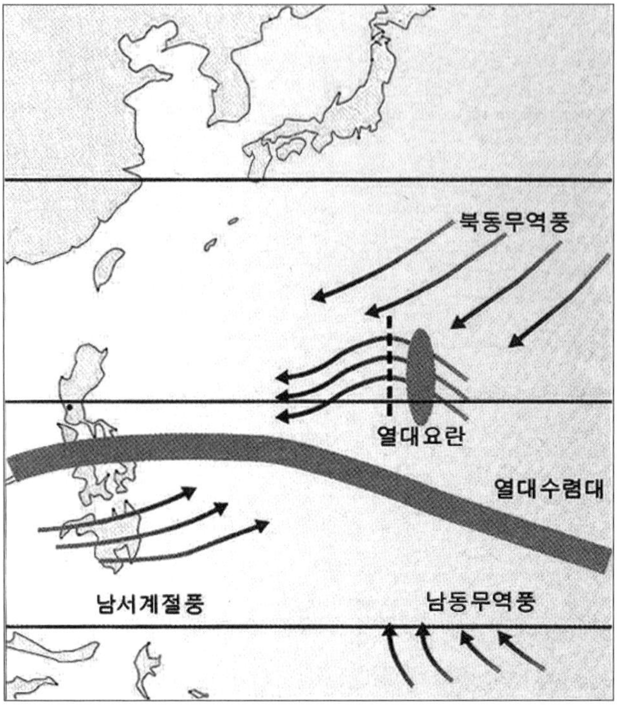

그림2. 태풍의 발달을 가져오는 편동풍 파동에 관한 모식도(환경대기과학, 2011). 편동풍 파동 축의 동쪽에는 하층 수렴과 구름이 존재하고 서쪽에는 발산이 존재한다.

일반적으로 열대지역에서는 중위도 지역보다 기압의 공간구배가 약하기 때문에 편동풍 파동은 등압선보다 유선(streamline)이라고 불리는 등풍향선으로 나타내는 경우가 일반적이다. 파동 내의 공기는 처음에는 서쪽으로 이동하다가 극쪽으로 방향을 전향한 이후에 다시 적도방향으로 전향하는 파동 형태의 운동을 하며, 이 파의 파장은 약 2,000~4,000km이다. 풍상 측(동쪽)의 유선이 점진적으로 가까워지면 지표면에서는 수렴이 발생하게 된다. 이러한 수렴으로 상승운동이 발생하므로 열대교란은 편동풍 파동 축(파선)의 우측인 풍상 측에서 발달하게 되는 것이다. 풍하 측에서는 지상에서의 발산으로 하늘이 맑아진다. 열대교란의 대부분(90% 이상)은 서로 결합하여 큰 규모의 저기압으로 발달하지 못하고 소멸해 버린다. 아주 일부분의 열대교란만이 열대성 저기압으로 발달해간다.

저기압의 중심기압이 낮아져서 최대풍속이 17m/s 이상이 되면, 우리나라와 일본에서는 그러한 열대성 저기압이 태풍으로 발달한 것으로 간주한다(표2). 미국에서는 최대풍속이 33m/s 이상이 되어야 허리케인이라고 간주한다.

편동풍 파동에 의한 태풍의 발생은 남태평양 상에서 이루어진 수소폭탄 실험을 위해 수행된 기상관측을 통해서 밝혀졌다. 1958년 비키니 섬에서 미국이 수소폭탄실험을 수행하였을 때, 기상학자들은 남태평양 상에 아주 조밀한 상층대기 관측 망을 구축하여 기상자료를 수집하였다. 이 자료를 동경대학의 야나이(柳井)박사가 분석하여 편동풍 파동이 다음의 세 가지 단계를 거쳐 태풍으로 발전한다는 사실을 밝혔다.

(1)파동기(초기): 대류권 하층의 편동풍 파동 축의 동쪽에 상승기류가 존재하는데 그 상승기류가 있는 영역의 기온은 주변보다 낮다. 상승기류의 기온이 주변보다 낮다는 것은 이 영역에서 위치에너지 증가가 발생하고 있다는 것을 의미하는데, 이를 가능하게 하는 과정에 대한 이해는 아직 숙제로 남겨져 있다. 그리고 고도 12km 부근에는 시계방향으로 회전하는 소용돌이가 존재한다.

(2)온난화 시기(24시간 후): 고도 8~10km 부근의 기온이 상승하기 시작한다. 하층의 파동은 진폭이 증가되면서 소용돌이로 발달해 간다.

(3)발달기의 시작(48시간 후): 하층소용돌이의 고도 3km 상공에서 대류권계면에 이르기까지의 기온이 주위보다 높아지는데, 이 고온의 공기덩어리를 중심부로 하는 태풍의 형태가 만들어진다. 이 무렵부터 중심기압도 급속히 낮아져서 태풍의 발달체제가 갖추어진다.

중위도의 편서풍 파동은 파동의 축(즉, 기압골) 동쪽에 상승기류가 있고 그 공기는 주변의 공기보다 기온이 높다. 기압골의 서쪽에는 하강기류가 있고 그곳의 기온은 주변보다 낮다. 따뜻한 공기가 상승하고 차가운 공기가 하강함으로써 위치에너지가 감소한다. 이때 감소한 위치에너지가 편서풍 파동을 유지하는 에너지로 사용된다.

그런데 편동풍 파동은 파동축의 동쪽에 상승기류가 있는데, 그곳의 기온은 주변보다 낮다. 상승기류가 있는 곳의 기온이 대류권 아래에서 위까지 주변보다 기온이 낮다면 편동풍 파동의 에너지는 어디에서 온 것일까? 그리고 이 한기 영역이 어떻게 해서 중심부에 따뜻한 공기 덩어리의 핵이 있는 태풍으로 발달할 수 있을까?

이러한 현상은 수평방향으로 기껏해야 200~300km의 규모를 갖는다. 따라서 관측 자료를 분석하여 이를 파악하기 위해서는 매우 조밀한 고층기상 관측이 이루어져야 한다. 의문점은 이 외에도 더 남아 있다. 태풍이 편동풍 파동에서 발생하고 있지만, 편동풍 파동이 발생한다고 해서 반드시 태풍이 발생하는 것은 아니다. 어떤 지점에서 연속적으로 상층 기상을 관측해 보면 평균 3~4일에 하나의 파동이 동에서 서로 통과한다. 그런데 태풍은 그렇게 빈번하게 발생하지 않는다. 그렇다면 어떤 상태에서 파동이 태풍으로 성장할까?

이 점에 대해서는 이전부터 대류권 상부의 운동이 중요한 역할을 하는 것으로 알려져 있었다. 즉 상층에 공기가 시계회전 방향으로 회전하면서 주변으로 발산하는 고기압이 다가와 그 위치가 하층 편동풍 파동과 겹쳐질 때 태풍이 발생한다. 하층에 저기압이 있어 공기가 저기압 중심으로 불어들고, 상층에는 고기압이 위치하여 공기가 사방으로 불어 나가고 있는 상태는 대규모적인 상승기류를 만들어 내는 데에 아주 좋은 조건이 된다. 관측사례를 통해 살펴보면 하층의 파동이 태풍으로 성장할 때에는 언제나 대류권 상층 대기에 고기압성의 소용돌이가 존재한다. 그렇지만 그 역도 반드시 성립되는 것이 아니다. 즉 상층에 고기압이 있어도 태풍으로 성장하지 못하는 사례가 발견된다.

이는 태풍이나 허리케인의 발생이 중위도 지방의 파동에도 영향을 받기 때문인 것으로 알려져 있다. 편서풍대의 기압골이 남쪽으로 길게 뻗어 있으면 태풍과 허리케인의 발생에 유리하다고 한다. 또 태풍과 허리케인의 발생 수도 해에 따라서 많이 다르다. 해수온도와 태풍의 발생 수의 관계를 조사한 연구도 많이 이루어졌지만 이들 사이에 일치된 관련성이 확인되지 않고 있어 장래 지구온난화로 인해 열대 해양의 표층수온이 상승할 경우에 과연 태풍의 발생빈도도 증가할 것인가에 대해서는 결론을 내리지 못하고 있다.

관측 자료의 분석으로 이러한 사실을 알게 되었지만, 여전히 태풍발생 과정에 대해서는 아직 미해결점이 많이 남겨져있다. 편동풍 파동의 발생 그 자체에 대해서도 아직 이해가 많이 부족한 실정에 있다.

2.2 태풍의 발생에 영향을 미치는 기후인자들

(1) El Nino/Southern Oscillation(ENSO)

태풍의 발생은 엘니뇨/남방진동현상과 밀접한 연관이 있는 것으로 잘 알려져 있다(Chan, 1985; Chen et. al., 1998; Wang and Chan, 2002). 엘니뇨 해(EN)에는 140E의 서쪽에서는 태풍 발생의 수가 적고 이보다 동쪽 지역에서는 태풍의 발생 수가 많다. 라니냐 해(LN)에는 이와 반대의 경향을 보인다. Chan(1985)은 이 두 지역 간 태풍발생의 차이는 동-서 워커순환 아노말리의 발달로 적운대류가 한쪽에서는 강화되고 다른 지역에서는 억제되기 때문이라고 설명하였다. 그리고 ENSO에 따른 태풍의 발생 위치는 동서방향의 변화와 더불어 남북방향으로도 변화가 나타난다(Wang and Chan, 2002). 그림3에서 볼 수 있듯이, 엘니뇨 해에는 140E보다 동쪽 지역에 위치한 0~17N 부근에서 많이 발생하고, 140E보다 서쪽 지역에 위치한 서쪽 지역의 위도 17~30N에서는 발생 수가 감소한다. 그리고 엘니뇨 다음 해(EN+1)에는 서태평양에서 1월부터 7월까지의 태풍발생은 현저히 감소하고, 라니냐 다음 해(LN+1)에는 증가한다. 이와 같은 ENSO와 태풍활동 사이의 관계를 정리해 보면 다음과 같다.

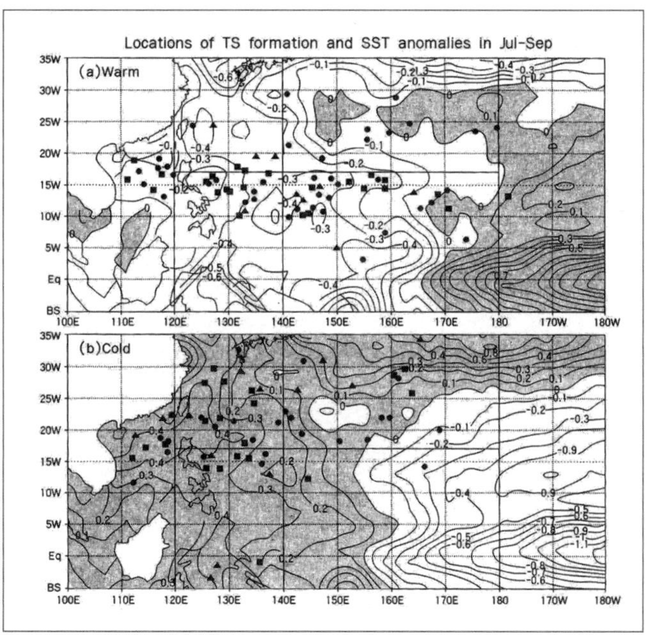

그림3. ENSO의 위상에 따른 태풍 발생 위치의 차이(Wang and Chan, 2002)

(i) ENSO와 북서태평양의 총 태풍 발생수와는 연관이 거의 없다. (Lander, 1994)

(ii) 엘니뇨가 발생하면 북서태평양의 동쪽까지 적도 부근의 해수면 온도가 평소보다 높아져 평년에 비하여 북서 태평양의 동쪽과 저위도에서 태풍이 많이 발생하는 경향을 보인다(Chan, 2000; Chia et al., 2002). (그림4 참조)

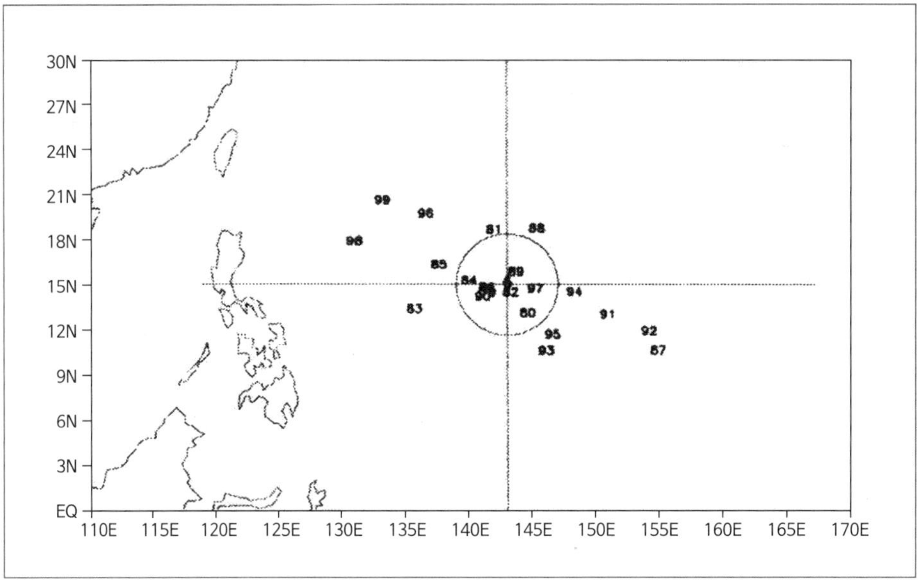

그림4. 연도별 평균 태풍의 발생 위치 :Chia and Ropelewski(2002)

(iii) 엘니뇨 다음 해에는 태풍의 발생 수가 감소하는 경향을 보인다(표3).

[표3] 엘니뇨 해(EN), 엘니뇨 이전의 해(EN−1), 엘니뇨 다음 해(EN+1)에 나타난 북서태평양에서의 태풍활동의 결과: Chan(2000).

Year	Areas with significant anomalies
EN−1	SCS: above normal Southeast of Japan: below normal (both in September and October)
EN	SCS: below normal in September and October Eastern part of WNP: above normal especially in late season

EN+1	Entire basin: below normal
LN–1	No clearly identifiable significant anomalies
LN	SCS: above normal in September and October
LN+1	SCS: above normal from May to Jul Entire basin: above normal

(iv) 태풍의 발생 위치가 해역의 동쪽과 저위도로 치우침에 따라 태풍이 활동하는 기간이 길어지므로 평소보다 태풍이 많이 발생한다(그림5).

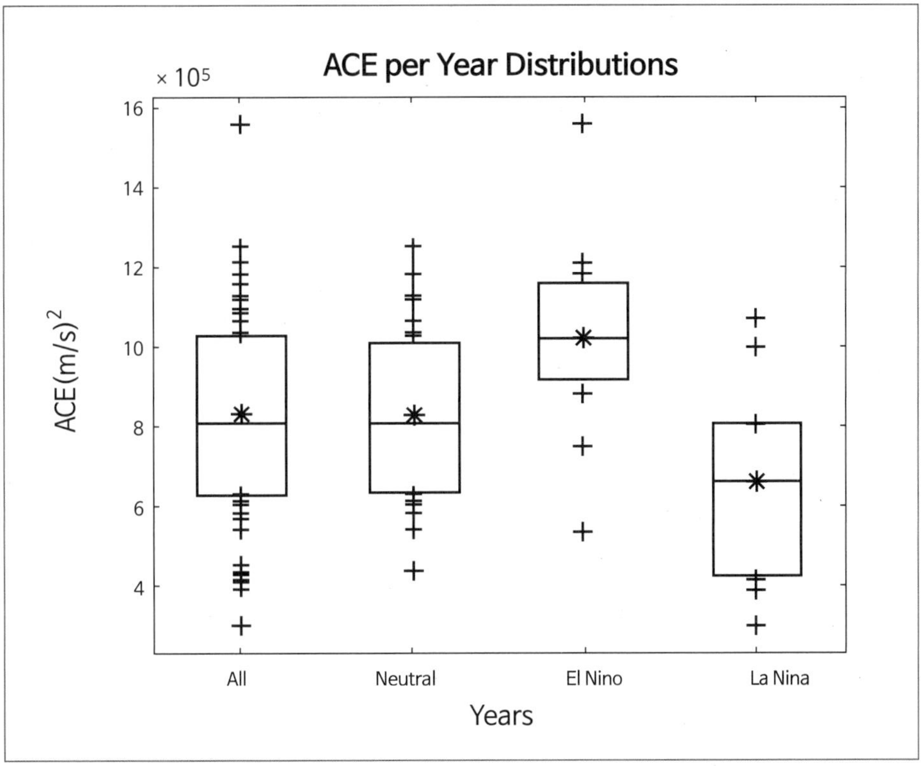

그림5. 강도와 기간을 고려한 태풍활동지수인 ACE의 엘니뇨, 라니냐 해의 비교. 엘니뇨 때의 ACE가 라니냐해의 ACE보다 훨씬 크다는 것은 엘니뇨 때 태풍의 유지기간이 길고 강도도 강했음을 의미한다(Camargo and Sobel, 2005).

(v) 같은 이유로 전향하는 태풍이 많아지며 전향점도 평소보다 동쪽으로 치우친다.

(2) Quasi-Biennial Oscillation(QBO)

대서양의 허리케인 발생 수 및 활동과 준 2년 주기 진동(QBO)의 관계는 Gray(1984) 등에 의해 밀접한 관련성이 있는 것으로 밝혀졌다(그림6). 그 이후에 나온 관련 연구에서도 이러한 관계가 확인되었다(Henderson-Sellers et. al., 1998). 그림 6에서 볼 수 있듯이 허리케인의 활동이 QBO의 서풍계일 때가 동풍계일 때보다도 훨씬 활발하였다. 1950~1982년의 기간 동안에 있었던 대서양의 허리케인 활동을 정리한 Gray et.al.(1984)의 결과에 의하면, 서풍 계절 동안에 평균 열대저기압 수는 11.1개, 허리케인 수는 7.4개, 허리케인 일수는 33.6일이었던 데에 비해서, 동풍 계절 동안에는 열대저기압 수가 8.2개, 허리케인 수가 5.2개 허리케인 일수는 17.7일로 현격한 차이를 보였다. 열대 대류권의 풍계가 동풍인 상황을 고려할 때 성층권 하부의 바람이 동풍일 경우는 대류권 전체에 걸쳐서 바람 시어가 크다는 것을 의미한다. 반대로 성층권 하부의 풍계가 (적도 상에서) 서풍일 경우에는 중위도에는 QBO와 상관없이 동풍이 붊으로 열대에서는 동풍이 약해짐을 의미한다. 따라서 대류권의 동풍계와 관련을 짓는다면 대류권 전체에 연직 시어가 작아진다는 것을 뜻한다. 따라서 서풍계의 QBO가 태풍 발생의 호조건을 제공한다는 것이다.

위에서 설명된 QBO와 열대저기압과의 관계를 열대 대류권의 연직시어에서 찾는다면 전 세계 모든 해역에서도 같은 관계, 즉 서풍 계열의 QBO 시에 활발한 태풍 활동이 있어야 하겠지만, [표4]에서 볼 수 있듯이, 북서 태평양의 태풍은 오히려 그 반대의 경향을 보여준다(Collimore, 1989). 다른 연구에서도 QBO와 태풍 활동이 모든 해역에서 똑같지는 않다는 보고가 있다. (Henderson-Sellers et. al., 1998)

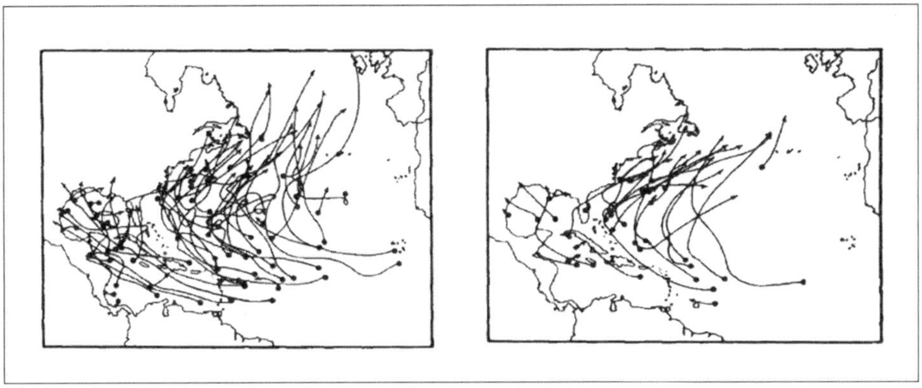

그림6. 각 QBO 풍계에 해당하는 대서양 허리케인의 활동 및 진로(Gray et. al., 1984). (좌)서풍계, (우)동풍계

[표4] 북서태평양과 호주 해역에서의 QBO phase에 따른 태풍 활동(Collimore, 1989).

	QBO	PHASE	RATIO
	West	East	West/East
Western North Pacific, 0–20N June–August	7.8	8.2	0.95
September–November	10.3	10.3	1.00
Australian Region, 0–20S January–March	9.3	11.2	0.83
TOTAL	27.4	29.7	0.92

(3) Antarctic Oscillation(AAO)

북서 태평양 여름철 태풍 활동에 남극진동 AAO가 영향을 미친다는 보고도 있다(Ho et.al., 2005). Ho et.al.에 의하면 AAO가 양의 위상일 경우 남반구에는 남동 호주 부근에 거대한 고기압이 강화되며, 북반구에서는 동중국해에 비교적 약한 고기압이 형성된다. 남반구의 고기압으로부터 창출되어 적도를 가로지르는 흐름이 강화되고, 이로 인해 적도 부근의 대류활동이 강화되고 북서태평양의 대규모 순환과 태풍 활동이 강화된다고 한다(그림7).

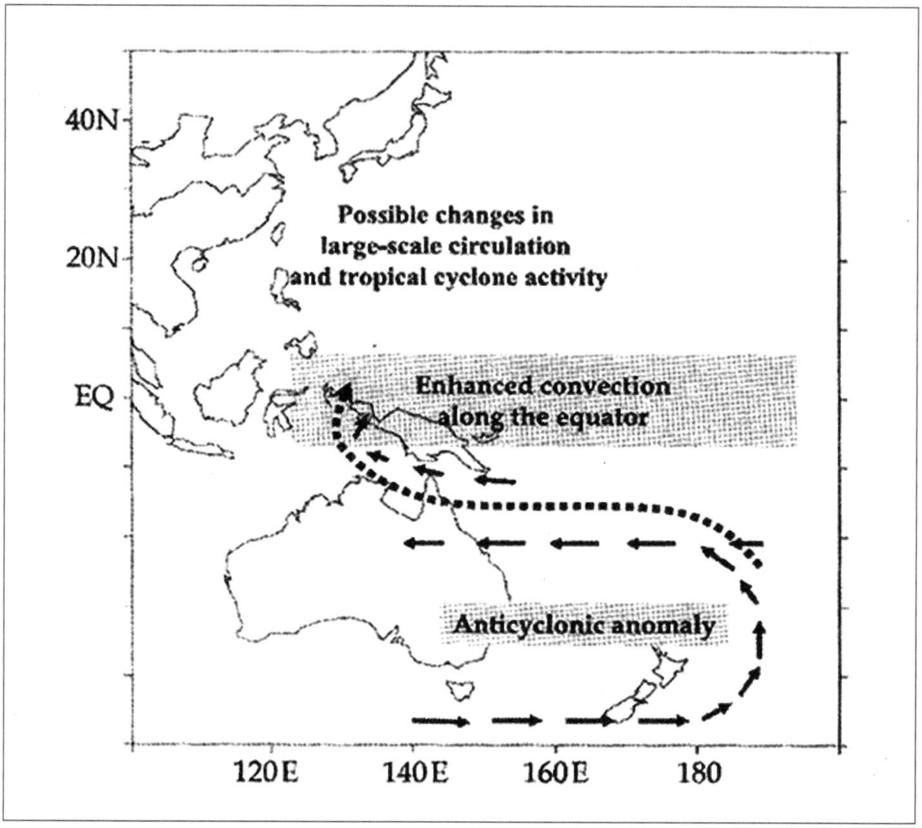

그림7. 남극진동이 북서태평양 태풍 활동에 미치는 영향에 대한 모식도 (Ho et.al, 2005)

(4) Madden–Julian Oscillation(MJO)

MJO는 적도를 따라서 대류성 클러스터가 동쪽으로 진행하여 지구를 지속적으로 순환하는 현상을 말한다. 적도를 한 바퀴 순환하는 기간은 대략 30~60일 정도이다. 그래서 이를 30~60일 진동이라 부르기도 하는데, 이 파동의 메커니즘은 적도 켈빈파이다. 대류 세포의 중심이 각 해역을 지날 때 대류 세포의 큰 부분이 20N 범위까지 북쪽으로 치우치면 해당 해역의 태풍 발생이 강화되기도 한다(그림8).

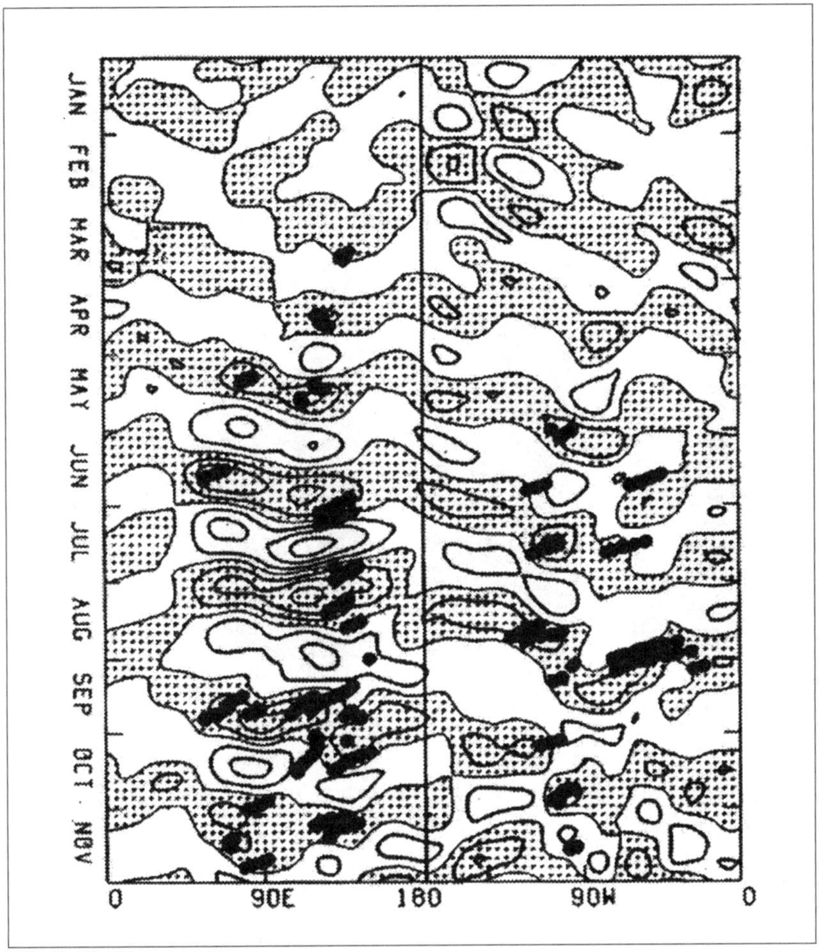

그림8. 15N에서 30~60일 필터된 OLR과 (빗금 영역: 음의 OLR, 즉 대류활동이 활발) 10N~20N 사이의 태풍 발생 위치(짙은 검정). Nakazawa(1986)

Libmann(1994)는 OLR(Outgoing Longwave Radiation; 지구장파복사량)과 200/1000hPa에서의 발산과 수렴장을 사용하여 MJO와 태풍 활동과의 관계를 정량적으로 제시하였다. OLR이 음의 아노말리 값을 보일 때(1000hPa에서의 수렴이 있을 때, 200hPa에서의 발산이 있을 때) 태풍의 발생 수가 그렇지 않을 때에 비하여 2배 이상이나 많음을 보였다(그림9).

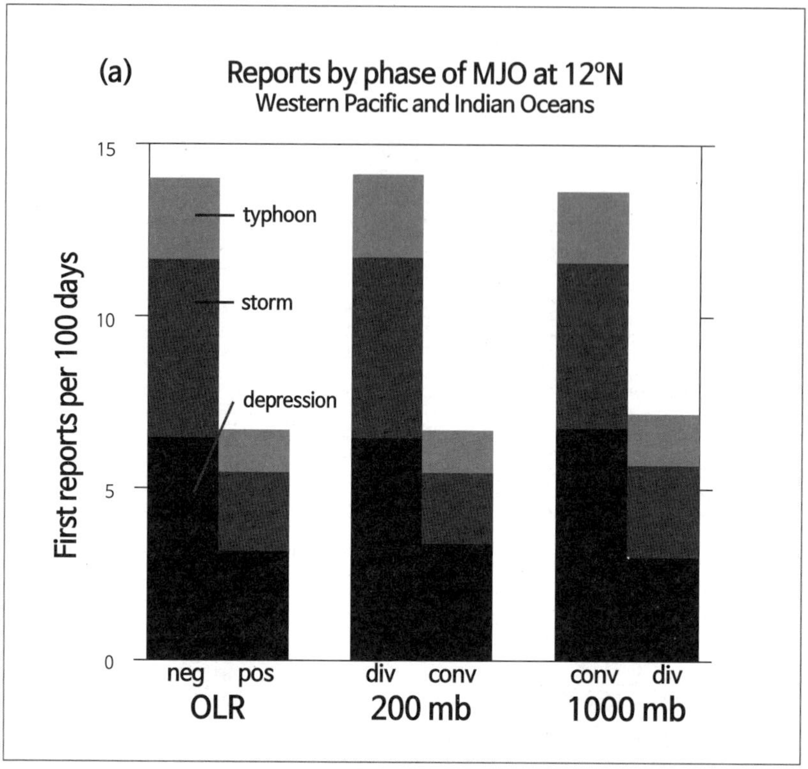

그림9. (좌)양/음의 OLR phase에서 (중)200hPa고도에서의 발산/수렴 시기 동안 (우)100hPa 수렴/발산 시기 동안에 관측된 태풍의 발생 수(100일로 정규화함). OLR과 발산/수렴은 9.5N–14.5N 사이의 평균값이며 35~95일 창으로 필터한 값임. 태풍의 발생 수는 7N–17N, 60E–180E 범위에서 취함(Libmann(1994)).

(5) 티베트 고원의 snow cover(눈 덮임 비율)

북서태평양의 태풍 활동에 영향을 미치는 요인 중의 하나로 티베트 고원의 snow cover를 주목하는 연구결과도 있다. Xie et.al.(2005)은 북서태평양 태풍 발생 수와 중국에 상륙하는 태풍의 수가 그 이전 해의 겨울부터 당해 연도의 봄까지의 티베트 고원의 snow cover와 음의 상관관계에 있다고 보고한 바 있다. 티베트 고원의 snow cover는 티베트 고기압의 범위에 걸쳐있는 대규모의 순환에 영향을 미치므로 북태평양 고기압의 활동에도 영향을 미치게 되어 결국 태풍 활동에도 영향을 미치게 되는 것으로 판단된다. 한편, 한반도에 영향을 미치는 태풍으로 범위를 한정하면 티베트 고원의 snow cover가 한반도에 영향을 미치는 태풍의 수와도 음의 상관관계에 있다는 연구결과가 제시된 바 있다(Choi and Kang, 2005).

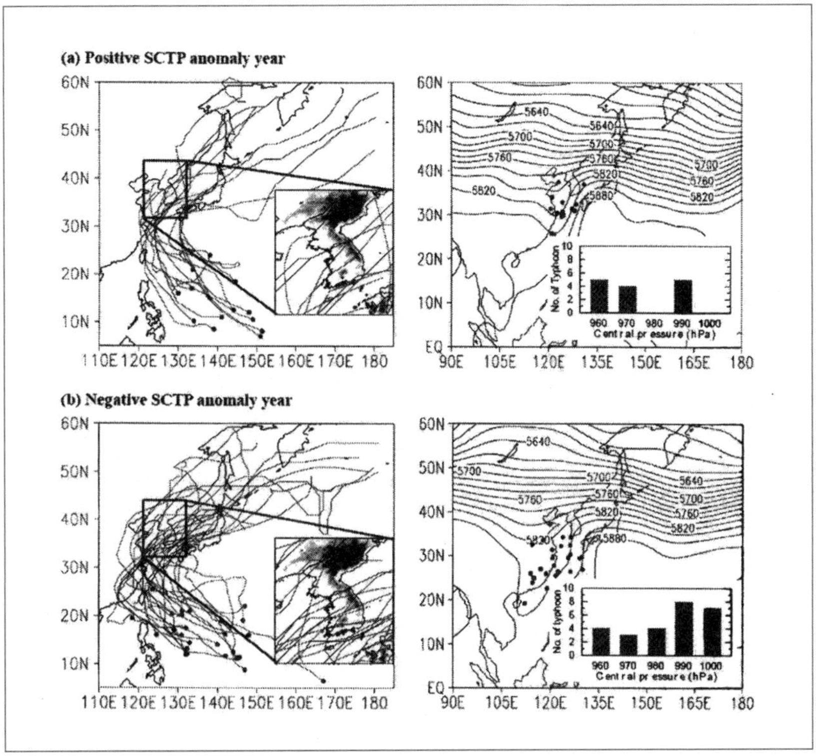

그림10. 티베트고원의 snow cover 아노말리가 (a)양인 경우 (b)음인 경우, 한반도 태풍 진로 및 500hPa 고도장 및 태풍의 위치 및 강도 분포 (Choi and Kang, 2008)

3. 태풍의 발달과 이동·소멸

3.1 태풍의 발달

전 세계적으로 1년에 발생하는 열대저기압은 대략 80~90개 정도이지만, 연간 변동이 대단히 크다(Neumann, 1993). 그 중 약 33%를 차지하는 북서태평양도 예외는 아니어서 연 평균 27~28개 정도가 북서태평양에서 발생하지만 연간 변동성이 상당히 크다. 태풍의 발생 수가 적었던 2010년에는 14개였고, 많이 발생한 1967년에는 39개가 발생하여, 거의 2.5배의 차이를 보였다. 그리고 대략 10년

정도의 주기로 발생 빈도가 증감을 되풀이하는 경향을 보이는데, 최근 10년 동안은 태풍의 발생 수가 감소하는 추세에 있다(그림11).

태풍의 발생과 발달에 영향을 미치는 요인은 많은데, 그 중에서도 해수면 온도, 연직 바람 시어(고도별 바람 속도의 차이), 열역학적 대기 안정도, 대류권 중·하층의 습윤도 등이 중요하다(DeMaria et al., 2001). 이 중 높은 해수면 온도와 약한 연직 바람 시어는 태풍의 발생과 강화에 유리한 조건으로 작용한다.

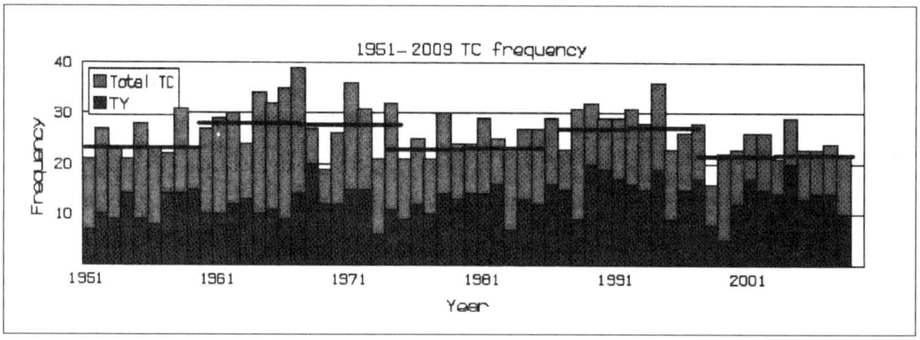

그림11. 최근 약 50년(1951~2009) 동안에 북서태평양에서 발생한 열대저기압의 수(태풍백서, 2011)

그림12는 30년 평균된 6~9월 동안 태풍의 발생빈도(a)와 해수면 온도(b), 그리고 연직 바람 시어(c)를 나타낸 것이다. 태풍의 평균적 발생 빈도를 위-경도 5도(약 500km×500km의 넓이)에 나타내었다. 태풍 발생은 필리핀 부근 해역에서 가장 빈번하여 격자 당 2년에 1개 이상이 발생하고 있다. 이 지역은 해수면 온도가 29℃이상으로 높은 지역이고 연직 바람 시어가 약해서 태풍이 발달하기에 유리한 조건을 갖추고 있다.

태풍이 유지·발달되기 위해서는 엄청난 양의 에너지가 필요한데 이 에너지원은 일차적으로 해양 표면에서 증발된 수증기가 응결될 때에 방출되는 잠열이다. 증발은 해수면 온도에 비례하기 때문에 태풍은 해수면 온도가 27℃ 이상이고 수심이 수십 미터 이상인 해상에서만 생성된다. 태풍의 발달에 필요한 해수면 온도의 조건 때문에 해수면 온도가 낮은 북위 20도 이상에서는 태풍이 생성되기 어렵다. 이러한 이유로 태풍은 열대 해양의 수온이 가장 높은 시기인 늦여름이나 초가을에 가장 많이 발생한다. 또한 태풍의 생성은 소용돌이를 만들어 줄 전향력이 필수불가결한데, 중심에서의 기압경도가 소멸되는 것을 막아줄 수 있을 만큼 전향력이 커야한다. 적도 부근에서는 전향력이 존재하지 않기 때문에 위도 1~5도 사이에서는 태풍이 생성되지 않는다. 위에서 설명한 2가지 이유로 그림13에 제시한 바와 같이 위도 5~20도 사이에서 발달한 열대 폭풍들이 태풍으로 발달한다.

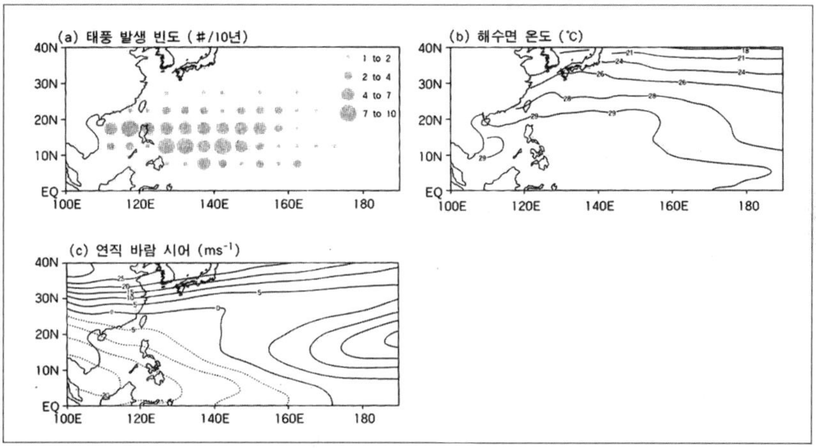

그림12. 지난 30년(1971~2000) 동안 6~9월의 태풍 발생 빈도(a)와 해수면 온도(b), 그리고 연직 바람 시어(c)의 기후 값(한국의 기후, 2004).

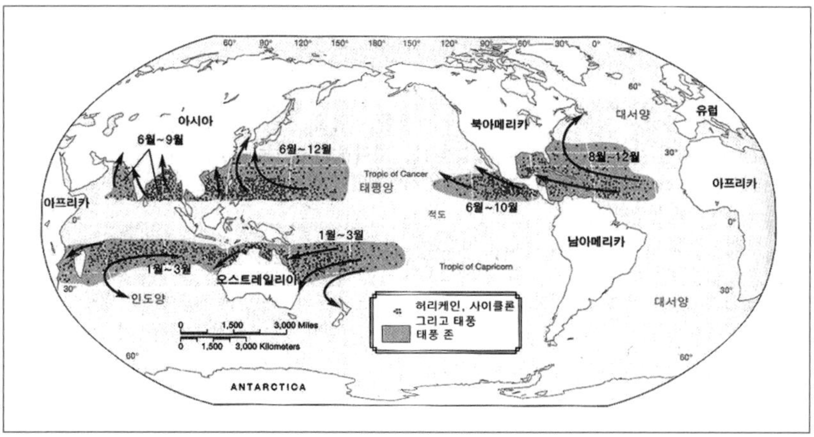

그림13. 지구상에서의 태풍(환경대기과학, 2011).

대기의 안정도(Atmospheric Stability)도 태풍의 발달에 중요한 역할을 하는데, 태풍이 발달하려면 대류권 전체가 불안정한 상태여야 한다. 해양의 동쪽 경계에서는 한류와 용승이 대류권 하층을 저온으로 만들어 대기를 안정 상태로 만들기 때문에 대기의 상승 운동이 억제된다. 아울러 무역풍의 하층에 역전층이 생성되어 기류의 상하 혼합이 제대로 발달하지 못한다. 서쪽으로 갈수록 해수온도는 높아지고 동쪽에서 만들어졌던 무역풍 역전층의 바닥 고도가 높아지거나 역전층 자체가 사라져서 태풍의 발생이 쉬워진다.

태풍은 일단 형성되면 자체적으로 성장해 가는 메커니즘(제2종 조건부 불안정(CISK))을 갖는다. 즉, 적운에서 방출되는 잠열이 부근의 공기를 가열하여 상승기류를 만든다. 상층에서 공기의 팽창은 상부 발산을 일으키며, 이것은 하층에서의 공기의 수렴과 상승을 지속적으로 유발한다(지상에서의 수렴과 저기압을 강화). 지상 저기압의 강화는 공기의 지속적 상승, 응결 그리고 잠열방출을 일으켜, 스스로 발달해가는 메커니즘을 갖지만, 해수면으로부터의 수증기 공급이 충분히 이루어지지 못하게 되면 태풍의 성장에 제약이 가해지게 된다. 태풍의 생성과 발달에 미치는 해수면 온도의 중요성은, 해수면온도가 더 높아진다면 태풍이 더 강력해질 수 있음을 말한다. 최근 지구온난화로 인하여 해수면온도가 금세기 말까지 2~3℃ 더 높아질 가능성이 제시되고 있는데, 그것이 현실화한다면 더욱 강력한 태풍이 발달하여 우리나라에 더 큰 인명 및 경제적 피해를 초래할 것으로 우려된다.

3.2 태풍의 이동과 소멸

열대 폭풍계의 이동과 발달관계는 서로 연관되어 있다. 열대교란과 열대저기압은 주로 무역풍에 의해 영향을 받기 때문에 적도에 가까운 저위도 상에서는 주로 서쪽으로 이동한다. 열대 저기압이 열대 폭풍으로 발달하면서 이동에 미치는 무역풍의 영향이 약해지고 상층풍과 해수온도의 공간분포(폭풍은 보다 온난한 해양으로 이동하는 경향이 있음.)가 이들의 이동속도와 방향에 중요한 역할을 하기 시작한다.

점차 북상하면서 열대폭풍으로 발달하고, 그 열대폭풍이 더욱 성장하여 태풍으로 발달하면서 북쪽으로 향하게 되며, 위도 30도 부근에서 북태평양 고기압의 가장자리를 따라서 전향하여 북동쪽으로 진행하는 것이 대부분이다.

대부분의 태풍 진로는 북태평양 고기압의 가장자리의 지향류를 따라서 이동하기 때문에 북태평양 고기압의 세력은 태풍의 진로를 결정하는 중요한 요소가 된다. 그림9는 6~9월 동안 월별 태풍의 진로 빈도와 북태평양 고기압 세력권의 위치를 나타내는 500hPa의 5870미터 고도선(gpm; geo-potential meter)을 나타낸 것이다. 태풍 진로의 확률적 분포를 얻기 위하여 6시간 간격의 태풍 위치를 위·경도 5도 간격의 격자에 나타내었다. 동일한 태풍이 하나의 격자를 통과해갈 때 처음 진입할 때만 카운트하여 격자 내에 머무는 시간을 고려하지 않았고, 격자마다의 태풍 통과 개수를 총 태풍 발생 횟수로 나누어 백분율로 변화시켰다. 즉, 태풍 진로 빈도로 명명된 이 백분율 값은 태풍이 이동해 가면서 각 격자에 나타날 확률을 의미한다(Ho et. al., 2004). 6월부터 9월까지 태풍의 주된 진로가 북태평양 고기압 세력권의 가장자리를 따라서 이동하는 것을 뚜렷하게 볼 수 있다. 8월의 북태평양 고기압은 북상하여 그 최성기에 이르는데 서쪽 부근이 한반도와 일본 부근에 있어 태풍이 동북아시아 쪽으로 많이 이동하는지 이유를 알게 한다.

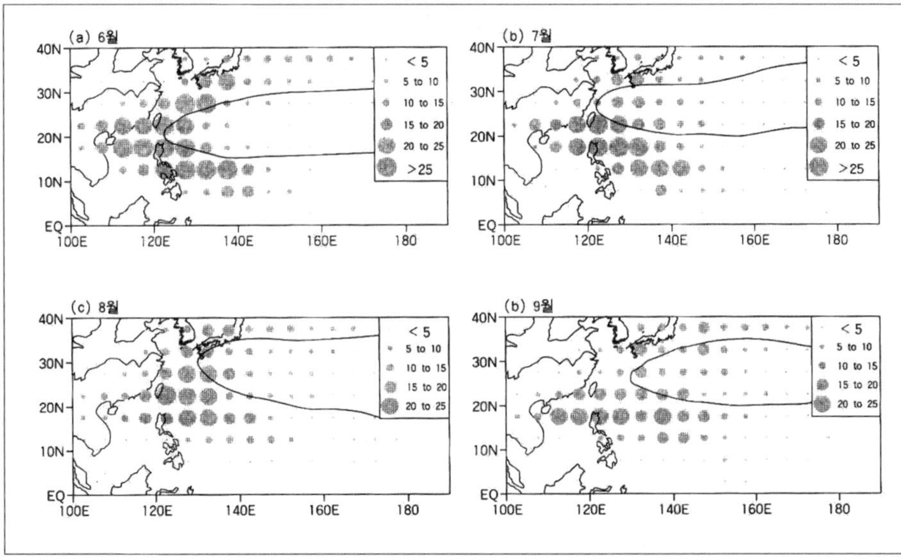

그림14. 월별 태풍 진로 빈도의 지리적 분포와 북태평양 고기압의 평균적 위치. 실선은 5870미터 등고선이다. (Ho et. al., 2004).

태풍 진로의 기후학적인 특성을 보다 자세하게 알아보려면 진로유형에 따른 특징을 살펴볼 필요가 있다. 이를 위해 1951년부터 2002년까지 6~9월 사이에 발생한 850여개의 태풍 중 지속시간이 태풍의 평균 일생(life time)인 5일보다 긴 400여개의 태풍을 선정하여 퍼지 클러스터링기법(fuzzy clustering method)을 이용하여 클러스터링한 결과를 그림14에서 확인할 수 있다.(김주홍 등, 2003)

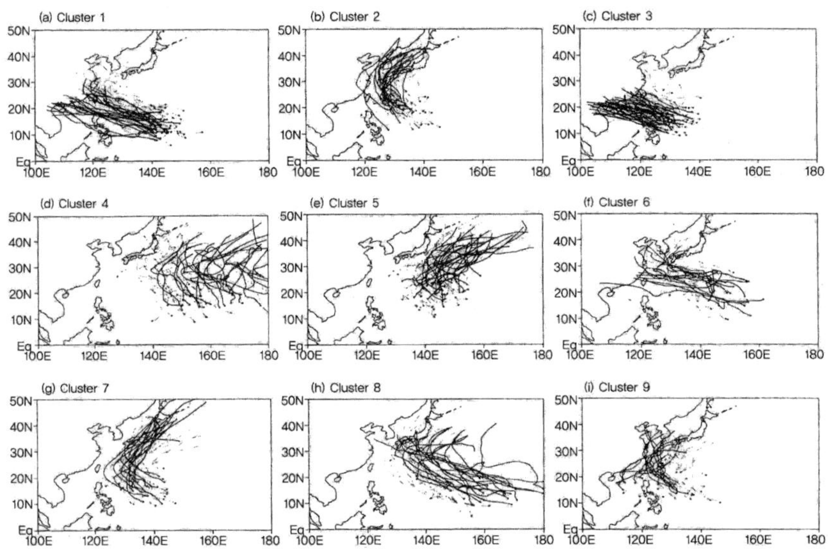

그림15. 퍼지 클러스터링 기법으로 분석한 9가지 태풍 진로의 유형. 실선은 클러스터에 소속성이 평균값 이상인 진로이고 점선은 그 이하인 진로를 나타냄(김주홍 등, 2003).

각 클러스터는 각각 고유한 진로 유형을 가지고 있다는 것을 확인할 수 있다. 클러스터 1에는 140~150E의 열대 해역에서 발생하여 북서쪽으로 직진하여 중국 남부와 동남부에 상륙하는 태풍들이 포함된다. 이 유형의 태풍은 7, 8월에 많이 발생하고 9월에는 발생 수가 급격히 감소한다. 클러스터 2는 필리핀 해와 동중국해 남쪽에서 발생한 후에 30N 부근에서 전향하여 우리나라 방향으로 이동하는 태풍들을 포함하는 유형인데, 반 이상이 8월에 발생한 태풍이다. 클러스터 3은 필리핀 해에서 발생한 후 서진하여 중국 남부와 동남부, 베트남 방향으로 직진하면서 상륙하는 유형으로 가장 많은 수의 태풍이 여기에 속한다. 여기에 속하는 태풍은 계절 내내 항상 많이 발생하며 6월부터 9월까지 점진적으로 증가하여 9월에 가장 많이 발생한다. 클러스터 4는 15N을 중심으로 150~170E 지역에서 발생하여 북서방향으로 진행한 후에 전향하는 유형이다. 그리고 진로가 불규칙한 유형들을 포함하는데 클러스터 내의 태풍의 지리적 분포가 매우 분산적이라는 특징을 갖고 있다. 이 유형의 태풍은 거의 대부분 육지에 상륙하지 않은 채 중위도 북태평양에서 소멸한다. 80% 이상이 8월과 9월에 발생한 태풍이다. 클러스터 5는 20N 부근의 140~150E에서 발생한 후에 곧바로 전향하여 육지에 상륙하지 않고 일본 동쪽 해상으로 빠져나가는 유형의 태풍을 대표하는 클러스터로 7~9월 동안에 많이 발생한다. 클러스터 6에 속하는 태풍은 클러스터 5에 속하는 태풍과 발생 위치가 거의 비슷하지만 전향하지 않고 서진하는 태풍의 유형이다. 이러한 유형은 많이 발생하지 않는 특이 진로이며 반 이상이 8월에 발생하였다. 클러스터 7의 태풍은 필리핀 해에서 발생하여 20N 부근에서 전향하여 일본으로 상륙하는 유형인데, 북태평양 고기압의 세력이 약해지는 9월에 급격히 많아진다. 클러스터 8은 평균적인 발생 위치가 클러스터 4보다 약간 더 저위도이고 진로는 길게 북서쪽으로 진행한 후에 중위도에서 전향하는 유형으로 7~9월 동안 내내 많이 발생한다. 끝으로 클러스터 9는 남중국해에서 발생하여 북동진하는 태풍과 필리핀 해에서 발생하여 동중국해를 지나서 우리나라로 진행하는 태풍을 포함한다. 후자의 경우 클러스터 2의 태풍 진로와의 차이는 소멸하는 시점인데, 40N 이남에서 소멸되어 클러스터 2보다 빨리 약화된다. 6월에도 많이 발생하지만 7월에 가장 많이 발생하였다. 8, 9월에는 다른 유형에 비하여 상대적으로 발생 빈도가 낮다.

열대폭풍과 태풍이 동아시아에 상륙하든가 수온이 낮은 고위도의 해상으로 진출하게 되면 그 세력이 현저히 약해진다. 그러나 드문 경우지만 아열대로부터 장거리를 이동한 후에도 태풍이 강풍을 유지하는 경우가 있다. 열대 폭풍은 육지에 상륙하면 대부분 수일 이내에 소멸된다. 하지만 폭풍이 약해지더라도 많은 양의 수증기를 포함하고 있기 때문에 수백 km^2 에 걸쳐 홍수를 유발시키기도 한다. 또한 주변의 장마전선이나 온대저기압이나 지형적 특성과 상승작용을 일으켜 큰 재해를 발생시키기도 한다. 이러한 사례로 2002년 발생하였던 태풍 루사가 있다. 루사는 초기에는 대형 태풍이 아니었다. 하지만 평년보다 높았던 해수온도로 인해 태풍에 많은 수증기가 공급되어 세력이 커졌다. 루사는 대형 태풍으로 성장하여 한반도에 상륙하면서 주 에너지원인 수증기의 공급이 멈추게 되었음에도 해상에서 이미 충분한 수증기를 받아 그것을 머금고 있었다. 또한 당시 약해진 편서풍으로 인하여 한반도에 상륙하여 머무는 시간이 길어졌다. 그로 인하여 강수의 지속시간이 길어졌다. 루사는 상륙한지 18시간이나 지나서야 열대저압부로 약화되어 한반도를 빠져나갔다. 그림16에 태풍 루사의 이동경로와 이동시간을 제시하였다. 8월 31일에 우리나라 남해안에 영향을 미치기 시작하였고, 그 후 이틀이 지난 9월 1일에도 우리나라에 머물면서 영동지역에 큰 영향을 미치고 있는 것을 볼 수 있다. 루사는 대형 태풍으로 성장하여 한반도에 상륙하였고, 또 오랜 시간 머물면서 모든 에너지(강풍으로 인한 운동에너지와 강수)를 한반도에 쏟아 부었기에 그만큼 피해도 커졌다. 사망과 실종자 수가 246명, 이재민 발생이 6만 3천여 명, 그리고 재산피해가 5조 3천 여 억 원에 이르는 심대한 피해를 주었다. 그래서 태풍위원회는 2004년에 이 태풍의 이름을 은퇴시켰다.

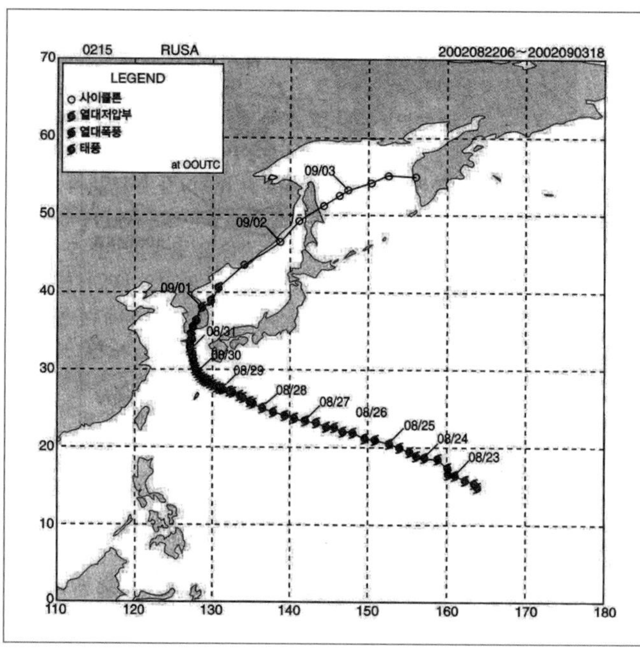

그림16. 태풍 루사의 경로와 이동 시간(환경대기과학, 2011).

4. 태풍의 예보와 경보시스템

4.1 태풍의 예보와 주의보

태풍의 예보

우리나라에서 북서태평양의 태풍을 추적하고 예측하는 업무는 제주도 서귀포에 건립된 기상청 국가태풍센터(National Typhoon Center)가 담당하고 있다. 태풍의 발생기에 국가태풍센터에서는 현재의 태풍상태를 결정하기 위하여 지상 자료와 위성자료를 수집한다. 슈퍼컴퓨터를 활용한 정교한 수치모델로 열대 폭풍의 생성, 성장, 그리고 이동과정을 예측한다. 태풍이 우리나라에 접근하게 되면 레이더, 자동기상관측장비 등의 자료를 이용하여 지역별로 강수량과 바람 정보를 제공한다.

국가태풍센터의 TAPS(Typhoon Analysis and Prediction System)는 모든 정보를 하나의 시스템으로 집약한 결정체로 현재의 태풍 상황을 분석하는 모드, 과거의 태풍 정보를 조회하는 데이터베이스 모드, 예보실 현업에서 태풍 정보를 생산하는 예보 모드로 구성되어 있다. 그리고 사용하는 수치모델은 BATS(Barotropic Adaptive-grid Typhoon Simulation)모델로 태풍 주변에 조밀한 분해능을 집중시키는 adaptive grid system을 적용한 순압 태풍모델이다. 또 앙상블 예보기술에는 전지구모델 GDAPS(Global Data Assimilation and Prediction System) T106 앙상블과 DEPS(DBAR Ensembe Prediction System)가 이용된다. 기상청에서는 개도국에 대한 기상기술 공여의 일환으로 TAPS를 베트남 버전으로 개량하여 베트남에 제공함으로써 동남시아 지역의 태풍으로 인한 재해 저감에 기여하고자 노력하고 있다. 기상청에서는 2010년에 베트남의 기상예보관 3인을 장기간 초청하여 TAPS 운영 기술을 전수하였으며, 2011년 말까지 베트남 버전의 TAPS를 베트남 기상청에 이식할 예정으로 있다.

태풍의 진로나 이동속도를 정확하게 예상하는 일은 여전히 어려운 과제로 남겨져 있다. 현재의 진보된 기상학과 컴퓨터 기술을 이용하여 태풍진로 예보는 크게 향상되었지만, 그래도 24시간 진로 예보의 평균 오차범위가 190km내외로 아직까지 기술 개선의 여지가 많은 실정이다. 우리나라의 태풍예보는 다른 기상 선진국과 마찬가지로 역학적 수치예보모델에 의한 수치예보자료와 통계기법을 이용한 예보방법 등을 사용하고 있으나, 한반도에 접근하는 태풍은 진로 변화가 심한 북위 25~30N 부근의 전향점을 거쳐 북상해 오기 때문에 태풍의 이동을 장시간에 걸쳐서 정확도 높게 예보하기가 어려운 상황에 놓여 있다.

대서양과 동태평양에서의 허리케인의 예측은 미국의 플로리다주 마이애미에 위치한 미국 국가 허리케인 센터(National Hurricane Center; NHC)가 담당하고 있다. 국가 허리케인 센터에서는 통상적인 기상예측을 위한 표준형 컴퓨터 모델과 허리케인만을 예측하는 특화된 수치모델을 모두 사용한다. 후자는 통계모델, 역학모델, 그리고 혼합모델로 분류할 수가 있다. 통계모델은 과거의 허리케인 경로에 관한 정보를 현재의 허리케인 예측에 예보인자로 활용한다. 역학모델은 현재의 대기와 해수의 상태를 초기 입력 자료로 하는 역학모델을 적용하여 수치적으로 시간 적분하여 미래 상태를 얻는다. 혼합모델은 통계적 요소와 역학모델을 결합한다. 이 모델들은 짧은 시간 간격으로 허리케인의 이동과 내부 변화에 대해서 반복적으로 예보를 하며 6시간 간격으로 투영된 허리케인의 위치, 기압장, 바람 등에 대한 정보를 제공한다. 미국 NOAA(National Oceanic and Atmospheric Administration)에서는 태풍감시를 위한 정보 수집 기능을 강화하기 위하여, 대기의 연직 대기상태를 파악할 수 있는 정지 기상 위성인 GOES-10, GOES-12를 발사하여 운영하고 있다. 그리고 복잡한 수치모델을 운영할 수 있는 슈퍼컴퓨터가 1995년에 설치되었다. 이러한 노력의 성과로 1965년에는 허리케인의 24시간 예보오차거리가 약 250km이었지만 오늘날에는 약 160km로 줄일 수 있었다. 하지만 허리케인의 진로 예측도 태풍예보와 마찬가지로 진로 예측의 정확도 향상을 위해 해결해 가야할 과제가 많이 남겨져 있다고 할 수 있다.

태풍의 주의보와 강도

일반인들에게 태풍에 대한 주의를 환기시킬 때 발령하는 것이 태풍 특보이다. 태풍으로 인해 풍속이 14m/s, 6시간 예상 강수량이 70mm 이상 또는 해일 현상 등의 기상재해가 우려될 때에 기상청은 태풍주의보를 발령한다. 그리고 태풍 주의보보다 높은 단계가 태풍 경보인데, 이는 3단계로 세분화되어 있다. 3급 경보는 풍속 17~24m/s, 강수량 100~249mm/6h, 2급 경보는, 풍속 25~32m/s, 강수량 250~399mm/6h, 1급 경보는 풍속 33m/s 이상, 강수량 400mm/6h 이상이 예상될 때에 발령된다.

허리케인의 경우에는 접근해 오는 허리케인이 약 24시간 전후로 육지 근처로 이동이 예상될 때에 미국의 국가 허리케인 센터의 예보관들이 허리케인 주의보(Hurricane Watch)를 발령한다. 만일 24시간 이내에 미국의 육지에 허리케인이 상륙할 것이 예상된다면 허리케인 경보(Hurricane Warning)가 발령된다.

한편, 태풍의 강도를 나타내는 데에는 몇 가지 방법이 있다. 첫 번째 방법으로는 태풍 지수를 들 수 있다. 태풍지수는 열대저기압에 동반된 구름시스템의 유형을 이용하여 태풍의 강도와 관련된 특징들을 추출하여 어떤 수치로 정량화시킨 것이다. 이를 CI 지수(Current Intensity Number)라고 하는데, CI지수는 1.0~8.0까지 0.5단위의 무차원량으로 표현된다. CI지수는 통계적인 상관관계에 의해 태풍의 중심기압, 중심 부근의 최대 풍속과 대응되며, 전 세계 태풍센터에서 태풍의 강도를 분석하는 데에 널리 이용되고 있다. CI 지수는 1970년대에 미국의 Dvorak이 개발하였으며, CI 지수를 이용한 태풍의 강도분석 기법을 Dvorak 기법이라고 한다. 두 번째 구분 방법은 최대풍속을 이용하는 것이다. 최대풍속의 크기에 따라서 태풍을 4가지 강도(약, 중간, 강, 매우 강)로 구분하는데, 최대풍속이 67m/s이상인 태풍은 슈퍼태풍이라고 부르기도 한다.

2003년 9월에 우리나라 남부지역을 지난 태풍 매미는 경상도 지역에 큰 재해를 유발하였다. 태풍 매미는 제주도 남동쪽 해상을 지나 경상남도 고성군 일대로 상륙하였고, 그 이후 한반도 남동부를 빠른 속도로 지났는데 상륙 6시간 만에 울진 앞바다로 빠져나간 후에 동해상으로 진출하였다. 인명피해는 사망과 실종 130여명, 이재민 6만 1천여 명을 만들었고, 재산피해 4조 7천억 원을 냈다. 2003년 9월 6일 오후에 태풍 매미는 열대저기압에서 태풍으로 성장할 때까지의 발달 속도가 매우 느렸기 때문에 기상청에서는 이같은 느린 발달 경향이 이후에도 지속될 것으로 예상하고 있었다. 하지만 태풍 매미는 9월 9일 무렵에 일본 사키시마 제도 남동쪽 먼 바다에 접근하면서부터 급속히 발달하여 9월 10일에는 중심기압 910hPa, 최대풍속 55m/s에 달하는 최강급의 태풍으로 성장하였다. 이후 태풍 매미는 우리나라에 큰 피해를 입혀 태풍명단에서 무지개(Mujigae)로 이름이 대체되었다. 2002년에 우리나라에 큰 피해를 입힌 태풍 루사의 경우에도 태풍 명단에서 누리(Nuri)로 이름이 대체되었다.

4.2 태풍의 장기예측

오늘날 전 세계적으로 태풍과 같은 열대 폭풍의 장기예측을 발표하는 기관과 활동을 정리하면 다음과 같다.

(1) 미국 NHC

미국의 국가 허리케인센터(NHC)에서는 기후예보센터(Climate Prediction Center; CPC)에서 제공하는 허리케인 계절전망(Hurricane Season Outlook)을 발표한다. 허리케인 계절 전망은 매년 5월에 첫 발표를 하고 8월에 수정발표를 한다. 이 기관에서는 대서양 쪽의 열대저기압에 대해서만 한정해서 발표한다.

발표하는 내용은 매우 규격화되어 있다. 첫째, 계절전망에 대한 해석에 주의할 점에 대한 당부를 맨 처음에 둔다. 예를 들어, 허리케인 관련 재해는 활발 계절(active season)이나 비 활발 계절(quiet season)이나 언제든 발생할 수 있으므로 대비에 만전을 기해달라는 당부, NOAA는 허리케인 상륙 예상 수를 예상하지 않는다는 점과 예보의 불확실성에 대한 유의 및 그 근거를 제시한다. 말하자면 엘니뇨/라니냐에 대한 예측의 불확실성, 해수면 온도 예측의 불확실성 등으로 인하여 장기 예측이 불확실할 수 있다는 점을 맨 처음에 두어 정보에 접하는 일반인들의 주의를 환기시킨다. 둘째, 계절 전망의 요약을 제시한다. 여기서는 표와 그림을 사용하여 당해 연도 허리케인 계절에서의 허리케인 활동이 평년보다 높을지, 낮을지 혹은 평년 수준일지를 확률로 제시하고, TS, Hurricane, Major Hurricane의 발생수를 범위로 표시한다(예, 그림17).

셋째, 이 예측의 기상학/기후학적인 근거를 제시한다. ENSO와 대서양의 해수면 온도, 무역풍과의 관계 등, 계절전망을 생산하게 된 과학적 근거를 제시한다. 마지막으로 계절전망 생산에 참여한 NOAA 연구자들의 이름을 제시한다.

NHC에서 허리케인 계절 전망을 생산하는 방법은 기후예보센터(CPC), NHC 및 HRD(Hurricane Research Division) 소속의 기상과학자들이 "conference"를 통한 의견조율이다. 즉 객관적 모델 없이 CPC, NHC, HRD 소속의 기상학자들 개개인의 전문가적 지식에 의한 복합체적 논의의 산물로 만들어진다.

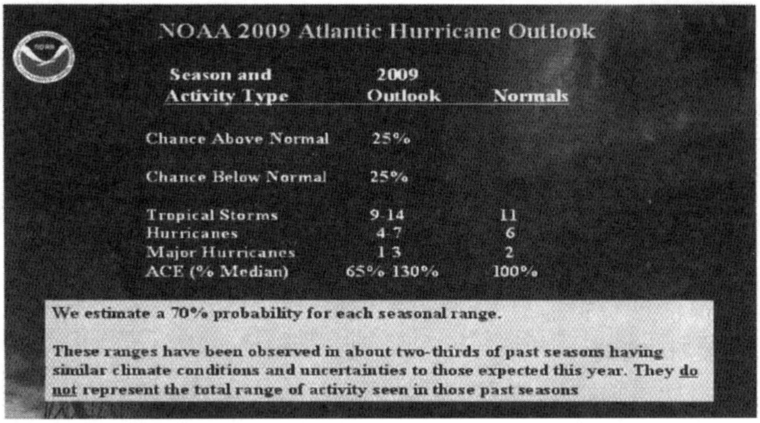

그림17. 2009년 5월 발표의 NOAA의 2009년 허리케인 계절전망.
(http://www.cpc.ncep.noaa.gov/products/outlooks/hurricane2009/May/hurricane.shtml)

(2) 미국 콜로라도 대학교의 Gray 교수팀

Gray 교수팀에서는 과거 20여 년 동안 허리케인에 대한 장기예측을 발표해오고 있다. 예보 방식은 그동안 몇 차례 변화가 있었다. 초창기에는 QBO인자(30hPa, 50hPa에서의 동서바람), 사헬지방의 강수량, 대서양의 해수면 온도, 남방진동지수 등이 예측인자로 구성된 회귀방정식을 이용한 예측으로부터(Gray et. al., 1992, 1994), 현재는 NTC(Net Tropical Cyclone) 지수를 계산하고 NTC로 구성된 간단한 선형방정식을 이용하여 대서양의 태풍활동을 예측해서 발표하고 있다(http://typhoon.atmos.colostate.edu/).

(3) 유럽 중기 예보센터(European Center for Medium-Range Weather Forecasts; ECMWF)

ECMWF에서는 향후 5개월 동안 전 세계 모든 해역에서 발생할 것으로 예상되는 태풍의 개수를 매월 발표한다. 저해상도 버전의 대기-해양 접합 ECMWF 모델을 사용한 앙상블 예측시스템을 기반으로 한다. 과거 사례로 모델 훈련 기간 동안 각 해역에서 모델에서 감지되는 태풍의 개수와 관측된 태풍의 개수 사이의 격차를 통계적 보정을 통해 각 계절마다 보정인자를 추정한다. 이 보정인자를 각 해역마다 결정하고 실제 예보에서는 모델에서 감지되는 태풍의 개수에 이 보정인자를 곱하여 태풍의 발생 수를 결정하는 방식을 취하고 있다.

(4) 홍콩 시립대학교의 Chan 교수팀

홍콩 시립대학교(City University of Hongkong)의 Chan 교수팀에서는 PPR(Projection Pursuit Regression) 방식으로 구축된 통계 모델을 기반으로 연 2회(4월, 6월) 북서태평양 전체와 남중국해에서 발생할 것으로 예상되는 TD(Tropical Depression)급 이상 TS(Tropical Storm)급 이상, TY(Typhoon)급 태풍의 개수에 대한 예측을 발표하고 있다. 예측에는 니뇨(Nino) 지수, WP(Western Pacific) 지수, NAO(North Atlantic Oscillation) 지수 등과 같은 기존의 월별 기후지수와 중국 기상국에서 생산된 티베트 고기압지수 등의 월별 지수들이 독립변수로써 예측인자로 사용된다. (Chan et.al., 1998).

(5) TSR(Tropical Storm Risk)

태풍 관련 민간기상업체인 TSR에서는 자체적으로 개발한 통계 모델을 기반으로 대서양, 북서태평양, 호주 해역에 대해서 ACE(Accumulated Cyclone Energy) 지수, 매우 강한 허리케인, 허리케인, 열대폭풍의 개수에 대한 예측 결과를 발표하고 있다. 예측 모델은 기본적으로는 회구모형이지만 각 해역마다 조금씩 다른 방식을 취하고 있다. 대서양의 경우에는 3개 영역으로 나눈다. 주요 발달지역(MDR: Main Development Region), 카리브 해와 걸프지역, 그리고 나머지 해역으로 나누어 각 지역마다 8~9월의 평균 해수면 온도를 ENSO-CLIPER 모델의 자체 개발 버전으로 예측하고, 이 예측된 해수면 온도를 예측 인자 중의 하나로 택한다. 또 다른 예측인자로 7~9월의 카리브 해 지역의 무역풍 예측 값을 사용한다. 북서태평양의 경우에는 예측된 8~9월 Nino-4 해수면 온도를 예측인자로 사용한다. 이렇게 해역마다의 예측인자로 구성된 회귀모형으로 해역마다의 태풍 활동을 예측하여 자체 홈페이지를 통해 발표하고 있다(http://tropicalstormrisk.com).

(6) 태풍 계절 예측 관련 국내 연구 상황

국내에 태풍 관련 연구 분야에서 연구자 대비 집중도가 높은 분야는 단연 계절 예측 분야이다(태풍백서, 2011). 공주대학교 권혁조 교수팀은 5월과 8월에 각각 여름철(6~8월)과 가을철(9~11월) 3개월 동안 발생할 북서태평양의 태풍 개수, 그 중에서 한반도에 영향을 미칠 것으로 예상되는 태풍의 개수, 그리고 태풍의 활동지수인 NTA(Normalized Typhoon Activity) 지수를 예측하는 모델을 개발하였다(Lee et. al.,

2007; Kwon et. al., 2007). 이 결과는 지금까지 기상청 기후예측과에 전달되어 기상청이 3개월 태풍 계절 전망을 발표하는 데에 중요한 참고 자료로 사용되고 있다.

서울대학교 허창회 교수팀에서는 태풍의 장기 변동에 대한 활발한 연구와 함께 태풍 계절 예측 모델을 개발하여 동중국해에서 발생할 태풍에 적용하였다(Ho et. al., 2009; Kim et. al., 2009).

부경대학교 변희룡 교수팀에서는 한반도에 영향을 미치는 태풍의 수가 티베트 고원의 snow cover와 밀접한 연관이 있다는 점에 착안하여 TPSC(Tibetan Plateau Snow Cover)와 관련 종관장이 예측인자로 구성된 통계 모형을 구축하여 한반도 영향 태풍 개수를 예측하는 통계 모델을 개발하였다(Choi, 2009).

5. 태풍에 의한 재해

중앙 재난 안전 대책 본부(소방방재청)의 통계자료에 의하면, 최근 10년(1999~2008) 동안에 자연재해로 인한 우리나라의 피해액은 약 18조원에 이른다. 이 중에서 태풍으로 인한 재해 액이 약 10조원에 이르러, 태풍으로 인한 피해액이 전체 자연재해 피해액의 60% 이상을 차지하고 있으며, 장기적으로 증가하는 경향을 보여주고 있다. 특히 2002년의 루사와 2003년의 매미로 인한 피해가 현저하였다는 사실을 확인할 수 있다(그림17).

최근 50년 동안 우리나라에 가장 큰 인명피해를 준 태풍은 1959년 9월 15일~18일에 영향을 준 사라(SARAH)이고, 가장 큰 재산피해를 준 태풍은 2002년 8월 30일~9월 1일에 영향을 준 루사(RUSA)이다. 사라는 849명의 사망, 실종자를 내 인명피해가 가장 컸으며, 루사는 5조원 이상의 막대한 재산 피해를 냈다. 특히 루사는 강릉지방에 하루 동안 870.5mm의 기록적인 폭우를 내려 역대 1일 최다 강수량 기록도 갱신하였다. 우리나라에서 근대적 기상관측이 시작된 1904년부터 최근까지 한반도에 영향을 미칠 수 있는 영역인 32N~40N, 120E~138E에 들어온 태풍의 총 수는 290여 개에 이른다(태풍백서, 2011). 그 중 재상상의 피해를 준 태풍은 100여개로 연간 1개 정도가 실질적인 피해를 주고 있다. 태풍의 내습빈도의 경년변화에는 일정한 증감추세를 보이지 않으나 태풍에 의한 피해액은 1950년대 이후 증가하는 경향이 뚜렷하게 나타난다(이은걸과 이현영, 1998). 이는 1960년대 이후 경제개발과 더불어 1차에서 2차 산업 중심으로 산업구조가 변화함에 따라 국토의 토지이용에 큰 변화가 생겨 피해액의 증가에 영향을 준 것으로 판단된다(한국의 기후, 2004). 그리고 태풍에 의한 재해를 인명손실과 경제적 피해로 구분해서 보면, 인명손실은 점차 감소하는 경향을 나타내는 반면에 경제적인 피해는 증가하고 있다(그림18). 이러한 경향이 나타난 이유로는, 기상예보 기술의 발달과 태풍재해에 대한 사전, 사후 대처능력이 발달한 반면에, 산업의 발달 및 도시화 현상으로 토지의 집약적 이용이 이루어지고 경제적 가치가 큰 시설물이 많아진 것에서 찾을 수 있다(이은걸과 이현영, 1998).

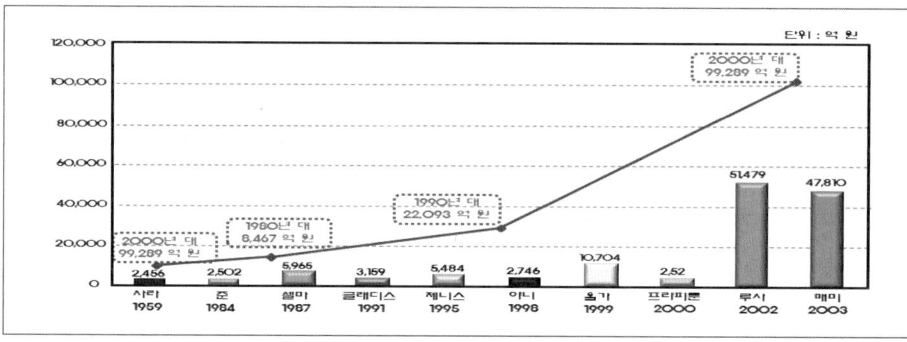

그림18. 우리나라에 영향을 미친 주요 태풍에 의한 피해 추정 액(국가태풍센터, 2011).

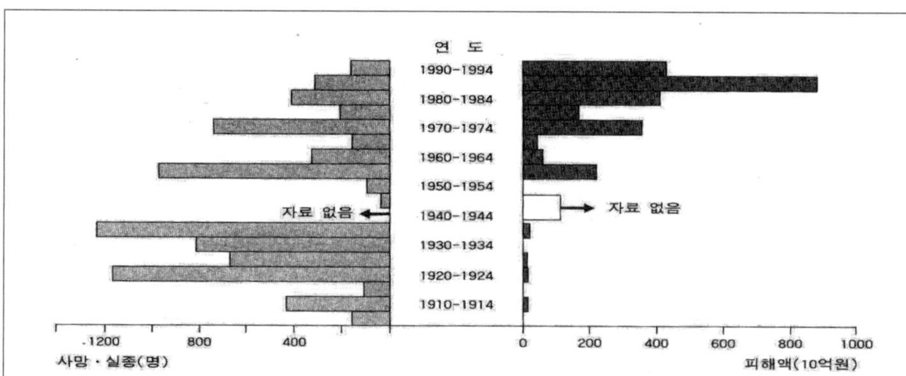

그림19. 태풍에 의한 인명손실과 재산 피해액의 변화 경향(이은걸과 이현영, 1998).

6. 기후변화가 태풍활동에 미치는 영향

6.1 지구온난화와 태풍활동

지구온난화에 따른 태풍의 발생 수와 강도변화 예측에 관한 그동안의 연구 성과를 정리한 JPCC보고서(지구온난화가 일본에 있어서 사람과 자연에 미치는 영향, 2003)의 내용을 요약하여 정리하자면 다음과 같다.

지구온난화가 동아시아에 미치는 영향을 고려할 경우에 태풍의 발생 수와 태풍의 강도가 어떻게 변할 것인가 하는 것은 아주 중요한 문제이다. 태풍은 중심 부근에 강한 비(그림1 참조)와 강한 바람이 집중되기 때문에 100km 이상의 격자간격을 갖는 전 지구 기후모델로는 현실적인 태풍을 직접 표현하기가 어렵다. 그래서 지구온난화에 따른 태풍의 발생 수와 태풍강도의 변화 경향을 조사하기 위해서는 저 분해능의 기후모델로 예측된 해수면 온도를 이용하여 장래 일정 기간(예를 들자면, 대기 중의 이산화탄소 농도가 현재의 2배로 되는 60~70년 후)의 기후를 고 분해능의 전 지구 기후모델로 예측하는 실험을 수행하고 있다. 이러한 실험을 한다고 하더라도 전 지구 기후모델로는 공간적 분해능이 부족하다는 한계를 극복하기에는 여전히 부족하다. 특히 태풍의 최대 강도 변화를 예측하기 위해서는 태풍 중심 부근의 세세한 구조를 재현할 수 있을 정도의 공간 분해능이 요구된다. 그래서 보다 고 분해능의 태풍(허리케인) 모델을 저 분해능의 기후모델에 결합시켜서 태풍의 최대 강도 변화를 조사하는 실험도 시도되고 있다. 지구온난화에 따른 열재저기압(태풍, 허리케인, 사이클론)의 수와 강도변화에 대해서 비교적 높은 공간 분해능을 갖는 전 지구 기후모델을 이용하여 수행된 대표적인 실험결과를 정리하여 [표5]에 제시하였다.

[표5] 전 지구 대기모델에 의한 지구온난화에 따른 열대저기압 발생 수의 변화예측(JPCC, 2003)

문헌	모델의 수평분해능	실험 연수(년)	전 지구 열대저기압 수의 변화(%)	서부 북태평양의 태풍 발생 수 변화(%)
Bengtsson(1995)	1.1°×1.1°	5	−37	−34
Yoshimura et.al.(1999)	1.1°×1.1°	10	−20	−20
筒井 등(1999)	2.8°×2.8°	8	+3	+11

May and Andersen(1999)	1.1°×1.1°	30	−23	−30
McDonald(1999)	0.83°×1.25°	5	+1	−30
杉 등(1996)	1.1°×1.1°	10	−34	−66

[표5]에서 볼 수 있듯이, 수치실험의 결과로는 지구온난화가 진행되면 열대저기압의 발생 수가 감소하는 것으로 예측되는 경우가 많다. 그 이유로는 지구온난화로 해양의 수증기 증발이 많아지면, 이것이 대기 상층에서 구름으로 응결되면서 응결잠열을 방출하게 되며 그 결과로 열대 대류권의 상층 기온이 높아져 열대지역의 대류권이 안정화되어지는 효과가 강화되는 것에 기인하는 것으로 설명되고 있다. 즉, 지구온난화로 대기 중의 수증기량이 증가하더라도 열대 대기의 연직 방향의 순환강도는 강화되지 않고 오히려 약화되는 것으로 설명할 수 있다. 아울러 [표5]에 제시된 바와 같이 열대저기압 수의 변화는 기후모델에 따라서 상당히 다르게 예측되고 있다. 특히 서부 북태평양 등 지역에 따른 변화 경향은 기후모델에 따라서 큰 차이가 난다. 그 이유는 각 기후모델의 실험에서 이용하고 있는 지구온난화 시의 해수면 수온상승 값의 크기와 공간분포가 다르다는 사실에 크게 기인하는 것으로 판단되고 있다. 이러한 사실로 열대저기압의 수와 분포변화에 대한 장래 예측은 IPCC 4차보고서(2007)에서도 여전히 불확실한 것으로 기술하고 있다.

지구온난화에 따른 태풍의 강도 변화에 대해서는, Knutson et. al.(1998), Knutson and Tuleya(1999)가 기후모델에 고 분해능의 허리케인 모델(중심 부근의 격자 간격 18km)을 결합해서 수치실험을 수행하였다. 그 결과에 의하면, 지구온난화로 태풍 중심 부근의 최대 풍속이 3~7m/s(5~12%) 정도 강해지고, 중심기압도 7~20hPa정도 낮아지는 것으로 예측되었다. Walsh and Ryan(2000)은 고 분해능의 영역기후모델(격자 간격 30km)을 이용해서, 지구온난화 시에 호주 부근의 열대저기압 강도가 어떻게 변할 것인가를 조사하였다. 그 결과 지구온난화 시에 열대저기압의 강도가 약간 강화되는 경향으로 나타났다. 열대저기압의 강도에 대해서는 열역학적인 이론적 고찰에 의한 최대 도달 가능 강도(Maximum

Potential Intensity, MPI)를 이용한 논의도 이루어지고 있다. 그것에 따르면, 지구온난화 시에 열대저기압의 MPI는 10~20% 정도 증가하는 것으로 추정된다고 한다(Henderson-Sellers, 1999). 기후모델로 추정되는 태풍의 강도변화는 그보다 작은 것으로 평가되고 있는데, 그 이유는 주로 MPI에는 열대저기압의 강도에 영향을 미치는 역학적 인자가 고려되고 있지 않다는 사실에 기인하는 것으로 설명된다(Henderson-Sellers, 1999). 이러한 논의에 기초하여 IPCC 보고서에서는 지구온난화로 인하여 태풍의 강도(최대 풍속)가 강해질가능성이 높다고 기술하고 있다(IPCC 3차(2001), 4차(2007)보고서). 그렇지만 전 지구 기후모델을 이용한 실험에서는 강한 열대저기압의 수가 줄어들고 평균적인 열대저기압의 강도는 오히려 약해진다는 결과도 제시되고 있다(JPCC 3차 보고서(2003).

이상과 같이 지구온난화에 따른 태풍의 발생 수와 강도변화의 예측에 관해서는 불확실성이 여전히 크지만, 현 시점에서 가장 확실한 것으로 받아들여지고 있는 것은 지구온난화로 인하여 태풍의 발생 수가 감소하는 반면에 태풍의 최대 도달 가능한 강도는 보다 강해질 것이라는 점이다. 또 태풍에 수반되는 강수량에 대해서는, 태풍의 강도가 같을 경우에도 지구온난화 시에 강수량이 10~30% 정도 증가할 가능성이 있다고 지적하는 연구결과도 있다(Yoshimura et.al., 1999; Knutson and Tuleya, 1999).

한편, 한반도에 영향을 미친 태풍을 대상으로 지난 56년(1951~2006)간 태풍의 최저 중심기압의 변화 경향(그림20의 (좌)) 지난 26년(1981~2006)간의 태풍의 최대풍속변화경향(그림20의 (우))자료에 의하면, 최저 중심기압은 감소경향(약 10hPa)을 보였으며, 최대풍속은 선형적인 증가를 보였다.

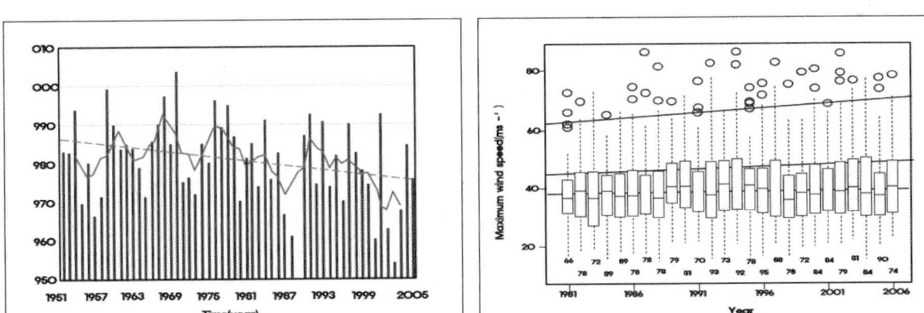

그림20. (좌)지난 56년(1951~2006)간 한반도에 영향을 미친 태풍의 최저 중심기압의 변화 경향과 (우)지난 26년(1981~2006)간 한반도에 영향을 미친 태풍의 최대 풍속의 변화경향(최기선 등, 2009).

또 기상청 기후예측과에서 지난 50년간의 북태평양고기압의 여름철 세력권을 조사한 자료(그림21)에 의하면, 1960~1979년 동안에 비하여 1980년 이후 북태평양고기압의 영향범위에 큰 편차가 나타나고 있음을 확인할 수 있다. 열대 해상에서 발생한 태풍이 북진해감에 있어서 북태평양고기압의 가장자리를 따라서 부는 바람이 태풍진로의 지향류로서의 역할을 한다는 사실을 고려하면, 이처럼 북태평양고기압의 영향범위에 큰 공간편차가 나타난다는 것은 태풍의 진로에도 과거와는 달리 연변동이 크게 나타나고 있다는 것을 추정할 수 있다.

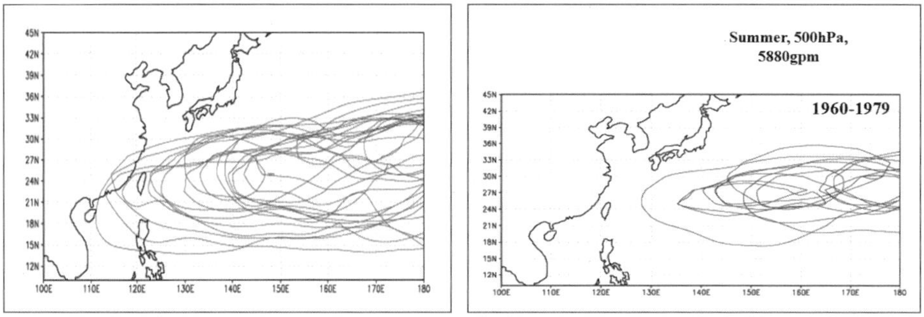

그림21. 북태평양 고기압세력 범위의 변동성(기상청 기후예측과, 2000).
(좌)1980~1999, (우)1960~1979)

6.2 슈퍼 태풍의 한반도 도래 가능성과 대응

금년 9월 1일에서 2일에 걸쳐 우리나라 서해를 따라 북상한 후에 강화도와 서울을 지나 동해로 빠져 나간 태풍 곤파스로 인해 농작물, 교통 그리고 인명에 적지 않은 피해를 입었다. 곤파스가 우리나라를 지나갈 때 관측된 풍속은 서해안에서 40~50m/s였고, 수도권을 지나갈 때는 세력이 약화되어 20~30m/s에 지나지 않았다. 그럼에도 수도권의 지하철이 멈추고, 바람에 날린 건축자재에 사상자가 발생하였으며, 서해안에서는 과수단지의 낙과 율이 심한 곳에서는 40%에 이르는 곳도 있었다. 다행히 곤파스는 바람만 다소 강하고 강수량은 적은 태풍이었기 때문에 태풍의 북상 시에 우려하였던 것에 비하면 피해 정도가 적었다.

만약에 곤파스의 풍속이 2배 정도 더 강하고, 강우량도 10배 정도 더 많았다면 어떠하였을까? 그리고 곤파스의 이동속도마저 느려서 태풍이 한반도에 머문

시간이 반나절 정도가 아니라 허리케인 카트리나처럼 수일 정도로 길었다면 어떠하였을까? 이에 대한 답은 언급하지 않는 것이 오히려 속 편할 것이다. 이런 가정을 해보는 이유는, 오늘날 이런 무시무시한 태풍(슈퍼 태풍)의 도래가 멀지않은 장래에 우리나라에 현실로 닥칠 것이라는 경고를 기상학자들이 내놓고 있기 때문이다.

지구온난화로 지난 100년 동안에 지구의 평균기온이 약 0.74℃ 상승하였고, 태풍이 발생하여 북상해 오는 해역인 저위도 서태평양의 수온도 약 0.5℃ 상승하였다. 그런데 IPCC 4차 보고서(2007)에 의하면, 기온과 해수온의 상승속도는 최근에 올수록 훨씬 가파르게 빨라지고 있다. 최근 25년 동안에 발생한 온도상승이 그 이전의 100년 동안에 나타난 것과 비슷한 정도이다. 이러한 가속도는 앞으로 더욱 가파르게 진행될 것이라는 점에 전문가들의 견해가 일치하고 있다. 우리나라 기상연구소가 1904~2100년까지의 한반도 기후변화를 분석한 '한반도 기후 100년의 변화와 미래전망' 보고서에 따르면, 지난 100년간 한반도의 평균기온은 지구평균보다 2배 이상 올랐고 금세기 말까지는 더욱 빠르게 기온이 상승하여 현재보다 6.5℃ 정도 더 올라갈 것으로 예상하였다. 또 일본기상연구소의 기토(鬼頭) 박사도 기후예측 모델을 이용하여 작성된 기후변화 시나리오를 근거로, 동아시아 지역의 온도는 금세기 말까지 현재보다 20% 정도 추가로 상승할 가능성이 높다는 사실과, 해수온도의 상승으로 태풍의 에너지원인 수증기량이 증가해 태풍의 강도가 더욱 거세질 것으로 예측하였다. 이 외에도, 전 세계에서 나온 대부분의 기후변화 예측에 관한 보고서는 태풍의 발생빈도에는 큰 변화가 없든가 오히려 감소할 가능성이 높지만 태풍의 강도는 강해질 것이라는 점에 동의하고 있다.

기후변화는 해수온도를 상승시키는 것에 머물지 않고, 전 세계에 이상기상을 가져오는 엘니뇨와 라니냐의 발생빈도와 강도를 강화시킬 것이라고도 한다. 특히 라니냐의 발생은 태풍의 활동에 큰 영향을 미친다. 엘니뇨 발생 시에는 태풍이 발생하는 적도 부근 서태평양의 수온이 평상시보다 낮아지지만, 라니냐 시에는 오히려 해수온도가 높아진다. 즉, 라니냐는 태풍의 발생빈도와 강도를 강화시킨다. 또 지구온난화로 북태평양 고기압은 2010년과 같이 9~10월이 되어도 약해지지 않아, 마치 7~8월의 한 여름과 같은 기상패턴을 유지하게 되는 경우가 자주 나타날 수 있을 것이다. 그래서 과거엔 가을 태풍은 대부분 일본 열도 이남으로 지나갔지만 이제부터는 가을 태풍이 한반도로 상륙하기 적합한 기상조건이 유지될 것이다. 태풍이 이번의 곤파스처럼 한반도의 보다 북쪽으로 상륙해 가게 되어 피해 영역도 한반도 전역에 미치게 될 것이다. 이런 조건이 갖추어지면 마치 2005년 9월에 미국 동부 뉴올리언스 일대를 초토화시켰던 허리케인 카트리나 급의 슈퍼태풍이 한반도를 강타하게 될 것이다. 슈퍼태풍이란 초속 67m 이상의 풍속과 하루 1,000mm 이상의 비를 쏟아내는 초대형 태풍을 말한다.

가을에 이런 파괴적인 슈퍼태풍이 찾아오게 된다면 농작물 생산은 극심한 불안정 상태를 보일 것이다. 도로, 댐, 철로, 교량과 같은 사회 인프라와 건축물들은 견뎌내지 못하게 된다. 예로서, 슈퍼 태풍으로 하루 1,000~1,200mm의 강우가 발생하면, 국내 최대 규모를 자랑하는 소양강댐이 붕괴될 것으로 우려된다. 소양강댐은 최대 632mm 이상의 강우량에 대비하도록 설계되어 있다. 지난 2005년 일부 언론을 통해 공개된 '한강권역 댐 비상대처계획(Emergency Action Plan, 이하 EPA)' 시뮬레이션에 따르면 소양강댐이 붕괴될 경우 넘쳐나는 물은 5시간이 채 되지 않아 서울에 도착하게 된다. 이후 9시간 동안 한강 수위가 계속 불어나 결국 강원도를 비롯하여 서울 경기 인천지역의 47개 시군구가 전부 '물바다'가 된다. 정부는 이를 대비하기 위해 2004년 8월부터 소양강댐 보조 여수로 공사를 진행하고 있지만, 공사가 완료되어도 하루 810mm 정도의 강우량을 지탱할 수 있는 수준이라고 한다. 아직까지 우리나라는 하루에 1,000mm급의 강우량에 대비할 대책은 사실상 없는 셈이다.

오늘날 기후변화의 문제는 금세기 내에 인류가 해결해 내어야만 하는 숙제로 대두되어 있다. 전 세계가 기후변화에 대처하고자 하는 방법은 크게 3가지로 나누어 볼 수 있다. 첫째는 기후변화를 가져온 원인을 제거하자는 것이다. 즉 온실가스 배출량을 금세기 중반 이내에 1990년 대비 50~60% 감축하여, 대기 중의 온실가스 농도를 450ppm 이내로 안정화 시키는 것이다. 이를 위해서는 화석연료 사용을 줄여야 하는데, 신·재생에너지의 개발과 에너지 효율의 향상 그리고 에너지를 적게 사용하면서 살아가는 생활의 혁신을 달성해야 한다. 두 번째는 온실가스 배출량 감축에 최선의 성과를 달성한다고 하더라도 온실가스가 대기 중에서 사라지지 않고 머무는 시간이 100년 이상으로 길기 때문에 적어도 금세기 말까지 대기 중의 온실가스 농도는 지속적으로 증가할 것이기에 기후변화의 진행은 막을 수가 없다. 따라서 각 지역별로 기후변화의 시대에 적응해서 살아갈 수 있는 대응책을 찾는 일이다. 세 번째는 기후변화 시대에 대응할 기술과 자금을 갖지 못한 개도국에 대한 선진국의 지원이다. 선진국은 기후변화로 인한 자연재해에 무방비로 노출되어 고통을 받고, 에너지 저효율 발전 시설에 의존하고 있는 개도국을 도와야 한다는 점이다.

우리나라는 여전히 온실가스 감축의 문제에만 매달려 있는 것으로 보이는데, 두 번째와 세 번째 문제를 간과해서는 안 된다. 기후변화로 인한 피해는 사전에 적응 노력을 얼마나 하였는가에 따라서 많이 달라진다. 그 예로서, 2003년 태풍 매미가 일본과 한국을 번갈아가며 상륙했을 때 한국은 사망 131명, 이재민 1만 1천여 명, 재산피해 4조 7천억 원의 엄청난 손실을 불러왔다. 하지만 일본은 더 센 강도의 태풍 매미를 맞으면서도 사망 1명, 중상 1명, 재산 피해 500억 원에 그쳤다. 기후변화로 인한 자연재해가 격심해질 것으로 예상되는 장래에 정부의 가장 중요한 역할은 경제적 경쟁력 확보보다는 자연재해에 흔들림이 없는 사회의 안전망 구축이 우선돼야 할 것이다.

부록2

대구 기후환경생태의 현황과 보전방안

I. 들어가는 말

도시의 기후생태는 주어진 자연적 조건에 부가하여 인간 활동에 따른 열과 대기오염물질의 부하정도와 자연 상태의 지표를 어떻게 변질시켰는가에 따라서 결정된다(김해동 등, 2011).

도시는 좁은 영역에 많은 인구가 집중하여 활발한 인간 활동이 이루어진다. 그 결과로 도시에서는 인접해 있는 주변의 교외지역과는 상이한 기후환경 생태계가 만들어진다. 이러한 도시기후환경의 현황과 변화의 정도는 기온상승 경향과 상대습도의 변화(도시건조화)를 조사해 봄으로써 판단할 수 있다. 그 이유는 공기의 성질을 결정하는 가장 중요한 기상요소가 기온과 습도이기 때문이다. 결국 도시의 기후환경생태를 보전한다는 것은 기온상승과 상대습도의 감소를 억제하고 대기오염 수준을 낮추어야 한다는 것으로 환원하여 말할 수 있다.

도시의 기온상승은 주로 다음의 3가지 효과, 즉, 콘크리트나 아스팔트와 같은 열저장효과가 큰 물질에 의한 도시공간의 포장화, 녹지면적과 수변지역의 감소로 인한 증발잠열 소비의 감소, 인간 활동에 따른 인공폐열 배출량의 증가에 크게 기인한다고 알려져 있다.

그리고 도시건조화는, 도시의 규모가 확대됨에 따라서 녹지대와 수변지대가 도로 포장과 인공구조물의 건설로 피복되어 지면증발원이 감소되고, 그 결과로 지면에서 대기로의 수증기 공급량이 감소하고, 앞에서 기술한 여러 원인에 의해 도시의 기온이 상승하여 상대습도가 낮아지기 때문에 발생한다. 상대습도는 기온이 같을 경우에는 대기 중 수증기 양이 적을수록 낮아지고, 수증기 양에 변화가 없을 경우에도 기온이 높아지면 상대습도는 낮아진다.

도시의 기후환경 보전, 즉 환경 친화적 도시계획을 목적으로 수행된 최근의 도시기후환경학 연구는 도시의 바람의 길 조성연구 분야와 밀접히 관련되어 있다. 이는 주로 풍속이 약하고 건조한 독일을 포함한 유럽의 내륙지역에서 활발한데, 최근에는 해안에 발달한 대규모 도시에 저온의 해풍 또는 강바람을 도심으로 유입하여 도시열섬현상을 완화하고자 하는 시도가 일본을 포함한 아시아 국가에서 활발히 이루어지고 있다. 도시의 바람 길을 보전하여 환기 기능을 원활하게 하면 도시의 기온상승과 상대습도 감소의 억제에 도움이 되고 도심에서 배출된 대기오염 물질을 교외로 배출시켜 대기오염 수준을 낮출 수 있다. 즉 도시의 기후환경생태를 보전하는 데에 유효한 수단이 된다.

한편, 최근에 이르러 선진국 대도시의 경우에 환경관리를 성공적으로 수행하여 기존의 도시기후 관련 교과서에서 소개되고 있는 도시기후의 나쁜 점들(예로서, 도시안개의 다발, 도시열섬, 도시건조화 등)이 대폭 개선되어 과거와는 전혀 다른 모습의 도시기후가 나타나고 있음이 소개되고 있다. 이러한 사례로 일본의 Omoto(1993)는 도시기후의 개선을 위하여 지속적으로 노력하여야 하지만, 기성의 편견에 치우쳐서 도시기후 개선의 현상을 객관적으로 파악하는 것을 소홀히 하여서는 아니 된다고 지적하였다. 그는 최근 확인되고 있는 도시기후의 변화양상을 다음과 같이 소개하고 있다. 도시의 발달에 의해 열섬이 강화되는 것으로 널리 알려져 있지만, 인공적인 관개로 시내를 녹화하고 있는 건조 및 반 건조 지역의 대도시는 한낮에 냉섬(cool island)에 습윤섬(wet island)화 되어, 일반적인 대도시와는 반대의 도시기후가 형성되어 있기도 하다. 또 사람들의 생활양식 변화와 대기오염대책의 성공적 수행으로, 일본과 영국을 포함한 선진국의 도시기후에 관한 이전의 상식이 맞지 않는 경우가 발생하고 있다. 예로, 공해대책이 진척된 나라의 대도시는 교외에 비해서 안개가 발생하기 어렵게 되었다. 그리고 여름철 한낮에는 대류가 발달하므로 도시의 기온상승 효과가 나타나기 어려운 것으로 알려져 왔지만, 반드시 그렇다고 말할 수 없는 결과도 얻어지고 있다.

이 연구의 주요 목적은 선진 국가 도시의 도시기후생태보전 노력을 참고로 대구의 도시기후환경생태의 현황을 파악하고 대구의 특성에 맞는 개선대책을 제시하는 것에 있다. 이를 위하여 우선 대구의 장기적 도시기후변화 특성을 살펴보고자 한다. 그리고 Omoto가 지적한 최근의 도시기후변화 특성에 대하여 최근 우리나라 도시기후에도 과거와 다른 모습의 도시기후학적 특징이 나타나고 있는지를 확인해 본다. 이어서 대구의 도시기후환경생태를 결정하는 주요 요인인 대기오염 배출량, 인공폐열, 토지이용도 변천과 현황 그리고 도시 내 국지규모의 대기순환장을 평가하였다. 이를 바탕으로 도시기후 기능 지도를 제작하고, 소지역별로 기후환경생태를 보전하기 위한 대책을 제언하는 제언지도(advice map)를 이용하여 제시하였다.

II. 대구의 장기적 도시기후변화 특성

1. 연구방법

도시화로 인한 환경변화를 입증하는 가장 일반적인 것으로서, Howard가 고안하고 Lowry로부터 널리 사용되어 온 방법이 있다(김해동, 2003). 이 방법은, 서로 다른 환경에 있는 지점들에서 관측된 도시와 교외간의 변수 차를 입증하는 것이다.

(1) $U = Mu - Mr$

여기서, U는 도시화에 따른 어떤 요소의 변화량, Mu, Mr은 각각 도시와 농촌에서 관측된 어떤 요소의 값이다. 이 방법은 Howard 이래로 현재까지 가장 일반적으로 채택되고 있다. 지형이 단순하고 평탄하며 대규모의 수괴가 없는 곳에서는 적어도 도시의 영향을 추정할 수 있는 가장 빠르고 타당한 접근방법이라고 말할 수 있을 것이다. 본 연구에서도 이 방법에 기초하여 대구의 도시화에 따른 장기적 도시기후변화 및 현황을 추풍령의 관측 값과 비교하여 분석하였다.

2. 도시기후환경의 변화특성

2.1 기온과 습도의 변화특성

이 단락에서는, 도시기후변화를 나타내는 가장 중요한 인자인 도시의 기온상승과 도시건조화의 문제를 다루었다. 즉, 기온과 상대습도의 장기적 변화특성을 기술하였다. 먼저 과거 40년간의 대구와 추풍령에서 관측된 연평균기온을 그림1에 나타내었다. 연평균기온의 경우, 양 지역이 모두에 기온 상승이 나타났지만 대도시인 대구의 기온상승 경향(약 1.5℃/40년)이 추풍령(약 0.4℃/40년)보다 현저히 높았다. 연평균기온 상승으로 표출된 도시화에 수반된 도시기온의 상승효과를 알아보기 위하여 그림2와 3에 하계와 동계의 기온변화를 제시하였다. 먼저, 도시화로 인한 하계(6~8월)의 일 최고기온과 일 최저기온의 연 평균치를 그림2(a), (b)에 나타내었다. 그림2(a)에 나타낸 하계 일 최고기온의 장기적 변화경향은, 대구와 추풍령의 양 지역 모두에서 증가경향이 거의 나타나지 않았다. 이와 달리, 일 최저기온의 장기적 변화경향(그림2(b))은 추풍령에서 다소 감소하는 경향(약 -1.1℃/40년)을 보인 것과 대조적으로 대구에서는 다소 증가하는 경향(약 0.7℃/40년)을 나타내었다.

도시화로 인한 겨울철(12~2월) 도시기온 상승경향을 파악하기 위하여, 일고기온과 일 최저기온의 연 평균치 변화추세를 그림3(a), (b)에 나타내었다. 여름철 기온변화경향과 달리, 기온상승효과가 양 지역에서 일 최고기온과 일 최저기온에 모두 나타남을 확인할 수 있었다. 그러나 도시화로 인한 겨울철 도시기온 상승효과는 일 최고기온보다는 일 최저기온 상승에 보다 뚜렷하였다. 일 최고기온의 상승효과는 대구가 추풍령보다 약간 컸지만, 양 지역 모두에서 약 2℃/40년의 기온상승이 나타났다. 따라서 대구의 겨울철 일 최고기온의 상승효과는 주로 지구온난화의 영향으로 뚜렷한 증가경향을 보였다고 사료된다. 양 지역의 겨울철 일 최저기온(그림3(b)) 장기변화를 자세히 살펴보면, 대구의 상승경향(약 3℃/40년)이 추풍령(약 1℃/40년)에 비하여 현저히 높음을 알 수 있다. 비록 상승폭은 작지만, 도시화의 영향이 매우 적은 추풍령에서도 겨울철 일 최저기온의 상승경향이 상대적으로 크게 나타났는데, 이는 지구온난화의 효과로 사료된다.

추풍령의 겨울철 일 최저기온 상승이 하계의 기온상승보다 크게 나타난 사실은, 온실기체 증가로 인한 지구온난화의 효과 혹은 도시 기온상승(도시열섬)의 효과가 하계 기온증가 보다는 동계의 일 최저기온 증가에 보다 크게 기여한다는 앞선 연구결과들과 일치하는 것이다. 이 결과는, 청명한 여름날에 대도시의 지면은 기온 상승의 효과가 현저하여 활발한 대류현상이 발생하여 저층의 현열을 효율 높게 고층으로 확산시키게 된다. 그래서 도시열섬 효과는 일 최고기온에 미치는 효과는 적고, 지면온도가 낮은 야간에 최저기온 상승에 기여하고 있다는 사실과 일치한다.

상대습도의 장기적 변화경향을 알아보기 위하여, 대구와 추풍령의 연평균 상대습도 변화(그림4(a))와 대구의 계절별 상대습도(그림4(b))와 추풍령의 계절별 상대습도변화(그림4(c))를 조사하였다. 양 지역에서 모두 지속적인 건조화경향을 보임을 알 수 있는데, 대구(약 -7%/40년)가 추풍령(약 -2.2%/40년)보다 상대습도의 감소가 뚜렷하였음을 알 수 있다. 한편, 양 지역에서 계절별 상대습도의 장기변동경향은 하계에 비하여 동계에 감소경향이 다소 컸음을 알 수 있다. 이는 상대습도의 감소에 기여하는 도시열섬 및 지구온난화로 인한 기온상승효과가 하계보다 동계에 크게 나타난 것에 기인하는 것으로 판단된다.

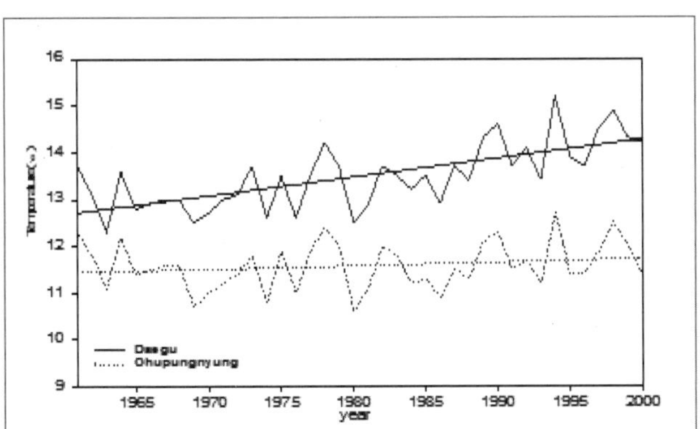

그림1. 대구와 추풍령의 장기적 지상기온 변화경향

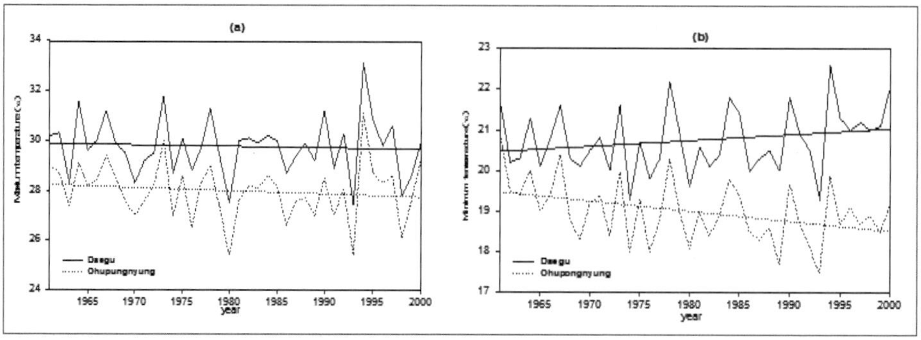

그림2. 대구와 추풍령의 일 최고기온(a)과 일 최저기온(b)의 변화경향

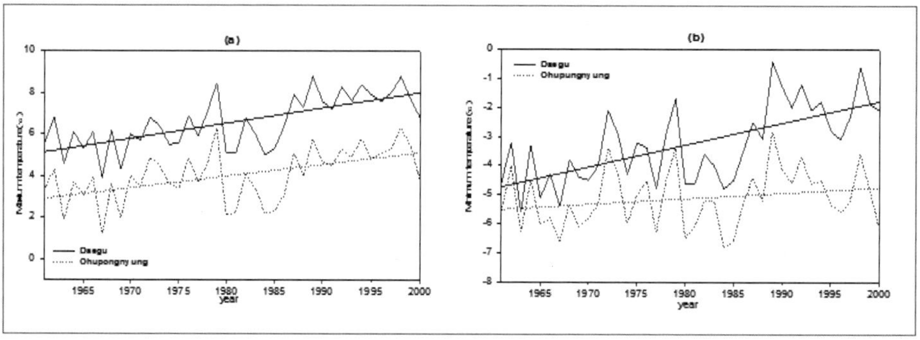

그림3. 대구와 추풍령의 겨울철 일 최고기온(a)과 일 최저기온(b)의 변화경향

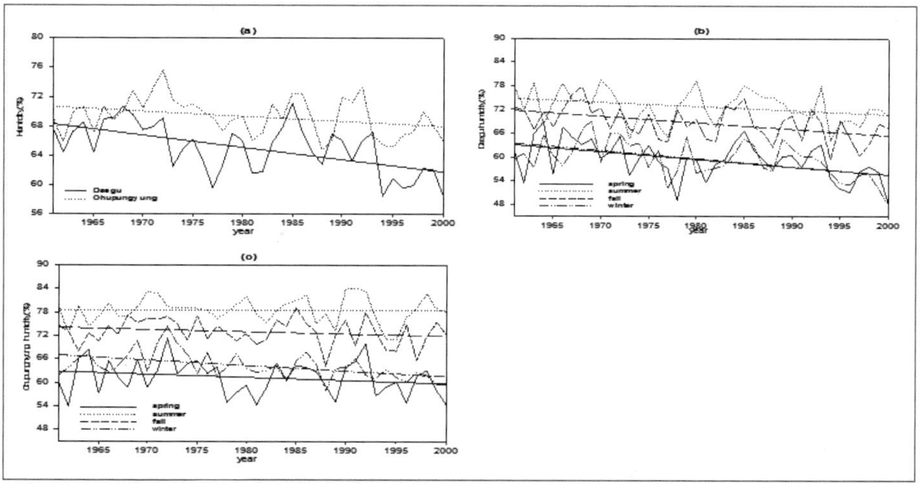

그림4. 대구와 추풍령의 연 평균 상대습도의 변화(a), 대구(a)와 추풍령(b)의 계절별 상대습도 변화

2.2 열대야와 겨울일 및 도시안개 발생일수의 변화

열대야(tropical night)란, 어떤 지역에서 1년 동안에 일 최저기온이 25℃ 이상이었던 일의 총합을 말한다. 기온이 야간에도 25℃ 이하로 내려가지 않으면 잠을 이루기 힘들기 때문에 더위를 나타내는 기후 통계로 잘 이용된다. 대구와 같은 대도시의 도시기온의 상승은 낮 동안의 일 최고기온의 상승에도 나타나지만, 주로 야간에 높은 도시기온을 유발한다. 이로 인하여 도시 주민들의 여름나기가 더욱 어렵게 된다. 이를 여름철 열대야 일수의 추세변화를 이용하여 조사하였다(그림5). 여름철의 열대야 일수는 추풍령에서는 거의 나타나지 않았고, 대구에서는 1994년 이전에는 1964년의 20일, 1966년의 25일, 1978년과 1984년의 20일을 제외하고는 연간 열대야 발생일수가 15일을 넘지 않는 수준이었는데 최근에는 1994년에 33일, 2001년에 발생일수가 43일에 이르는 등으로 발생일수에 진폭이 매우 크진 것으로 판단된다. 특히 2001년도에 대구에서는 7월 21일부터 8월 10일까지 무려 21일 연속하여 밤새 기온이 25℃ 아래로 떨어지지 않는 기록적인 열대야 일수를 나타내었다. 2005년과 2012년 여름에도 기록적인 열대야 일수를 기록하였다. 전국적으로 열대야 일수가 폭증하는 직접적인 이유는 지구온난화현상의 영향으로 북태평양고기압의 세력이 이상적으로 강하게 발달하여 지속적으로 고온다습한 기류가 유입되는 것에 있다. 여기에 추가하여, 선진국의 도시기후 연구에서 지적되고 있듯이, 도시포장화와 건물의 고층화로 인한 도시의 열용량(heat capacity) 급증에도 원인이 있는 것으로 추정된다. 아스팔트와 콘크리트(열전도율; $11 \times 10^{-3} cal \cdot cm^{-1} \cdot sec^{-1} \cdot deg^{-1}$)는 나대지나 약간의 식생이 피복되어 있는 곳(열전도율; $5 \sim 6 \times 10^{-3} cal \cdot cm^{-1} \cdot sec^{-1} \cdot deg^{-1}$)에 비하여 100배 이상 높은 열전도율을 보인다. 그래서 나대지나 약간의 식생이 피복되어 있는 곳에서는 청명한 날에 20~40cm 깊이에서 지온의 일변화가 그친다. 이에 대하여, 아스팔트나 콘크리트로 포장된 곳에서는 일중 지온변화가 미치는 깊이가 80~100cm 에까지 이른다. 이 결과, 도시화로 포장이 늘어나면 낮 동안에 보다 많은 열이 도시에 저장되어 야간에 오랜 시간 많은 양의 열이 대기 중으로 방출되어 열대야 유발에 기여한다.

겨울일(winter day)은, 서리일이라고도 불리는데, 일 최저기온이 0℃ 이하인 연중 일수를 말한다. 결빙이나 서리가 예상되는 날의 연중 일수인 것이다. 대구의 겨울일은 장기적으로 보아서 지속적으로 감소하고 있음을 볼 수 있다(그림6). 60년대에 100일 전후였던 대구의 연간 겨울일수가 최근에는 30일 이하로 줄었다. 이와 달리 추풍령의 겨울일 수는 감소경향을 보이지 않았다. 따라서 대구의 겨울일수 감소에는 도시열섬화의 효과가 크게 기여하였음을 추정할 수 있다.

오랜 과거에 관측된 자료에 근거하여 기술된 도시기후학에 나오는 교과서적인 상식이 최근에는 적용되지 않게 된 경우가 종종 보고되고 있다. 그러한 예로서 도시안개에 관한 것을 들 수 있다. 도시에서는 교외보다 에어로졸 등의 응결핵이 많아 도시의 안개발생일수가 인근의 교외지역에 비하여 2배 이상 발생하는 것으로 소개되어 있다. 그러나 공해대책이 잘 정비된 선진국에서는, 그것은 과거의 사실이고, 지금은 완전히 반대가 되어 도시는 주변 교외의 전원 지역보다도 안개일수가 감소하고 있다. 최근 영국의 런던에서는 교외에 농무가 발생하여도 런던 시내에는 안개가 없는 경우가 종종 발생하고 있다고 한다. 일본에서도, 보진협(保津峽)을 경계로 해서 서쪽에 위치한 구강분지(龜岡盆地)가 짙은 농무에 휩싸여도 동쪽에 있는 교토분지에는 안개가 없는 경우가 많다고 한다. 그리고 일본 교토와 오사카의 연간 안개일수는 1970년대까지는 100일을 넘는 해가 많을 정도였지만, 1980년대 이후에는 5일 이하로 급속히 감소하였다. 그래서 도시의 안개일수 발생추이는 도시 기후환경의 변화여부를 평가할 수 있는 환경 통계치로 이용되고 있다. 그림7에 대구와 추풍령의 안개일수 변동을 나타내었다. 대구의 연간 안개일수는 90년대 이전에 15일을 넘는 경우가 많았지만, 이후 최근 10여 년 간에는 도시안개의 발생이 지속적으로 줄어들고 있음을 볼 수 있다. 이처럼 90년대 이후에 대구의 도시안개 일수가 크게 줄어들고 있는 원인은 세 가지 이유로 설명할 수 있다. 첫째는, 하계의 전선 안개를 예외로 하면, 대구와 같은 내륙분지에서의 안개는 거의 대부분 지표면 냉각에 따른 복사 안개의 성격을 갖는다. 그런데 도시의 포장화가 진척되면 아스팔트나 콘크리트의 큰 열용량으로 지표면 복사냉각이 억제되기 때문에 복사안개의 발생이 어려워진다. 즉, 대구의 도로확대 및 도시건축물의 밀집하는 영향으로 인한 지면온도 상승이 도시안개 발생을 저감시켰을 것으로 추측할 수 있다. 두 번째는, 도시건조화가 안개발생일수를 저하시켰을 것으로 예상할 수 있다. 대구의 상대습도는 선진국의 다른 도시와 달리 90년대 이후에도 지속적으로 감소하고 있어, 도시건조화가 도시안개 감소에 기여하였을 것으로 사료된다. 세 번째는, Omoto(1993)

가 일본의 도시안개 발생일수 감소의 원인으로 주장한 바와 같이 도시의 환경 개선, 즉 도시의 부유분진 농도 개선에 의한 대기 중의 응결핵 감소가 도시안개 일수를 저감시켰을 것으로 추정할 수 있다. 이를 확인하기 위하여 Fig. 8에 대구의 부유분진 농도추이를 나타내었다. 여기에서 확인할 수 있듯이, 대구의 부유분진 농도는 90년대 이래로 현저히 개선되었다. 따라서 대구의 경우에도 선진외국의 여러 도시와 마찬가지로 도시의 대기 질 개선효과도 도시안개의 발생감소에 기여하였을 것으로 보인다. 대구의 경우와 달리, 대기부유분진, 기온상승과 건조화의 영향이 거의 없었던 추풍령의 연간 안개일수는 큰 변화가 없었다.

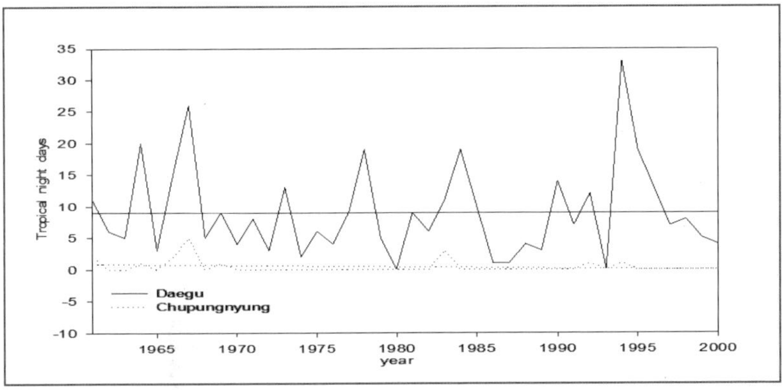

그림5. 대구와 추풍령의 열대야일수 변화경향

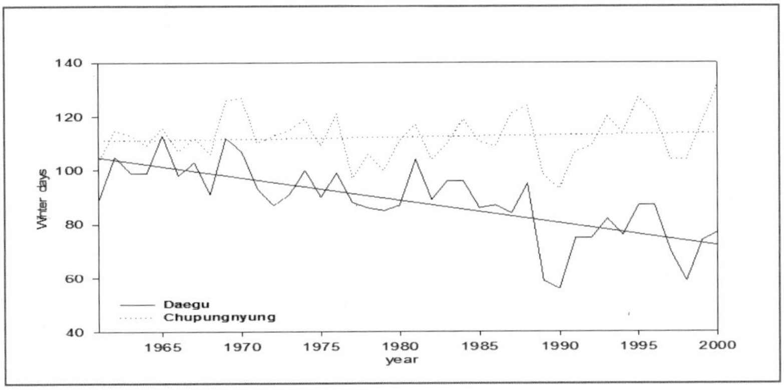

그림6. 대구와 추풍령의 겨울일수 변화경향

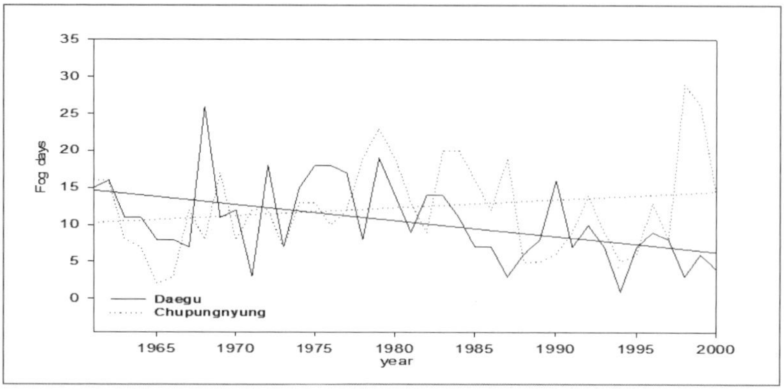

그림7. 대구와 추풍령의 안개일수 변화경향

III. 대구의 대기오염물질 배출량 공간분포

1. 연구방법

도시의 대기질을 악화시키는 오염물질의 대부분은 인간 활동에 의한 인위적 배출원이다. 인위적 배출원은 크게 고정배출원과 이동배출원으로 분류되며, 고정배출원은 다시 점 오염원과 면 오염원으로 분류된다. 점오염원은 발전소, 소각로 등과 같이 대기오염 배출량이 대단히 큰 산업시설을 의미하며, 주택 및 아파트단지, 상가 및 공공건물단지, 그리고 비교적 오염 방출량이 적은 소규모 공장의 밀집지대 등은 면오염원에 속한다. 그리고 이동배출원은 자동차, 선박, 비행기 등 주로 수송기관에 의한 배출원을 의미하며, 이는 일반적으로 선오염원으로 분류된다.

대기오염 배출량 조사는 대상지역 내에 있는 모든 오염원으로부터 일정기간 동안 대기 중으로 방출되는 오염물질의 종류와 양을 파악하고 배출원과 관련된 정보를 수집하는 것을 말한다. 이 자료는 대기오염관리를 위해서는 모든 것에 앞서서 수행되어야 하는 가장 기본적인 일이며 도시 내 대기오염을 파악하기 위해 운영하는 대기확산모형의 기초 입력 자료로도 반드시 필요하다. 그리고 배출원 자료가 대기모델링에서 유용하게 활용되기 위해서는 모든 배출원 항목이 공간적으로 시간적으로 정확히 분석되어야 한다.

우리나라의 대표적인 내륙 분지 도시인 대구의 경우에는, 매년 환경백서에 발표되는 소비연료량에 근거하여 제시되는 각종 대기오염배출량의 연간 총량자료와 주요 산업시설의 점 오염원 및 주택단지의 면 오염원에 의한 대기오염배출 총량의 공간분포 자료가 조사되어 있을 뿐이고, 현대 도시사회에서 압도적으로 많은 대기오염물질을 배출하는 선 오염원의 공간분포 및 점·선·면 배출원에 의한 대기오염물질배출량의 시·공간적 자료는 조사되지 못하였다. 대구지역의 대기오염물질 유동현상 파악을 위한 수치모델의 입력 자료로 활용 가능하게 하기 위하여 대구지역을 $1km \times 1km$ 간격의 격자로 나누어, 점·선·면 오염원에서 배출되는 대기오염물질배출량의 시·공간적 분포자료를 산출하였다(박명희 등, 2002). 이 연구를 통하여 대구에 산재한 각종 오염원이 배출하는 대기오염물질에 의한 대기오염의 영향을 시·공간적으로 파악하게 됨으로써, 대구지역의 대기오염을 예측하여 관리할 수 있는 기초자료를 확보하게 되었다. 각 오염원별로 배출량을 산정한 방법은 다음과 같다.

1.1 면 오염원

면 오염원은 도시지역의 대부분을 차지하고 있으며, 그 수가 많아 오염배출량에 대한 실측이 불가능한 실정이다. 그래서 본 연구에서는 연료사용량과 사용연료에 따른 배출계수를 이용하여 산정한다. 각 격자별 면 오염원을 산정하기 위하여 사용된 오염원에 대한 자료로는, 대구시 발간의 통계연보의 구별 실제 가구 수와 연료별 연간 사용량, 국립환경연구원에서 제시한 연료에 따른 배출계수이다. 면 오염원에 의한 대기오염물질 배출량 산정에는 연료별 오염물질 배출계수 중 난방부문 연료에 의한 배출계수를 이용하였다.

1.2 선 오염원

선 오염원에 의한 대기오염물질 배출량을 계산하기 위해서는 교통량 조사 자료집과 도로별 통계연보, 차종별 오염물질 배출계수와 대구시 도로 길이 추정자료를 이용하여 산정하였다. 차종은 7종류(승용차, 소형버스, 중형버스, 대형버스, 소형화물차, 중형화물차, 대형화물차)로 구분하여 고려하였다.

1.3 점 오염원

점 오염원에 의한 배출량은 대구시 공해배출업소 중 연간 연료사용량이 1000톤 이상인 대기분야 1, 2, 3종의 업소를 대상으로 하였으나, 입수한 공해배출업소 자료는 대기분야 1, 2, 3종의 업소 중 대구시가 보유한 자료를 이용하였다. 그리고 각 배출업소별로 TM좌표화 하여 연간 사용한 연료종류와 총 사용량을 조사하고, 연료의 종류별 대기오염물질 배출계수 중에서 산업용 대기오염물질 배출계수를 곱하여 점오염원에 의한 배출량을 구한다.

2. 총배출량과 배출원별 배출량 공간분포

대구지역에서 배출되는 대기오염물질 배출량을 오염물질별(*PM-10, SO_2, NO_x, CO, HC*)로 공간분포를 구하였다. 미세먼지(*PM-10*)는 산격동일대에서 181.5ton/year 이상으로 가장 많은 배출량을 보였다. 150ton/year이상 배출하는 지역은 이현동, 100ton/year 이상의 배출량을 보이는 곳은 각산동, 비산동, 사수동 일대로 나타났다. 아황산가스(*SO_2*)는역시비산동일대에서 253.92ton/ year이상으로 가장 많이 배출하는 것으로 평가되었고, 200ton/year 이상은 수성동, 150ton/year이상은 장동과 이현동일대였다. 질소산화물(*NO_x*)도 산격동일대가 997.79ton/year 이상으로 가장 많이 배출하는 것으로 평가되었고, 이현동은 900ton/year이상, 수성동은 800ton/year이상을 보여 이들 지역이 높은 아황산가스 배출량 지역임이 확인되었다. 일산화탄소(*CO*)는 서대구공단일대인 이현동에서 1644.71ton/year로 가장 많이 배출되는 것으로 평가되었다. 그리고 산격동, 수성동 일대에서 1400ton/year이상의 *CO*가스가 배출하고 있고, 대구의 도심인 삼덕동 일대에서도 537.88ton/year이상 배출되고 알 수 있다. 탄화수소(*HC*)는 주요배출지역이 일산화탄소(*CO*)와 거의 일치하나, 그 양은 일산화탄소에 비하여 상당히 적다. 200ton/year이상 배출되는 지역은 이현동, 산격동, 수성동 일대이고, 150ton/year이상은 각산동, 팔달동, 내당동, 비산동 일대로 이들 지역에서 많은 양의 탄화수소가 배출량을 확인할 수 있다.

면, 점 및 선 오염원별 대기오염물질 발생량에 대한 공간분포를 그림8에 나타내었다. 면 오염원의 경우(그림8(a))는 대단위 아파트 밀집지역이 위치한 주거지역을 중심으로 많이 배출되고 있음을 알 수 있다. 면 오염원은 난방연료 사용시 많이 배출되는데 달서구, 남구, 서구, 수성구, 동구 순으로 세대수가 밀집되어 있는 지역에 뚜렷하게 높은 값이 나타나 있다.

선 오염원의 경우(그림8(b))는 경부고속도로와 중앙고속도로, 구마고속도로가 지나는 영역을 따라서 배출량이 많음을 볼 수 있다. 점 오염원의 경우(그림8(c))는 성서공단과 서대구공단, 3공단이 위치한 곳에서 높은 배출량이 산정되었다.

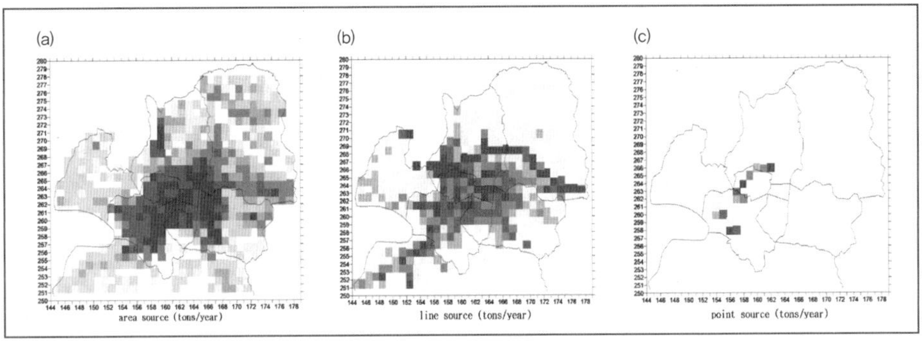

그림8. 대구의 대기오염배출량 공간분포. 면오염원(a), 선오염원(b), 점오염원(c)

대구지역에서 배출되는 대기오염물질 배출량을 오염물질별(*PM-10, SO_2, NO_x, CO, HC*)로 공간분포를 구하여 그림9에 나타내었다. 미세먼지(*PM-10*)의 경우(그림9(a))는 산격동 일대에서 181.5ton/year 이상으로 가장 많은 배출량을 보였다. 150ton/year이상 배출하는 지역은 이현동, 100ton/year 이상의 배출량을 보이는 곳은 각산동, 비산동, 사수동 일대로 나타났다. 아황산가스(SO_2)의경우(그림9(b))는 역시 비산동 일대에서 253.92ton/ year이상으로 가장 많이 배출하는 것으로 평가되었고, 200ton/year 이상은 수성동, 150ton/year이상은 장동과 이현동일대였다. 질소산화물(NO_x)의 경우(그림9(c))도 산격동 일대가 997.79ton/year이상으로 가장 많이 배출하는 것으로 평가되었고, 이현동은 900ton/year이상, 수성동은 800ton/year이상을 보여 이들 지역이 높은 아황산가스 배출량 지역임이 확인되었다. 일산화탄소(*CO*)의 경우(그림9(d))는 서대구공단 일대인 이현동에서 1644.71ton/year로 가장 많이 배출되는 것으로 평가되었다. 그리고 산격동, 수성동 일대에서 1400ton/year이상의 *CO*가스가 배출하고 있고, 대구의 도심인 삼덕동 일대에서도 537.88ton/year이상 배출되고 알 수 있다. 탄화수소(*HC*)의 경우(그림9(e))는 주요 배출지역이 일산화탄소(*CO*)와 거의 일치하나, 그 양은 일산화탄소에 비하여 상당히 적다. 200ton/year이상 배출되는 지역은 이현동, 산격동, 수성동 일대이고, 150ton/year이상은 각산동, 팔달동, 내당동, 비산동 일대로 이들 지역에서 많은 양의 탄화수소가 배출량을 확인할 수 있다.

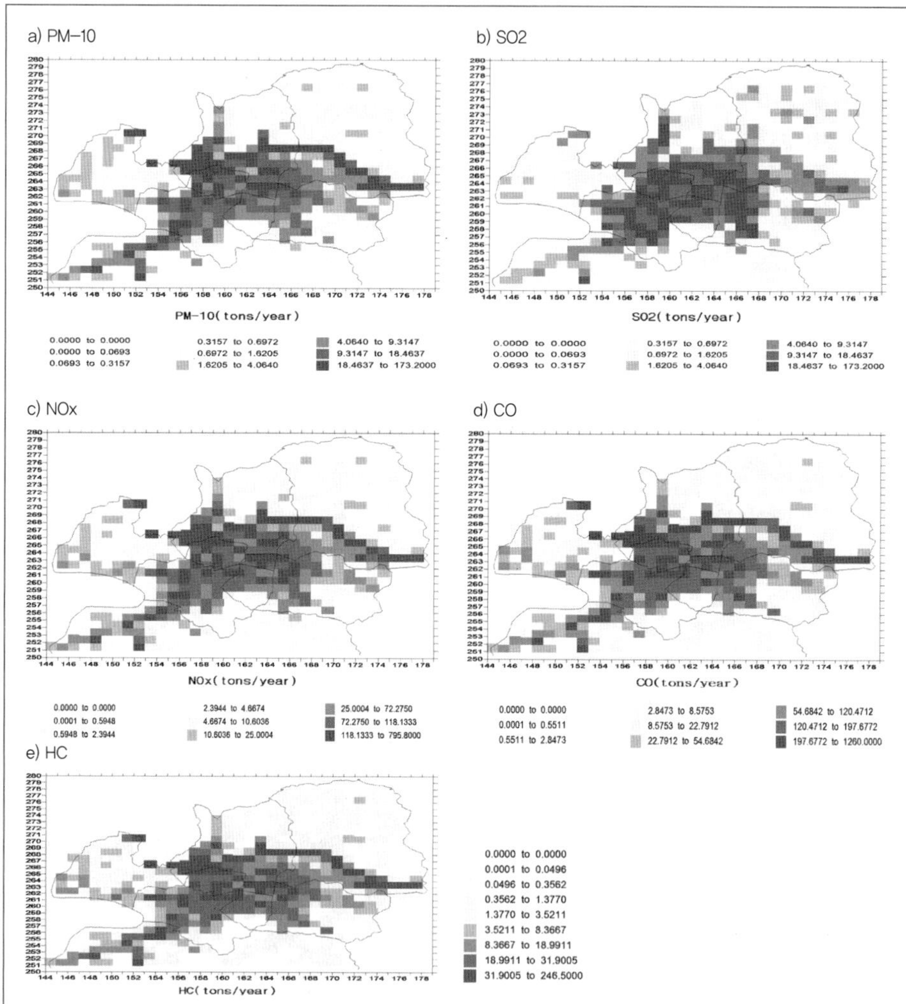

그림9. 대구시에서 1년 동안 배출되는 주요 대기오염물질의 공간분포 (단위: ton/year).

IV. 대구의 인공폐열 배출량의 공간 분포

1. 연구방법

대구의 도시열섬 유발 요인을 파악하기 위한 기초자료 수집을 위하여 인공열 배출량에 대한 공간적 자료를 파악하고, 분포특성을 분석해 보았다. 인공열 플럭스는 냉난방, 제조, 운송, 조명 등의 목적으로 도시 내에서 소모되는 연료에 의한 배출과 인간과 동물의 신진대사에 의한 배출이 포함된다. 인간 활동에 의한 인공열 플럭스는 개인별 에너지의 사용량과 도시의 인구밀도에 의존하며, 개인별 에너지 사용은 경제력과 겨울철의 난방 및 그 이외의 여러 요인에 의존한다. 따라서 적당한 공간과 시간규모에 대한 연료 사용 자료가 파악될 수 있다면, 이러한 인공열 플럭스가 이론적으로 높은 정확도로 추정되어질 수 있다.

본 연구에서는 인공열 배출량은 건물에서 사용되어지는 에너지에 의한 인공열과 차량의 운행으로 소비되는 연료로부터 배출되는 인공열의 합이라고 가정하였다. 건물로부터의 인공열 배출량은 건물의 종류를 9개의 용도별로 분류하여 1km×1km의 격자 내에 각 용도의 건물의 면적비율을 결정하여 인공열 배출량을 추정하였다. 차량으로부터 방출되는 인공열은 도로에서 운행되는 차종별 통행량과 도로 길이를 이용하여 추정하였다. 이를 위해 대구지역의 1:1,000 수치지형도를 이용하여 건물과 도로의 공간적 분포를 파악하였고, 건물 용도별 바닥 면적당 에너지 소비 원단위와 차종별 연료 소비율을 활용하여 인공열의 시·공간적 분포도를 작성할 수 있었다.

1.1 건물 배출의 인공열

GIS(Geographical Information System) 자료인 1:1,000 수치지형도를 이용하여 대구지역을 1km×1km로 격자를 나누어, 격자 내 건물을 상점, 공장, 백화점, 아파트, 단독주택, 병원, 호텔, 사무실, 학교의 9개 용도별로 분류하였다. 각 격자별로 용도별 바닥면적을 산정하고, 건물 용도별 에너지소비량 통계자료인 에너지 총 조사 보고서를 이용하여 에너지 소비분포를 구하였다. 건물 용도별 바닥 면적당의 월별 및 연간 에너지소비 원단위는 호텔에서 2051 *MJ/(m²·year)*로 가장 컸으며, 다음은 병원과 백화점이 각각 1378 *MJ/(m²·year)*과 1278 MJ/(m²·year)로 나타났다.

건물에서 배출되는 연간 인공열 추정은 건물 용도별 바닥면적과 연간 에너지 소비 원단위를 곱해서 추정하였으며, 같은 방법으로 계절별, 월별, 주·야간별 인공열을 추정하였다. 연간 건축물에서 배출되는 인공열은 다음의 관계식을 이용하여 계산하였다.

(1) $D_i = F_i/M,\ HB_Y = D_i \times Z_Y$ (2) $HB_Y = D_i \times Z_Y$

여기서, D_i는 건물 용도별 바닥면적비, F_i는 용도별 건축물의 바닥면적의 합, M은 격자 하나의 면적, HB_Y는 연간 건물의 용도별 인공열($MJ/(m^2 \cdot year)$), Z_Y는 건물의 용도별 연간 에너지소비 원단위($MJ/(m^2 \cdot year)$)이고, i는 건물 용도별 분류번호이다.

1.2 차량배출의 인공열

건물로부터의 인공열 추정의 기본 격자와 마찬가지로 GIS 자료인 1 : 1,000 수치지형도를 이용하여, 차량으로부터의 인공열 추정의 기본 격자를 1km×1km로 두어 격자 내 대구시 모든 도로의 총 연장거리를 추정하였다.

대구지역의 차량에 의한 인공열을 추정하기 위하여 이용한 자료는 대구시 차종별 등록대수 현황, 차종별 1일 평균 주행거리, 대구지역의 도로 길이 그리고 각 연료의 발열량과 연료 사용 비이다. 차량에 의한 인공열 추정에 있어서, 차량의 종류는 승용차, 택시, 트럭, 버스로 구분하여 고려하였다. 그리고 각 격자 내에서 조사된 정확한 교통량 자료가 없기 때문에 도로 길이 율로 추정하는 방법을 채택하였다. 도로 길이 율은, 대구지역의 수치지형도를 이용하여 각 격자별 도로 길이를 구하고, 이것과 대구지역 전체 도로 길이에 대한 비를 각 격자별 계산하여 얻는다.

등록된 모든 차량은 도로를 따라 랜덤하게 운행되어진다는 가정 하에, 대구지역의 도로 길이 율에 대구에 등록된 차량대수를 곱하여 각 격자별로 운행되어지는 차량을 추정하였다. 이렇게 구한 격자별 각 차량별 일일 운행대수에 각 차량별 일일 평균 주행거리와 각 차종별 연료의 발열량을 곱한 후에, 차종별 연료 사용비(使用比)와 격자별 면적을 나누어 줌으로써 격자별 일일 총 운행거리를 구할 수 있었다. 이를 수식으로 표현하면, 다음과 같다.

$$(3)\ HC_Y = \sum_{K}(V_{RN} \times D_C \times (M_I/R_I) \times G)/(N_k \times M)$$

여기서, HC_Y는 연간 차량에서 배출되는 인공열, V_{RN}은 자동차 등록대수, D_C는 차량별 1일 평균 주행거리(km/day), M_I 각 격자내의 도로길이(km), R_I은 대구의 총 도로연장 길이(km), G는 열료별 발열량(kcal/l), N_k는 차종별 연료사용비(km/l), M은 격자면적(m^2)이다.

2. 인공폐열의 배출량 공간분포

대구지역에서 추정된 연평균 인공열 배출량을 그림10에 나타내었다. 대구지역 전체의 연평균 값은 약 6.7W/m^2이었다. 이를 보다 상세히 보면, 도심지역인 중구에서 약 23.2W/m^2으로 가장 높고, 서구와 남구가 각각 15.8W/m^2, 13.2W/m^2로 뒤를 이었으며, 북구와 동구는 각각 5.5W/m^2, 3.3W/m^2로 낮게 추정되었다(그림11).

이를 배출 요인별로 살펴보면 다음과 같다. 건물과 차량에서 배출된 인공열을 대구지역 전체에서 평균하면, 각각 4.2W/m^2, 2.6W/m^2 으로 평가되어, 건물과 차량의 총 인공열에 대한 기여도는 대략 2 : 1 이었다. Table 4에 대구지역의 각 구별로 인공열 배출량에 기여하는 요인별 양을 제시하였다. 이에 의하면, 도시의 중심지역인 중구에서 건물과 차량에 의한 인공열 배출량은 15.8W/m^2과 7.8W/m^2로 추정되어 가장 높은 분포를 보였다. 한편, 남구와 서구에서는 건물이 배출하는 인공열이 각각 9.8W/m^2, 8.3W/m^2으로 중구의 약 50~60% 에 지나지 않지만, 차량이 배출하는 인공열은 각각 약 6.0W/m^2, 5.0W/m^2으로 평가되어 중구의 약 70%에 상당하였다. 이는 중구에 상가와 고층 사무실이 밀집하여 건물로부터 많은 양의 인공열이 배출된 결과로 해석된다.

그림12(a), (b)에 대구지역의 건물과 차량이 배출하는 인공열의 연평균 공간분포를 나타내었다. 건물에서 배출되는 인공열의 분포는 건물 밀집도가 큰 중구에서 가장 높았고, 서구와 남구의 순서로 많았다. 수성구에서는 아파트 밀집지역에서 높은 인공열 배출을 나타내었지만, 수성구 전체에서 평균하면 높은 녹지면적율의 영향으로 낮게 평가되었다. 차량에 의한 인공열 배출량의 분포도

중구에서 7.4W/m^2 으로 가장 높았고, 이어서 서구와 남구에서 각각 약 6.0W/m^2, 5.0W/m^{2}으로 추정되어 그 뒤를 이었다.

이를 행정단위별로 평가하면, 대구의 인공열 배출량에 대한 공간분포는 중구에서 가장 높고, 이어서 서구, 남구 그리고 달서구의 순서이었다. 이에 비하여 수성구, 북구 및 동구의 인공열 배출량은 상당히 낮게 평가되었다. 그러나 이를 격자별로 상세히 보아도, 대체로 중구, 서구 및 남구에 높은 값이 분포하지만 북구와 수성구(아파트 단지) 및 동구(호텔)에도 높은 인공열이 배출되는 영역이 존재함을 확인 할 수 있다.

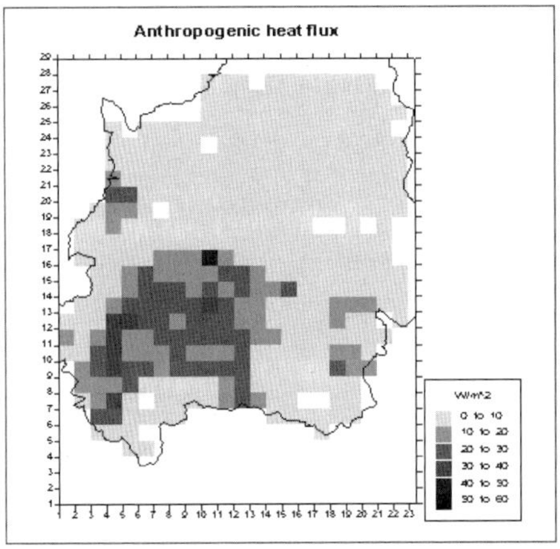

그림10. 대구에서 연간 배출되는 인공폐열의 공간분포

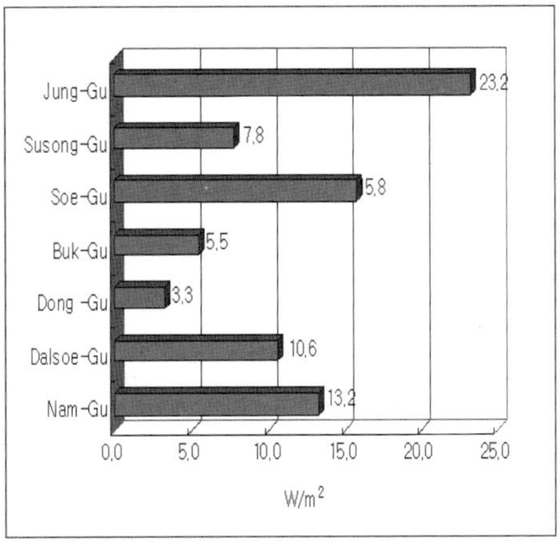

그림11. 대구의 행정 구역별로 연간 배출되는 인공열

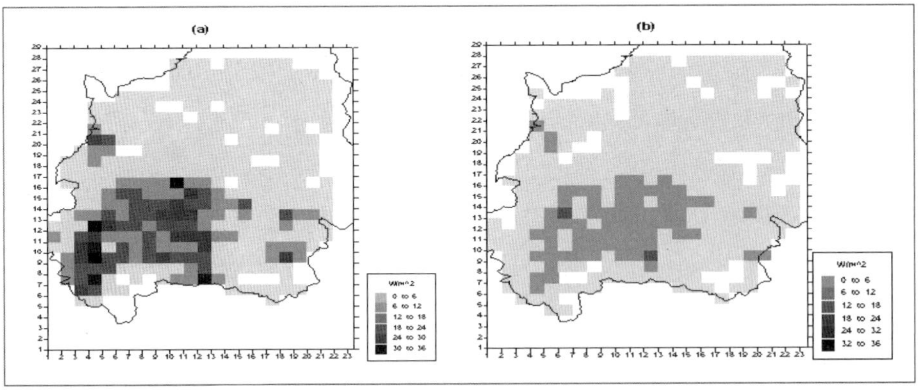

그림12. 건물과 차량에서 연간 배출되는 인공열의 공간분포. (a)건물 (b)차량.

V. 대구의 대기 순환 특성

1. 연구방법

사례일 선정

국지적으로 생성되는 냉기류를 이용하여 도시의 기온을 낮추고, 대기오염의 확산을 개선할 필요성은 하계에 일평균풍속이 약하고 쾌청한 날에 높다. 이러한 날을 선정하기 위하여, 2003년 난후기(5월~10월)를 대상으로 선정 작업을 하였다. 먼저 일본기상협회에서 발간한 지상일기도를 분석하여 종관 기상상태가 동서고압대형인 날을 선정하였다. 그리고 이 중에서 대구지방 기상대에서 관측한 일조시간이 10시간 이상으로 길어 쾌청조건을 만족하는 2003년 5월 10~12일을 사례일로 선정하였다. 이 날은 우리나라가 동서고압대에 덮여 있어 기압의 공간구배가 작아 일반풍이 약하고 일조시간이 충분하여 국지순환이 잘 발달할 수 있는 조건을 만족한다.

수치실험모형

본 연구에서 사용된 수치모형은 상용의 지역규모의 대기순환모형인 RAMS (Regional Atmospheric Modeling System)이다. 이 모형은 Pielke 등(1992)에 의해 개발된 범용 수치모델이다.

기상조건에 대한 초기조건자료는 NCEP/NCAR(National Center for Environmental Prediction/National Center for Atmospheric Research) 재분석자료의 매 6시간 값을 사용하였다. 이로부터 총 60시간에 걸쳐서 수치적분을 수행하여 대구지역의 국지적 대기 순환장을 분석하였으며, 수치모의의 결과는 대구지역에 설치되어 있는 9개의 자동 기상관측망의 바람 관측 자료와 비교하였다.

계산영역과 경계조건

수치모의 대상영역은 중심 좌표를 북위 35.8°, 동경 128.6°로 하여 성긴 격자의 경우 격자간격을 5km로 하여 동서방향 210km, 남북방향 210km로 두어 각각 42개의 격자점으로 나타냈으며, 연직 격자는 총 30층으로 구성하였다. 이는 대상지역인 대구지역 뿐만 아니라 주변 연안지역인 포항과 동해안이 포함되어 있어 주변지역의 지형 및 지리적 영향을 자세히 살펴볼 수 있는 범위다. 상세격자영역은 격자간격을 1km로 하여 동서방향과 남북방향을 모두 52km로 두었으며 연직격자는 성긴 격자와 같이 30층으로 두었다. 이는 대구지역 국지풍 형성이 고려되어지는 팔공산 및 비슬산(앞산)을 모두 포함하고 있으며, 바람의 유출이 예상되는 현풍지역도 포함되어 있다. 시간적 분 간격은 30초로 설정하였다. 측면 경계조건은 복사경계조건(Orlanskski, 1994)을 사용하였다. 상층 경계조건은 상층으로 전파되는 내부중력파를 효과적으로 흡수할 수 있도록 하기 위하여 중력파 복사 조건(Reynolds 등, 1994)을 사용하였다. 한편 수치모형 내에 포함되는 해양의 해수면온도는 전 세계 5월의 월평균해수면온도 평년치를 사용하였다.

2. 대구의 국지규모 대기순환 특성

그림13은 수치실험으로 파악된 지상에서의 수평 바람분포를 나타낸 것이다. 수치실험은 2003년 5월 10일 오전 9시부터 5월 12일 21시까지 총 60시간 수행되었으나, 대구지역의 낮과 야간의 국지풍순환을 이해하기에 편리한 5월 11일 09시 이후부터 18시간 동안에 얻어진 자료를 6시간 간격으로 제시하였다.

일출 이후인 그림13의 09LST에는 저지대에서 산지로 바람이 부는 곡풍이 형성되고, 현풍(玄風)지역쪽으로는 여전히 대구시내에서 교외로의 유출이 존재하나 교외풍의 형성이 시작되고 있음도 확인할 수 있다. 15LST에서 낮 동안에 발달하는 국지순환의 특성을 볼 수가 있다. 대구의 동쪽 해안지역으로부터 유입되는 기류는 팔공산의 팔거천(A)과 앞산의 신천(B)을 따라 가창골로 곡풍의 형태로 유출되고 있는 것을 확인할 수 있다.

대구의 서쪽 지역에서는 낙동강과 경작지로 이루어진 교외지역인 현풍지역에서 대구 최대의 산업단지(성서산업단지)인 달서구지역으로 교외풍이 유입되는데, 유입된 기류는 앞산자락인 청량산 일대의 도원지(C) 등의 계곡을 따라서 곡풍의 형태로 유출되고 있다. 아울러 성서산업단지(D)에서는 주변에 위치한 산지로 계곡풍의 형태로 지상풍이 유출되어 발산역이 형성되는 것을 볼 수가 있다. 따라서 교외풍의 영향이 대구의 도심에까지는 거의 도달하지 않는 것으로 평가되었다.

21LST에는 앞산에 위치한 거대 계곡인 신천과 팔공산의 팔거천을 따라서 산

풍이 저지대로 유출되는 모습을 볼 수 있고, 이보다는 계곡의 규모가 작은 청량산에 위치한 도원지계곡과 팔공산의 서쪽에 위치한 이언천(E)을 따라서도 산풍이 유출되는 것을 확인할 수 있다.

12일 03LST에 산풍의 저지대로의 유출과 평지에서의 이동과정을 가장 명확히 볼 수 있었다. 경산의 남천계곡(F)을 따라서 저지대로 유출된 산풍과 신천을 따라서 유출된 산풍이 일부는 팔공산의 동화천(G)방향으로 흘러가고, 나머지는 대구의 저지대인 서쪽 지역으로 이동해가는 것을 확인할 수 있다. 그리고 팔공산의 팔거천과 이언천을 따라서 저지대로 유출되는 산풍도 앞산에서 유출된 산풍과 합류하여 대구의 서쪽 지역으로 이동하여 결국 대구의 남서방향의 교외지역인 현풍지역으로 유출되고 있다. 아울러, 도원지에서 유출된 산풍도 대구의 동쪽에서 이동해온 국지풍과 합류하여 현풍지역으로 유출되어가는 것이 모의되었다.

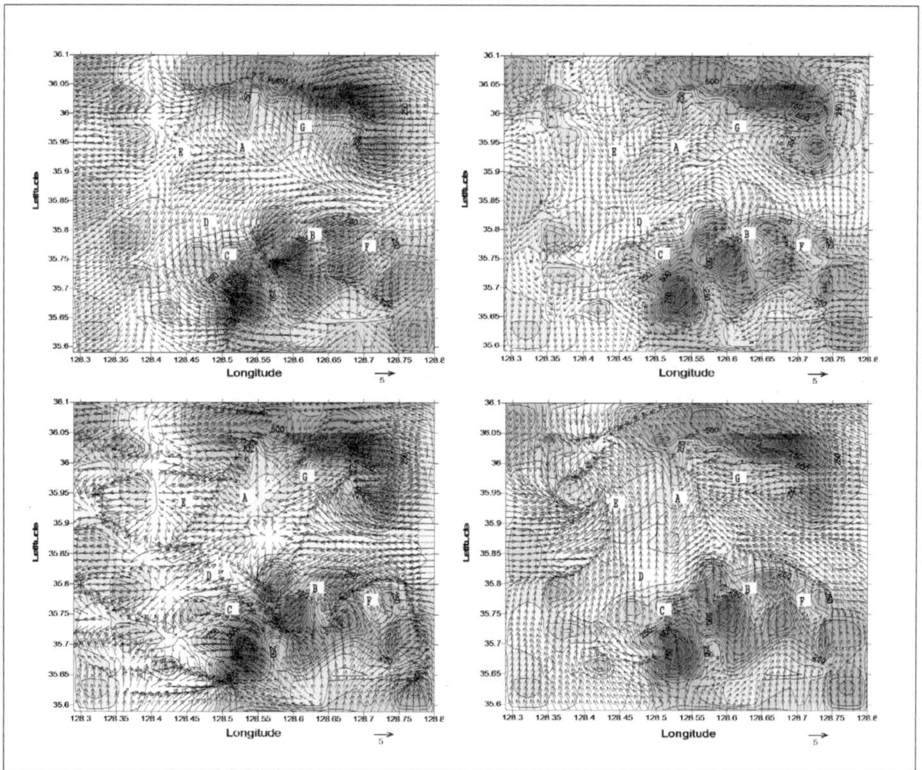

그림13. 수치실험으로 파악된 대구의 대기순환장. A–F는 대구의 중요 환기통로인 바람길을 나타낸다.

VI. 대구의 기후환경생태 보전을 위한 advice map

1. 연구방법

도시의 기후환경생태를 보전하면서 도시를 개발해가기 위한 제안지도(advice map)을 작성하려면 도시 내 소지역별로 도시기후, 대기오염, 인공폐열의 배출수준, 대기환기 조건, 토지의 이용현황 등에 대한 정보가 우선적으로 조사되어야 한다. 이들 기본 자료를 지도상에서 정리한 것을 도시기후환경지도라고 하는데, 이를 작성하는 과정은 기후해석과정, 기상이외 공간정보과정, 수치 실험과정으로 구성된다. 기후해석 및 기상이외 공간 정보 과정에서는 관련 자료의 수집과 현지조사를 통해 기온과 바람장 그리고 대기오염배출량과 인공열배출량, 열환경 분포 등을 분석한다. 수치실험과정은, 도시환경기후지도 작성 단계에서 대기오염을 저감시키고 도시의 열적 쾌적성을 향상시킬 수 있는 하나의 방법으로서, 지역의 바람통로 정보를 상세하게 파악하여 자연의 바람을 이용하여 도시기후와 대기오염을 조절할 수 있는 방안을 찾는 과정으로 이루어진다. 이상의 과정을 통해 얻어진 결과를 바탕으로 도시 내의 소지역별로 기후환경생태보전을 위한 대책을 제시하는 것이 제안지도(advice map)이다(박 등, 2011).

도시의 기후와 환경자료의 조사에서 제안지도 작성에 이르기까지의 과정을 흐름도로 제시한 것이 그림14이다. 대구의 소지역별 도시기후와 환경자료를 조사한 과정은 II~IV장에 제시되었으며, 수치 실험과정은 V장에 제시되었다. 이 장에서는 앞에서 제시하지 않은 대구의 토지이용 현황 자료를 더한 바탕에서 제작한 제안지도(advice map)을 소개하고자 한다.

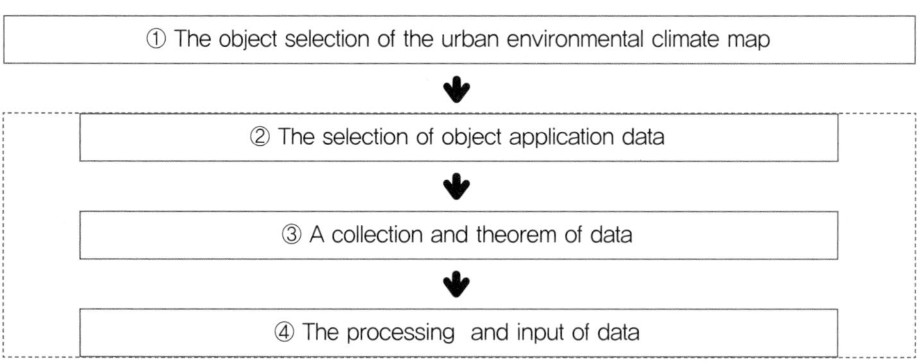

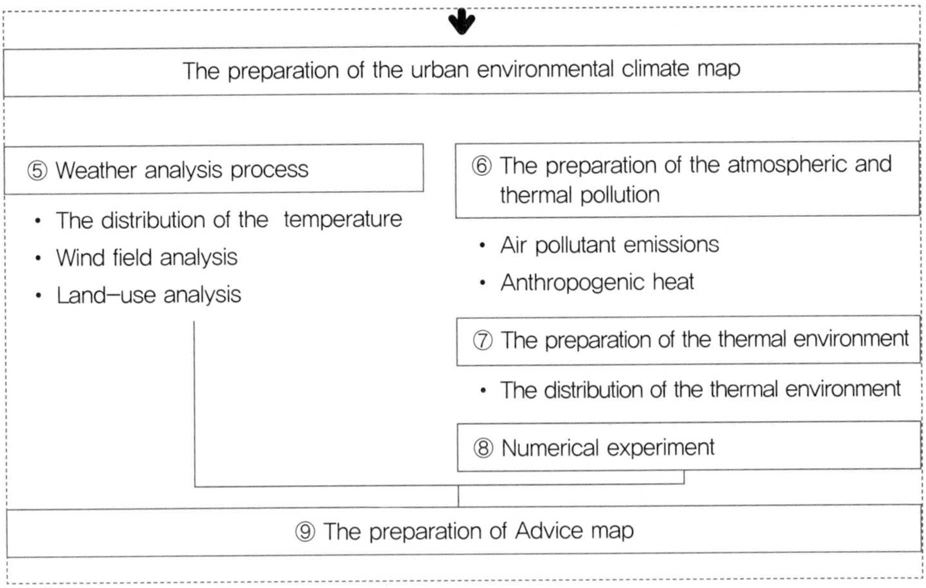

그림14. 도시기후환경생태 보전을 위한 도시계획에 대한 제안지도(advice map) 작성과정

1.1 토지이용변화추이

대구지역의 장기적인 토지이용도 변화를 나타내었다. 이 자료는 수자원관리종합시스템(WAMIS)에서 Landsat 영상을 처리하여 제공한 대구지역의 지형 공간 래스터 자료를 이용하였다.

자료의 공간해상도는 1975년은 30m×30m, 1990년과 2000년은 60m×60m이다.

이렇게 조사된 토지이용도의 항목별 변화를 [표1]에 제시하였다.

도표에 제시된 숫자는 연도별 각 카테고리가 차지하는 비율을 나타낸 것이고, 괄호에 기입되어 있는 숫자는 1975년에 대한 상대적인 비율(백분율)을 나타낸 것이다.

가장 많이 감소한 것은 초지로 지난 25년간 79% 감소하였으며, 그 다음으로 나대지로 33%, 혼합농경지는 24% 감소하였다. 이에 반해 인공구조물로 이루어진 도시지역은 지난 25년간 5배 확대되었다는 것을 확인할 수 있었다. 초지와 나대지, 혼합 농경지의 면적 감소는 도시지역의 확대에 기인한다.

[표1] 대구의 토지이용도 장기변화 추이(Koo 등, 2004).

	1975	1990	2000
수변역	1.3(100)	1.3(100)	1.3(100)
도시도로와 건축면적	2.4(100)	10.2(425)	12.94(541)
나대지	0.7(100)	0.6(89)	0.5(67)
초지	0.3(100)	0.1(51)	0.06(21)
산지	58(100)	56.7(98)	56.7(98)
농경지	37.4(100)	31(83)	28.5(76)

대구의 토지용도별 변화를 공간지도로 나타낸 것이 그림15인데, 1975년에 비하여 도시면적이 폭발적으로 증가하였다는 것을 확인할 수 있다.

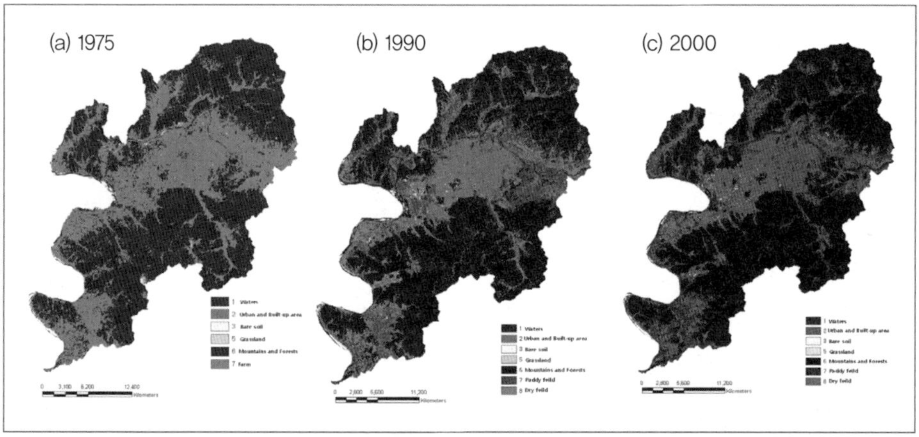

그림15. 대구의 토지이용도 변화추이.

2. advice map을 이용한 대구의 기후환경생태 보전을 위한 제언

기후해석과정, 토지이용도, 대기오염·열오염분포도, 열환경도 등 이상 5개 과정에서 얻어진 정보를 통합하여, 국지기후에 미치는 영향에 따라 지역을 구분하였다. 지역구분을 잘 하기위한 방법이 기후기능분석지도(Climatope mapping)이다(그림16). 이것은 Biotope에 가까운 개념인데, "일정한 미기상학적 특징(기온, 습도, 풍속 등)을 나타내는 한 덩어리의 공간"으로 이해할 수 있다. "Climatope mapping"의 종류로는 삼림, 녹지공원, 정원이 붙어있는 독립주택, 중심시가지, 공업지역, 상업지역 등이 있다. 지역구분의 결과는 기후기능분석 지도로 정리된다.

이러한 기후기능분석 지도를 기초로 하여, 지역마다 향후의 도시계획 처방전이 제시되어지는데, 이것이 "도시계획에의 advice map"이다. advice map은 "인근의 거주 지역에 있어서 지역적인 기후보전기능이 높아 개발로부터 지켜져야 할 녹지"라든가 "우선 좀 더 개발하여도 기후와 대기오염에 관해서 영향이 적다고 판단되는 시가지" 등을 자세히 기술하여 제시하는 것이다.

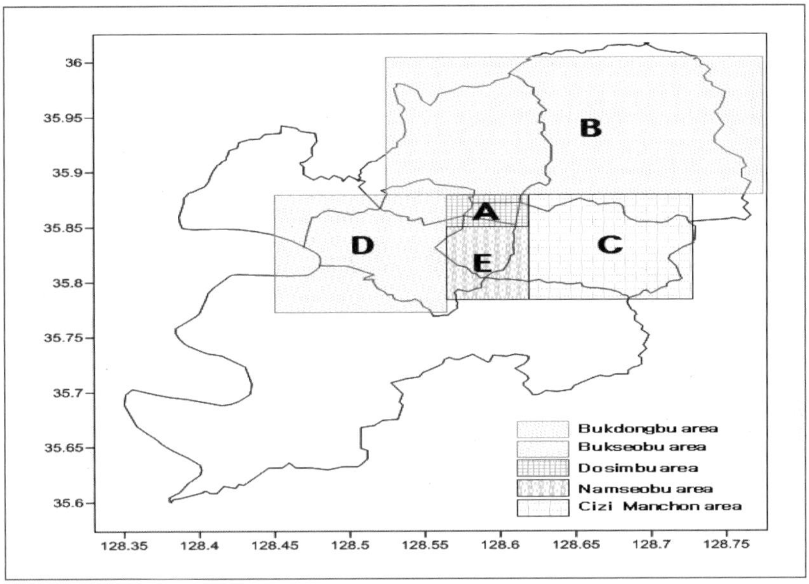

그림16. 도시기후환경생태학적 특성을 고려한 대구의 도시기후기능분석도

2.1 도심부지역(A)

도심부 지역의 기후환경의 특징은 낮과 밤의 기온이 모두 다른 지역에 비하여 높다는 것이다. 이러한 기후형성의 가장 큰 원인은 이 지역에 밀집되어 있는 고층의 주거、상가건물과 상시적 정체를 보일 정도로 많은 교통량으로 인하여

인공열과 대기오염물질의 배출량의 발생이 많다는 것이다. 뿐만 아니라, 콘크리트와 아스팔트 등으로 덮여있는 면적이 넓기 때문에, 낮과 밤에 걸쳐서 지속적으로 대기가 가열을 받는다.

반면에 이 지역에는 도시열섬을 완화시켜 줄 수 있는 넓은 면적의 도심공원(국채보상공원, 경상감영공원, 달성공원 등)이 점재(點在)하고 있지만, 잔디와 수목의 면적이 좁고 콘크리트 포장면적이 넓어 열 흡수 기능이 미약한 것으로 판단된다. 인공위성 자료를 이용하여 이들 공원의 지표면 온도를 조사해 보면, 주변 지역에 비하여 0.5~1.5℃ 정도 낮은 것으로 평가된다. 그렇지만 이 정도의 지표면온도 차이로는 기온을 낮추어 주는 효과를 발휘할 수가 없을 뿐만 아니라, 위성자료를 이용한 열섬포텐셜 평가연구에 의하면 낮 동안에는 공원의 지표면온도가 기온보다 훨씬 높아서 이 지역의 기온을 상승시키는 역할을 하고 있는 것으로 평가되었다.

따라서 도시녹화를 통하여 도심지역의 기온을 낮추기 위해서는 기존의 도심공원을 수목으로 그늘이 우거지도록 하여야 하며, 이 지역에 있는 저층의 주거단지(삼덕동 일대)에 옥상녹화를 추진할 필요가 있다. 나아가서 이들 주거단지에 주차타워를 설치하여 골목 주차차량을 철수시키고, 이곳에 가로수를 식재하여 나무그늘을 창출하는 것도 효과적인 방법이 될 것으로 판단된다.

인공열과 대기오염물질의 배출량을 낮추기 위해서는 현재 대구역에서 반월당까지의 직선구간에 승용차 진입을 제한한 것과 같이 중앙로와 동성로 일대를 포함한 핵심적 도심지역 내로는 승용차의 진입을 규제하는 조치를 고려해보아야 할 것이다. 그리고 여름철 냉방기에서 배출되는 열을 냉각수를 이용해서 회수하여 교외로 배출하는 도시배열처리시스템의 도입을 적극적으로 검토할 필요성이 있을 것이다.

2.2 북동부지역(B)

이 지역은 팔공산의 동화천, 팔거천을 포함한 계곡을 중심으로 발달하는 산곡풍의 영향을 크게 받고 있으면서도 인공열과 대기오염물질배출량이 적고, 아스팔트와 콘크리트 포장면적도 넓지 않아서 대구지역에서 상대적으로 쾌적한 기후환경이 보전되어 있는 지역이다. 특히 야간에는 팔공산에서 야간복사냉각을 통해서 형성된 대규모의 저온의 청정한 산풍이 이들 계곡을 따라서 내려와 주거단지가 위치해 있는 저지대에 광범위하게 영향을 미친다. 이로 인하여 이 지역은 야간 기온이 다른 지역보다 낮게 나타난다. 반면에 낮에는 이들 계곡을 따라서 산정을 향해서 부는 곡풍이 발달하기 때문에 낮 기온은 그다지 낮지 않다.

팔거천의 상류에는 공공기관과 학교가 저밀도로 위치해 있어 도시열섬을 유발하는 효과가 작지만, 중하류에는 칠곡 신도시가 팽창일로에 있어 이 지역의 도시기후환경 악화가 우려되고 있다. 동화천의 경우에도 하류 쪽에 율하와 동서변 지역에 대규모로 택지가 개발되고 있으며 불로동 지역에는 봉무 산업단지가 개발되고 있다. 이들 지역은 여름철 야간에 저온의 청정한 공기의 유입으로 쾌적한 주거환경을 누릴 수 있는 천혜의 조건을 갖춘 것으로 평가된다. 하지만, 주거단지의 건설에 있어서 무분별한 건물배치로 산풍의 유입을 고려하지 못하고 녹지를 훼손하게 되면 도시열섬화가 발생하여 천혜의 조건을 잃을 가능성이 높다.

바람길의 역할을 하도록 도로를 건설하고, 이들 도로에는 수목의 그늘이 확보되도록 배려하는 것이 가장 중요하다. 그리고 아파트 주거단지도 바람의 순환방향을 고려한 건물배치와 아파트 단지 내에 충분한 녹지를 확보하는 노력이 병행되어져야 할 것이다. 팔거천과 동화천은 이 지역 바람길의 중심축이므로, 이곳에 발달하고 있는 주거지역의 기후환경을 보전하기 위해서는 이들 하천에 대한 환경보전을 가장 우선시 하여야 한다.

2.3 시지 · 만촌 · 신천지역(C)

이 지역은 대구지역에서 가장 생활하기 좋은 조건을 갖춘 주거 밀집지역이라고 말할 수 있으며, 이 지역은 자연녹지의 면적이 넓다. 그리고 수치실험의 결과에 의하면, 낮과 밤 모두 교외지역인 경산에서 유입되어 오는 바람의 영향을 많이 받고 있다. 낮 동안에는 경산지역으로부터 교외풍이 발생하여 시지와 만촌동을 지나 신천지역으로 유입되는데, 이렇게 유입된 바람은 신천을 중심축으로 발달하는 곡풍이 되어 주로 가창골로 유출되고, 일부는 팔거천과 동화천을 축으로 팔공산으로도 유출되고 있는 것으로 평가된다. 야간에는 남천을 축으로 유출된 산풍이 신천 근처에까지 유입되면서 이들 지역의 기온을 낮추어 주고,

대기정화 기능을 발휘하는 것으로 평가된다. 하지만 최근에는 이들 지역에 아파트 주거단지와 초고층의 주상복합건물이 집중적으로 건설되고 있으며, 이 지역에 저온의 청정한 공기를 공급하고 있는 경산지역에도 택지개발이 지속되고 있어 도시열섬화와 대기환경의 악화가 우려되고 있다.

이들 지역이 환경쾌적성을 보전하면서 주거단지로 발전해 가기 위해서는 자연녹지의 보전과 함께 바람길의 확보를 고려한 도시계획이 추진되어야 한다. 열섬억제 대책에 관한 구체적 대안으로는, 동서로 개통되어 있는 도로가 경산에서 이 지역으로 유입되는 주요 바람의 통로이므로 이곳에 거리가로수를 집중적으로 식재하여 도로에 나무의 그늘을 확보하여야 한다. 이 도로는 폭이 넓어 중앙분리대를 확보하여 그곳에 키가 큰 가로수를 식재함으로써 나무그늘을 적극 확보하여야 한다. 그리고 저층의 주거단지에는 옥상녹화를 추진하여 도심 속의 녹지공간을 적극 확보할 필요가 있다. 또 수성구의 달구벌대로를 중심으로 초고층 주상복합건물이 들어설 경우에는 이 지역에도 도심지역과 마찬가지로 여름철 냉방기에서 배출되는 열을 냉각수를 이용해서 회수하여 교외로 배출하는 도시배열처리시스템의 도입을 적극적으로 검토할 필요성이 있을 것이다.

2.4 북서부지역(D)

주거인구가 많고, 산업시설과 도로비율(고속도로 포함)이 월등히 높은 이 지역은 대기오염과 인공열의 배출량이 많고, 아스팔트와 콘크리트로 포장된 면적이 넓어 도시환경이 가장 열악한 지역이다. 대구 최대의 산업단지가 위치한 서부지역에서 더욱 이런 경향이 크다. 뿐만 아니라 종관규모의 일반풍이 약하고 맑은 날의 야간에는 팔공산과 앞산에서 생성된 산풍이 도심에서 생성된 열과 오염물질을 금호강을 이동 축으로 하여 대구의 서쪽 끝으로 수송하기 때문에 금호강이 낙동강과 합류하는 지역을 따라서 환경적으로 더욱 열악해 질 수 있는 지리적 조건에 놓여 있다. 이 지역의 여름철 기후 특징은 일 최고기온과 최저기온이 모두 도심지역에 못지않게 매우 높다는 것이다. 특히 위성자료로 산출된 지표면 온도는 도심지역보다도 높은 것으로 평가된다.

이 북서부지역의 도시열섬을 완화하고 대기오염을 저감하기 위한 대책은 다음과 같은 것을 생각할 수 있다.

이들 지역에서 발생하는 환경문제의 원인은 배출량(대기오염과 인공열)이 많고 인공구조물(아스팔트, 콘크리트)의 면적이 넓은 반면에 도시녹지(공원, 가로수 등)와 수면의 면적은 매우 부족하다는 사실과, 대구의 동고서저형 지형구조로 인하여, 서부지역은 도심에서 배출된 대기오염의 유출지가 되고 있다는 점에서 다음의 조처가 필요하다.

첫째로, 발생원의 저감을 고려한 지역발전전략을 수립하여 추진하여야 할 것이다. 대기환경용량을 평가하여 이를 넘어서지 않도록 산업단지, 도로 및 주거단지 확대에 규제조처를 시행할 필요성이 있다. 두 번째로, 대구 최대의 산업단지인 성서산업단지를 고층의 아파트 주거단지가 에워싸듯이 들어서고 있어 이 지역의 대기환기 능력이 현저히 약화되고 있는 실정이다. 이와 같이 성서산업단지에서 관측된 풍속은 연중 대구지방기상대에서 관측된 것보다 훨씬 작다. 이는 성서산업단지를 에워싸고 있는 고층의 아파트 주거단지의 영향이 클 것으로 판단된다. 성서산업단지에 인접한 죽곡과 세천리 일대로 고층의 아파트 주거단지와 산업단지가 대규모로 새롭게 건설되고 있어 이 지역에 대한 대기질과 도시열섬의 악화현상은 향후로 더욱 심화될 것으로 판단된다. 세 번째로, 달성군 다사면 서재리와 세천리 지역은 야간에 동쪽으로부터 금호강을 따라서 도심의 오염된 공기가 유입되는 반면에 북쪽으로부터는 이언천을 따라서 교외의 청정한 공기가 대규모로 유입되고 있기 때문에 이러한 공기흐름 특성을 고려한 주택과 산업단지의 합리적 배치가 절실히 요구된다. 금호강의 북쪽 지역은 이언천에서 유입되는 공기의 영향을 많이 받아 청정한 대기질을 유지하기에 유리하다. 반면에 금호강의 남쪽 지역과 죽곡 지구는 금호강을 따라서 수송되어온 오염된 공기의 영향을 많이 받을 수 있다. 아울러 다사면 방천리에 조성되어 운영되고 있는 쓰레기 매립장은 이언천이 흐르는 대규모 계곡지역의 바로 남쪽에 위치하기 때문에 이언천으로부터 불어오는 기류가 유입되기에 유리한 지형적 특성을 안고 있다. 이렇게 쓰레기 매립장으로 유입된 기류는 주로 와룡산의 저지대인 동쪽을 넘어 성서지역(경원고등학교 일대)에 악취를 유발하며 대기의 안정도가 낮고 북풍계열의 바람이 불 경우에는 와룡산 자락에 위치한 아파트 주거단지에 광범위하게 악취를 유발할 수 있다. 이러한 배경에서 방천리 쓰레기 매립장의 장기적 사용은 검토의 대상이 되어야 하며, 악취유발을 억제하기 위한 특별한 대책이 필요하다고 판단된다. 네 번째로, 서부지역은 도심부에서 배출된 고온의 열과 대기오염물질의 영향을 많이 받는 지역이기 때문에 도심부에서 배출되는 대기오염물질과 열의 배출이 줄어야 한다. 그리고 도로와 주거공간의 곳곳에 녹지의 비율을 높이는 대책을 추진하여야 한다. 소수의 대규모 공원녹지보다는 소규모라도 산재하여 분포하는 도시녹지가 도시열섬 완화에 더욱 효과적이라는 사실에 입각하여 도시녹지화를 적극 추진하여야 할 것이다. 녹지공간의 확보 대책으로는 저층 건물단지에 대한 집단적 옥상녹화, 6차선 이상의 도로에는 중앙 분리대를 설치하고 이곳에 나무를 심어 도로에 나무그늘을 확보하는 것이 매우 효율적일 것이다.

2.5 남서부지역(E)

이 지역은 앞산의 달비골, 도원지, 대곡 및 명곡지에서 발달하는 산곡풍의 영향을 많이 받기 때문에 하루 중의 온도변화(일교차)가 다른 지역에 비하여 크다. 야간에는 앞산에서 야간복사냉각을 통해서 형성된 대규모의 저온의 청정한 산풍이 이들 계곡을 따라서 내려와 주거단지가 발달해 있는 저지대에 광범위하게 영향을 미친다. 이로 인하여 이 지역은 야간 기온이 다른 지역보다 낮게 나타난다. 반면에 낮에는 이들 계곡을 따라 산정을 향해서 부는 곡풍이 성서산업단지와 인근의 주거단지로부터 열과 대기오염물질을 운반해 오기 때문에 고온이 나타난다.

이 지역의 도시열섬 억제를 위해서는 산곡풍의 순환통로(바람길)를 보전할 수 있도록 도시계획을 수립하는 것이 가장 중요하다. 아울러 주간에 고온이 나타나는 것은 성서산업단지와 월성, 월배, 진천, 상인지역의 주거 밀집지역과 도로에서 배출되는 인공열과 인공구조물에 의한 지면고온화에 주로 기인하므로 이를 억제할 수 있도록 도시계획을 추진하여야 한다. 이 남서부 지역은 현재 월성, 월배를 포함한 전 지역에 걸쳐서 대규모의 아파트 주거단지가 건설되고 있어 기존의 아파트 주거단지의 낮 기온을 상승시키게 될 것으로 판단된다.

새롭게 아파트 주거단지가 만들어지고 있는 지역은 앞산에서 내려오는 야간 산풍이 지나는 바람 길을 적극 확보하지 않으면 낮뿐만 아니라 야간에도 고온현상이 나타나 주거쾌적성이 낮아질 것으로 예상된다.

산곡풍이 발달하는 계곡방향으로 바람 길을 확보하고, 이곳에 집중적으로 녹지를 조성하여야 하며, 재개발 지구에 녹지화 비율을 대폭적으로 확보하도록 대책을 수립하여 추진하는 것이 도시의 기후환경생태를 배려하는 기본적 원칙이다.

VI. 나가는 말

도시지역의 대기환경을 보전하기 위해서는 대기오염물질의 발생원관리 뿐만 아니라 바람의 순환특성을 포함한 자연 지리적 특성을 고려한 도시공간의 창출이 필요하다. 이를 위하여 본 연구에서는 대구의 기후 및 환경적 특성을 파악하고 이를 기초로 하여 환경친화적 도시계획에 필요한 도시환경기후지도와 도시계획에의 “advice map”을 제안할 수 있었다.

대구는 우리나라의 산업화와 도시화가 본격적으로 시작된 1960년대 이래로 도시면적(아스팔트와 콘크리트로 포장된 면적)이 5배 이상 증가하였다. 이러한 도시면적 확대 속도는 전 세계적으로 유례를 찾을 수 없을 정도로 매우 빠른 수준이다(Lee 등, 2008). 반면에 농경지의 면적이 대폭 축소되었다. 위성자료를 통해 열 환경을 분석한 결과 인공구조물로 포장된 곳과 농경지간의 표면온도는 하계 낮에는 그 차이가 10~20℃에 이르는 것을 알 수 있었다. 또 도심의 열섬화를 억제할 수 있는 공원은 수목이 차지하는 면적이 좁고 공원내부가 콘크리트로 포장된 면적이 넓어 열 흡수원으로서의 역할을 거의 수행하고 있지 못하는 것으로 평가되었다.

대구는 남쪽과 북쪽에 앞산과 팔공산이 위치하고 동서 간에는 동고서저의 지형으로 이루어져 있기 때문에 야간에는 남쪽과 북쪽의 산지에서 유출된 산풍이 도심을 지나면서 열과 대기오염물질을 서쪽으로 수송하고 있음이 수치실험과 자동 기상관측 망 자료의 분석을 통해서 확인되었다. 서쪽지역은 대구에서 환경적으로 가장 열악한 위치에 있을 뿐만 아니라 대구의 산업시설과 환경기초시설의 대부분이 위치해 있으며, 이곳 산업시설을 병풍처럼 에워싸면서 건설되고 있는 대규모 주택단지에 주거인구가 밀집해 있어 환경의 열악성은 더욱 심각화 되고 있는 것으로 보인다.

대구의 대표적인 산풍의 유출구간으로 보이는 앞산과 팔공산의 계곡에서 발원하는 하천지대를 따라서 새로이 대규모 택지가 개발되고 있다. 이들 지역은 산곡풍순환이 발달해 있어 대기환기 능력이 뛰어나 환경쾌적성이 높다. 종관규모의 일반풍이 약하고 맑아 열대야의 출현이 쉬운 여름철 야간에도 이들 지역에는 산지에서 복사냉각으로 형성된 저온의 청정한 산풍이 유입되어 쾌적한 환경이 형성될 수 있다. 하지만 이들 신 택지개발지구가 바람길의 고려와 자연녹지의 보전을 고려하지 않고 개발된다면 자연이 주는 천혜의 혜택을 잃어버릴 우려가 크다. 이러한 기후·환경적 특성이 도시계획에 제대로 반영되어야 할 것이다.

참고 문헌

박명희, 김해동, 홍정혜, 2003, 대구시 대기오염물질 배출량 산정에 관한 연구, 한국환경과학회지,

12(1), 23-34

김해동, 2003, 대구의 장기적 도시기후 변동에 관한 연구, 한국환경과학회지, 12(7),697-704

안지숙, 김해동, 홍정혜, 2002, 대구지역 인공열의 시공간적 분포 추정에 관한 연구, 한국환경과학회지, 11(10), 1045-1054.

Koo, H. S., Kim, H. D., 2004, Numerical Simulation on the Wind Ventilation Lane and Air Pollutants Transport due to Local Circulation Winds in Daegu Districts, Journal of the Earth Science Society, 25(6), 418-427.

Orlanski, I., 1976, A simple boundary condition for unbounded hyperbolic flows. Journal of Computational Physics, 21, 251-269.

Omoto, K., 1993, The lastest urban climate, Study group for climate impact and application Newsletter, 9, 1-4(in Japanese)

Pielke, R. A., Cotton, W. R., Walko, R. L., Tremback, C. J., Lyons, W. A., Grasso, L. D., Nicholls, M. E., Moran, M. D., Wesley, D.A., Lee, T. J., Copeland, J. H., 1992, A comprehensive meteorological modeling system-RAMS. Meteorological and Atmospheric physics, 49, 69-91.

Reynolds, R. W., Smith, T. M., 1994, Improved global sea surface temperature analysis using optimum interpolation, Journal of Climate, 7, 929-948.

박명희, 정우식, 김해동, 2011, 대구지역의 환경 친화적 도시계획을 위한 도시 환경기후지도

작성에 관한 연구, 한국환경과학회지, 20(4), 465-482

S-H Lee and H-D- Kim, 2008, Effects of regional warming due to urbanization on daytime

local circulations in a complex basin of the Daegu Metropolitan area, Korea, J. of Appli.

Metero., 47, 1427-1441.

김해동, 한상주(2011), 『도시열섬, 대책과 기술』, 푸른길

부록3

도시열섬의 환경평가와 도시기상관측시스템 구축방안

1. 서론

2012에 기상청이 수행한 한반도 기후변화백서에 의하면 지난 100년간 우리나라 6대 도시의 평균기온은 약 1.7℃ 상승하여 세계 평균의 2배를 상회하는 것으로 조사되었다. 또 여름 지속기간도 지역에 따라서 13~17일 늘고 열대야 현상은 4~10일 증가했으며, 겨울철 지속기간은 22~49일이나 단축되어 한반도가 세계 평균보다 훨씬 빠른 속도로 더워지고 있음이 확인되었다. 앞으로도 한반도의 기온상승은 전 세계 평균보다 더욱 가파르게 상승하여 2000년에 대비하여 2020년에는 0.9℃, 2050년에는 2℃, 2100년에는 4.2℃ 상승하여 한반도의 기온이 세계 평균보다 향후 100년간에 1.5~2℃ 정도 더 상승할 것으로 전망되었다.

또 지난 11월에 국립환경과학원이 펴낸 '한반도 기후변화 평가보고서'영문판에서도 한반도가 온난화의 영향을 세계 평균보다 많이 받고 기후변화가 수자원, 농업, 보건 등에 상당한 영향을 끼칠 것으로 전망되었다. 보고서에 따르면 1991년~2000년 한반도의 연평균 기온은 13.5도로 1912~1990년 12도에 비해 1.5도 상승했는데, 이는 같은 기간 세계 평균 기온 상승폭(0.6도)의 2.5배나 된다.

이러한 기온 상승으로 한반도에서는 아열대 기후지역의 확장과 빠른 식생변화가 있을 것으로 보고서는 예상하고 있다.

그런데 지역적으로 다르게 나타나는 기온상승 속도는 대기 중 온실가스 증가에 의한 지구온난화의 영향만이 아니라 도시화로 인한 토지이용과 피복의 변화에도 크게 의존하는 것으로 알려져 있다. 일본의 경우 중소규모 도시에서는 지난 100년간에 기온상승이 1.0℃인 데에 비하여, 동경은 지구온난화에 따른 기온 상승보다도 5배정도 빨랐고, 일본의 6대 도시의 평균 기온상승도 약 4배 빠르게 진행되었다(김해동 등, 2011)는 사실은 지역 규모에서의 기온상승을 억제하려면 도시의 열 환경 관리가 매우 중요하다는 것을 입증하고 있다.

이러한 도시의 고온화는 평균기온의 상승뿐만 아니라 일 최고기온이 35℃를 넘어서는 초고온일의 발생반도와 지속일수가 증가하고 있고, 일 최저기온의 상승과 열대야 일수의 지속적인 증가로 도시인들의 환경 쾌적성을 파괴하여 삶의 질과 노동생산성을 낮추는 역할을 한다. 나아가서 열사병과 열대성 전염병 및 광화학스모그와 같은 환경오염을 유발하여 생명을 위협하기도 하는데, 최근의 연구에 의하면 열사병과 열대일, 열대야일수 사이에는 유의한 상관관계가 성립하는 것으로 알려져 있다. 뿐만 아니라, 아스팔트와 콘크리트와 같은 인공구조물로 인해 도시의 지표는 여름철 한낮에 고온이 되어 대기불안정과 상승기류를 발생시켜 국지성 도시형 홍수를 가져오기도 한다.

이러한 사실을 파악하여 도시열섬의 현황을 파악하고 대처 방안을 마련하는 일체의 과정이 도시기후(도시열섬)의 환경평가이다. 도시열섬 환경평가는 지상관측과 고해상도 원격탐사자료를 이용하여 도시열섬의 현황을 제대로 파악하는 것에서 출발한다.

우리나라에서는 지자체가 대기오염 관측소에 설치한 자동기상관측자료와 기상청에서 구축한 AWS자료를 이용해서 도시기후를 파악할 수 있지만, 기상청자료 이외의 자료는 연구자들의 접근이 어렵고 자료의 신뢰성도 제대로 평가되지 못한 상태에 있어서 도시기후의 현황을 고해상도로 파악하기가 어려운 실정에 있다.

이러한 배경에서, 이 글에서는 외국의 사례를 바탕으로 도시기후(도시열섬) 영향평가와 이를 위한 관측시스템 구축 방안에 대하여 기술해 보고자 한다.

2. 도시기후(도시열섬)의 환경영향평가

도시열섬 영향평가는 현상파악을 위한 실태조사와 원인해석 및 완화대책에 관한 실증연구로 구성된다. 그리고 도시열섬현상 그 자체가 인간의 건강과 생태계, 자원소비 등의 인간 활동에 미치는 영향을 파악하는 일체의 과정으로 구성된다. 하지만 지금까지 이러한 활동이 본격적으로 수행된 사례를 찾기는 어렵다. 여기서는 일본 오사카에서 수행된 사례를 간략히 소개한다.

오사카에서는 2002년에 관측 자료에 기초한 오사카의 도시열섬 실태 조사와 주민설문을 이용한 도시열섬이 시민들의 삶에 미치는 영향을 종합적으로 조사하였다(김해동 등, 2011). 주민 설문을 통해서, 주민들은 도시열섬이 여름철 냉방 이용 상황과 건강 및 생태계 변화에 영향을 미치고 있는 것으로 인식하고 있었다. 이를 바탕으로 연구진들은 오사카시와 전력회사의 자료를 이용하여 도시열섬이 오사카의 환경에 미치는 영향을 정량화하는 작업을 수행하였다. 그 중에서 에너지, 인체 건강, 생태계, 도시의 물수지 및 대기환경에 미치는 영향을 요약하면 다음과 같다.

(1)에너지소비

낮에는 상업지구가 주택지구보다 큰 기온감응도(기온1℃ 상승에 따른 전력소비량 증가율)를 보였고 야간에는 주택지구의 기온감응도가 높았다. 특히 20시 이후에는 주택지구의 기온감응도가 현저히 높았다. 또한 냉난방을 하지 않는 중간기 전력 소비량에 비하여 한여름 오사카 도심부의 전력 사용량은 중간기보다 112%나 높았고, 같은 기간에 교외지역에서는 62%로 나타나 교외부의 냉방 부하는 도심부의 절반에 지나지 않았다. 그리고 오사카 전체에서는 여름철 평균기온이 1℃상승할 때마다 약 60만kW의 전력수요가 발생하는 것으로 파악되었다. 이는 중규모 원자로 1기의 발전량에 상당한다.

(2)인체 건강에 대한 영향

열섬현상이 건강에 미치는 영향은 낮 기온의 상승에 따른 열사병이나 심장의 무리, 장시간 냉방에 따른 냉방병 발생, 야간 기온 상승에 의한 수면부족과 스트레스 등을 들 수 있다. 열사병은 일 최고기온이 32℃ 부근에서 증가하기 시작해서 35℃ 부근부터 병원으로 수송되는 열사병 환자 수가 급증하였다. 여름철 야간기온 상승에 따른 에어컨 수요는 25℃ 부근에서 급격한 증가를 보여 야간 취침 시 에어컨 이용에 대한 역치(閾値)는 25℃에서 27℃ 부근에 존재하는 것으로 추정되었다. 또 주민설문에 의하면 도심부의 주민들은 여름철에 주야간 모두 에어컨 사용 없이 견딜 수 없다는 비율이 80%를 초과하였다. 이상과 같은 연구를 통하여 도시인들의 건강과 환경쾌적성을 파괴하기 시작하는 역치로 낮 기온 35℃ 야간 기온 27℃를 역치로 설정하였다.

(3)생태계의 영향

도시열섬이 곤충류, 식생류의 변화에 미치는 관련 학술적 연구결과와 주민 설문 결과를 통해서 생태계도 열섬으로 인한 영향을 받고 있다는 사실이 확인되었다. 이러한 환경영향에 대한 대책의 필요성과 대책에 따른 비용편익분석 도구개발을 장래에 시급히 해결해야할 과제로 제안하였다.

(4)물 수지와 대기환경에의 영향

도시화에 따른 토지피복의 변화와 도시기온의 상승이 유발하는 도시 내의 지표면 수분 수지변화와 물 사용량 변화가 평가되었다. 일 최고기온이 20℃ 부근을 넘는 단계부터 기온이 상승할수록 급수 량이 증가하는 경향을 보이며 기온 1℃ 상승에 급수 량은 대략 1~2% 증가하는 것으로 평가되었다. 이외에, 도시열섬 강도가 강화될수록 특유의 바람장이 형성되어 특정지역에 도시형 홍수가 편재되어 나타났다. 또 대기오염과 열섬 현상과의 관계도 조사되었다. 열섬이 강화될수록 겨울에는 청천(晴天) 약풍(弱風)이 형성되기 쉬워 도시 전체에 먼지 돔이 형성되어 도시의 대기오염을 조장하고, 여름에는 광화학옥시던트 농도가 증가한다.

(5)도시환경영향평가의 장래 전망

도시열섬이 도시환경에 미치는 영향은 에너지소비에서 건강, 생태계 등 공학을 포함한 의학, 기상학, 농학, 심리학에 이르기까지 폭넓은 학문 분야의 전문가들이 참여하여 열섬이 도시인들의 삶에 미치는 사회적 편익을 정량화하는 도구를 개발하는 것이 시급하다는 공감대가 형성되고 있다. 이러한 도구를 활용하여 도시열섬의 편익이 정량화된다면 도시열섬을 완화해 갈 수 있는 정책수립에 시민의 공감을 얻어낼 수 있는 유리한 환경이 조성될 것으로 기대된다.

3. 고밀도 도시 기후관측 망 구축을 통한 도시열섬 환경평가 사례 - 동경의 경우

일본 동경에서는 1997년 5월부터 19998년 4월에 걸쳐서 동경의 도시기후 모니터를 위해 120개 지점에 자동기상관측자료 수집 장치가 설치되었다. 관측된 기상정보는 인터넷 웹사이트로 공개되고 있다. 이 사업은 과학기술진흥사업단의 전략적 기초연구추진사업의 연구과제 중의 하나인 「도시열섬의 계측·제어시스템」의 지원으로 이루어졌다.

도시의 고온화는 도시 생활을 불쾌하게 만들뿐만 아니라, 온대이남 지역에서는 여름철 냉방기구의 사용이 증가하여 에너지 소비가 급증함에 따라서 전력공급에 심대한 부하를 끼쳐 정전의 위험성을 가중시킨다. 더욱이 중국, 동남아시아, 태국, 중국 남부 등에서는 이미 여름철 냉방에너지 부하로 인해 여름철 전력 부족이 만성화된 지역도 적지 않다. 그래서 열 환경 부하가 낮은 도시구조로 유도함으로써 에너지 소비의 억제와 에너지 위기의 회피를 도모할 필요성이 높다. 뿐만 아니라 도시의 고온화에 수반하여 질병, 광화학스모그의 심화, 일상생활과 생명 그리고 생태계에도 큰 영향을 미치고 있다.

또 도시열섬은 지구온난화 시대에 지역차원의 기온상승을 더욱 부추기는 역할을 하고 있다. 지구온난화는 온실가스의 증가로 인해 발생하는 기온상승 현상으로 이해되고 있는데, 전 세계적으로 보더라도 도시 인구가 과반을 넘어서고 있는 오늘날에는 지구온난화로 인한 기온상승 속도보다도 훨씬 빠른 속도로 상승하고 있는 도시기온의 영향이 인간의 삶에 미치는 영향이 훨씬 큰 것으로 추정된다.

이러한 배경에서 이 연구 프로젝트에서는 우선 동경의 도시열섬 실태 파악을 목적으로 계측, 모델제작, 도시열섬 제어계획 수립을 목표로 설정하였다(그림1).

도시열섬의 계측 • 토지용과 피복상태의 파악 • 인공배열의 계측

↓

도시열섬 연구를 위한 수치모델의 개발

↓

도시열섬 제어계획 수립

그림1. 동경의 도시열섬 계측 · 제어시스템 프로젝트 수행의 흐름도

이 프로젝트의 세부 프로젝트는 4개로 이루어졌는데, 그것은 다음과 같았다.

Theme 1. 고해상도 원격탐사에 의한 도시열섬 실태 파악

Theme 2. 지상관측에 의한 도시열섬 실태 파악

- 2.1 동경의 모니터링
- 2.2 해외 사례 모니터링

Theme 3. 도시열섬 연구를 위한 수치모델의 개발

Theme 4. 토지이용 제어를 통한 도시열섬 완화 계획 수립

이 프로젝트의 세부 과제인「모니터링 그룹(Theme 2)」의 책임자였던 동경수도대학(舊, 동경도립대학)의 T.Mikami 교수팀이 시공간적 고해상도 도시기후 해석과 수치모델 결과의 검증자료를 확보한다는 목적 하에 동경 권에 고밀도 도시 기후 관측 망을 구축하였다. 또 해외 사례 모니터링(Theme 2.2)으로 『도시 내 대규모 하천(서울 청계천)의 부활에 따른 서열(暑熱)현상 개선효과의 실증』을 우리나라 기상청 기상연구소 응용연구실과 공동으로 수행하기도 하였다. 동경 권에 설치한 이 관측 망을 이용한 기상자료의 수집은 프로젝트 완료 후에도 계속되고 있다. 기상 관측과 인터넷 웹사이트를 이용한 자료 관리의 실무는 여전히 동경 수

도대학에서 맡고 있으며, 자료는 모든 연구자들이 자유롭게 이용할 수 있도록 공개되고 있다. 그리고 이 자료를 활용하는 후속 연구과제도 지속되고 있어 일본의 도시기후연구발전에 중추적 역할을 하고 있다.

우리나라에서도 기상청이 환경 친화적 도시계획과 도시지역의 기후변화 적응대책 수립을 지원하기 위한 도시기후사업을 추진하기 위해서는 무엇보다도 고해상도의 기상 관측 망 구축이 가장 중요하다. 이런 점에서 일본 동경의 도시기후 관측 망 구축사업을 상세히 알아보도록 하자.

3.1 관측소 구축방침

이 사업을 통한 고해상도 도시 기후 관측 망 구축 이전에 동경 권에는 우리나라의 AWS 시스템과 같은 일본 기상청의 자동기상관측 망인 AMeDAS가 수개 지점에 위치하고 있었다. 일본의 경우에는 AMeDAS 관측시스템이 일본 전국에 걸쳐 약 1,300개가 있는데 동경권에는 10개소가 있다. 다만 우리나라의 AWS와는 달리 일본의 AMeDAS관측소는 지역기상관측소와 지역 우량관측소라는 2가지 종류가 있는데, 도시기후연구에 중요한 기상요소인 기온, 일조, 바람의 관측은 지역관측소에서만 이루어지고 있다. 동경권의 경우에는 지역기상관측소가 7개 지점이 있다. 동경에 인접한 사이타마현에 8개소, 가나카와현에 5개소가 있고, 전국적으로는 20km격자 간격마다 1개소의 비율로 지역기상관측소가 위치하고 있다. 동경 권에는 이 보다는 다소 고밀도로 지역기상관측소가 존재하고, 대기오염 관측소에 설치되어 있는 자동기상관측장치는 동경 내에 약 50개소가 있다고 한다. 또 고속도로 공단, 건설성 등에서 설치한 자동기상관측소도 다수가 존재하였다. 하지만 이들 관측소에 설치된 자동기상관측자료는 기상청의 자동기상관측자료와 달리 연구자들이 손쉽게 입수할 없는 문제가 있었다. 牛山 등(1999)이 작성한 보고서에 의하면, 일본에서는 이들 자료를 공식적으로 입수하려면 1년 가까이 시일이 소요되기도 하였다고 하므로, 일본에서는 이들 자료에 접근하기가 우리나라보다도 훨씬 어려운 사정에 있었던 것으로 보인다. 이러한 이유로, 기상청과 다른 정부기관의 자동기상관측소로부터 얻어지는 기상자료만을 이용하여 도시기후연구를 수행하는 데에는 불충분하다는 사실에 공감이 모아져서 새로운 기상 관측 망 구축에 나서게 되었다고 한다.

새로운 도시 기후관측 망 구축 팀에서는 이중 투자를 피한다는 의미에서 기상청의 자동기상관측 자료는 그대로 사용하기로 하고, 이것을 보완 강화하는 형태로 독자의 관측 망을 구축하기로 하였다. 또, 당시 프로젝트에 참여하고 있는 연구자들의 요구를 반영하는 것은 물론이고, 후속 과제 수행자들도 보편적으로 자료를 활용할 수 있게 하기 위해서 관측 망의 위치가 특정 지역에 편중되지 않고 동경을 중심으로 관동권역에 걸쳐 균등하게 배치되도록 하였다.

3.2 관측소 밀도의 결정

동경에서는 1993년도에 동경도 환경과학연구소가 주로 초등학교의 백엽상을 빌려서, 동경 도내에 약 100개 지점에 관측 장치(온습도 데이터 로거)를 설치한 관측 망(이를, 93년 관측 망이라고 지칭함)을 1년간 운영한 사례가 있는데, 이 관측 성과로 동경의 도시열섬 분포 특성을 파악할 수 있는 흥미로운 결과가 얻어졌다(伊藤 등, 1994). Mikami 그룹에는 93년 관측 망 설치와 자료 분석 연구에 참여한 연구자도 있었기 때문에 그때의 경험을 살려서 새로운 도시기후 관측 망 구축 사업이 원만하게 이루어질 수 있었다.

93년 관측 망이 안고 있던 문제 점 중의 하나는, 행정 구역으로서의 동경도에 집착해서 관측 망을 구축하였기 때문에 동경도와 다른 행정 구역간의 경계 지역에서는 관측소의 분포가 균질하지 못했다는 점이었다. 이러한 자료의 불균질성은 격자형으로 산출되는 수치모델의 계산결과와 관측 자료를 비교 검증할 때에 한계를 드러낸다. 그래서 새로운 관측 망에서는 관측밀도를 균질하게 하고, 행정구역에 관계없이 면적(面的)으로 전개하였다.

93년 관측 망은 동경 도내에 5km 사방(도심부에서는 2.5km 사방)의 격자를 작성하고, 각 격자의 중앙 부근에 위치한 초등학교의 백엽상을 차용하여 관측기기를 설치하였다. 새로운 도시기후 관측 망 구축에 있어서도 이러한 기본방침을 답습하여, 도내는 산간 부를 제외한 전 지역을 포함하는 범위 내를 관측 대상지역으로 하였으며 나아가서 격자를 설정하는 영역을 북쪽으로 10km, 남쪽으로 5km 더 확대하였다. 북쪽으로 확대한 이유는, 도시의 고온역이 해풍의 진입에 수반하여 북쪽으로 이동해간다는 선행 연구자들의 지적을 실증해 보고자 함에 있었다.

3.3 관측 장소의 선정

일반적으로, 초등학교의 백엽상 설치상황은 적절한 관측 값을 얻을 수 있는 좋은 조건을 갖추고 있지 못한 사례가 적지 않다. 93년 관측 망의 관측 값에 대해서도 이 자료를 이용한 연구자들로부터 다양한 문제가 지적되고 있었다(그림2).

새로운 관측 망을 설치함에 있어서는, 그림3에 제시된 바와 같은 지적 사항을 바로 잡기 위해서 관측소 예정지를 전부 현장 답사하여 관측상의 문제점이 없다는 것을 확인한 후에 관측소 설치 의뢰 작업을 하였다.

관측소 설치를 의뢰한 초등학교의 선정은 우선 93년 관측 망의 영역 내에서는 93년에 선정한 학교를 제1후보로 하고, 확대된 영역 내에서는 각 격자의 중앙 부근에 위치한 초등학교를 제1후보로 하였다. 한편 2.1절에서 기술된 방침에 따라서, 제1후보의 근방에 AMeDAS 관측소가 존재하는 경우는 관측소를 새로이 설치하지 않았다. 다음으로 후보 학교 간에, ①백엽상의 존재 여부, ②장해물(특히 남쪽)의 유무, ③지표면 상황 등을 비교 조사하였다. 하나의 격자 내에는 다수의 후보학교가 존재하기 때문에 그림3과 같은 체크 시트를 작성하고, 디지털 카메라로 현장을 촬영하여 자료를 축적해서 관계자들 간에 논의를 거쳐 최종적으로 연구책임자가 관측소를 결정하는 과정을 거쳤다

동경 환경과학연구소에 의한 기온 실체조사의 관측 상황에 관하여

1) 관측지점의 설치장소

기본적으로 초등학교의 백엽상. 이 외에 예외적으로 축산시험장, 수자원관리소 등

2) 관측지점의 설치상황

온도계는 백엽상 내에 설치하였지만, 백엽상의 위치와 주위 상황, 백엽상의 고도 등이 각 지점마다 다르다. 이하에 주요한 문제점을 소개한다.

a) 일사량의 문제

백엽상이 건물의 북측에 위치하여 그늘이 지는 지점

백엽상 위에 나무 그늘이 지는 지점

b) 백엽상의 지표면이 잔디가 아닌 지점(총 23%)

c) 백엽상과 건물간의 이격거리

2m 이내로 근접된 사례 4지점

d) 센서의 고도가 일정하지 못함

100cm~170cm에 걸쳐 다양함

e) 백엽상의 저면 고도가 일정하지 못함

70cm~130cm에 걸쳐 다양함

f) 기타

- 백엽상의 노후화
- 관측지점의 토지이용 구분의 불균질성
- 자료 분석의 결과 정상적인 기후값이 아닌 것으로 추정되는 지점

그림2. 1993년 관측 망의 문제점에 대한 지적 사항. (牛山 등, 1999)

지점 명: ____________초등학교

조사 일: ____________년 ____________월 ____________일

조사자 : ____________

〈전반〉

□ 백엽상을 확인할 수 있다.

〈장해물〉

□ 시계(視界) 내에 4층 이상의 건물이 있다.

□ 백엽상의 남쪽에 일사에 방해를 줄 수 있는 건물이 있다.

□ 주변 건물의 고도가 대체로 일정하다.

□ 백엽상 주변의 반경 10m 이내에 1.5m 이상의 구조물이나 나무가 있다.

〈백엽상 주변의 지표상태〉

□ 초지 □ 나대지 □ (   )

〈풍향풍속계 설치 가능 장소〉

□ 백엽상 주변에 기둥 등이 있다.

□ 백엽상에서 수 십m 이내에 옥상이 있는 건물이 있다.

□ 옥상에 기둥을 세울 수 있는 조건이 구비되어 있다.

그림3. 관측소 설치 후보 초등학교의 체크 시트

현장사진과 체크 시트를 바탕으로 평가한 결과 관측소의 조건에 문제가 없다는 사실이 확인된 경우, 그 초등학교를 관측소 설치 장소로 선정하여 각 학교에 의뢰하여 관측 장치를 설치하였다. 관측 조건에 문제가 있는 것으로 확인된 경우나 의뢰하였지만 설치에 동의를 얻지 못한 경우에는 다른 후보 학교를 대상으로 마찬가지의 절차로 거쳐서 선정 작업을 진행하였다. 이런 과정을 거쳐서 관측소를 설치할 수 있는 학교로 선정된 경우가 약 300개 학교에 이르렀는데, 이 가운데서 119개교에 관측소를 설치하였다(그림4).

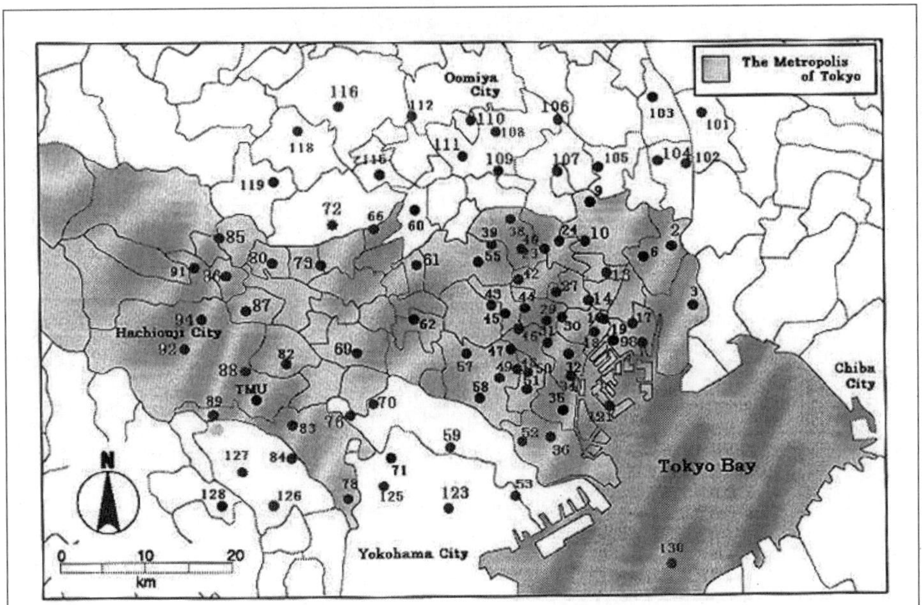

그림4. 최종적으로 관측소가 설치된 장소. (牛山 등, 1999)

3.4 설치한 관측시스템

①A Type: 기온과 습도만 관측하는 유형의 관측소로 101개소가 여기에 속한다(이를 METROS 100이라고 지칭하고 있다.). 백엽상 내에 건전지로 작동하는 온습도 데이터 로거(그림5)를 설치해서 관측을 수행한다. 관측 인터벌은 15분 간격이고, 2개월에 1회씩 관측소를 방문하여 전지를 교환하고 자료를 수거하고 있다.

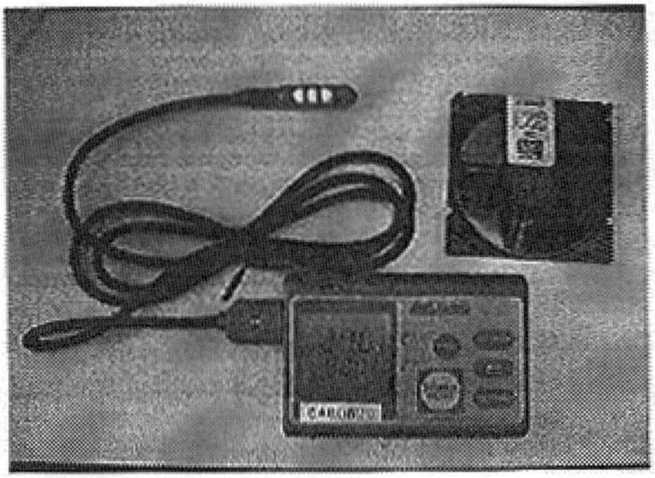

그림5. A Type 관측소에서 사용되고 있는 온습도 데이터로거. (牛山 등, 1999)

②B Type: 기온과 온도 이외에 풍향 풍속도 관측하는 유형의 관측소로 18개 지점이 이에 속한다(이를 METROS 20이라고 부르고 있다.). 백엽상 내에 온습도 센서, 기록기·제어기를 두고, 백엽상에 근접해서 바람을 관측하기 위한 봉(조건에 관계없이 3m)을 세우고, 이 위에 풍향풍속계를 설치하였다(그림6). 원격으로 자료를 회수할 수 있는 시스템을 사용하는데, 통신에는 설치의 용이성을 고려해서 휴대전화를 이용하기로 하였다. 관측시스템의 운영에 소요되는 전기는 초등학교 측에 의존하지 않아도 되도록 태양전지로 발전하여 충전지를 충전하는 시스템을 채택하였다. 이 결과 특별한 이상이 없는 한 관측소를 순회하지 않아도 되게 되었다.

관측인터벌은 10분으로 설정되어 있다. 당초 자료의 회수와 서버에의 수록 및 인터넷에서의 공개를 전부 자동화할 계획이었지만 휴대전화로 인한 통신의 불안정 때문에, 실제로는 확실한 자료의 회수·축적을 우선시하여 2주에 1회씩 수동 통신으로 자료를 회수한 후에 수동으로 자료를 서버에 copy하고 있다.

그림6. B Type 관측소의 외관. (牛山 등, 1999)

3.5 자료의 보관과 제공 상황

예정된 관측소의 설치 작업은 적당한 학교를 선정하는 작업과 병행하여 1997년 5월부터 시작해서 1998년 6월에 완료하였다. 각 관측소의 위치정보, 주위 상황, 사진 등은 후보학교 조사 포맷 등을 이용하여, 다음에 기술하는 자료와 함께 서버 상에 정리해 두어 열람할 수 있게 하였다(그림7).

그림7. 관측소의 상황에 관한 정보의 사례. 관측데이터(觀測データ)를 클릭하면, 데이터파일을 일람할 수 있다.

회수된 자료는, A Type, B Type의 관측소 모두 텍스트 파일로서 웹상에 두고, web, ftp 등으로 참조가 가능하여, 프로젝트에 참여하고 있는 연구자들이 편리하게 자료를 이용할 수 있게 하였다. 관측 자료의 공개는 사업단의 규정에 따라서 프로젝트 수행기간 동안에는 관계자들에게만 공개하고, 그 이후에는 일반 공개를 계획하였다. 보존되고 있는 양 type의 자료 포맷은 다음과 같다.

A Type

① , ② , ③ , ④ , ⑤

0000, “1997-10-22”, “00:00:00”, 14.6, 096.8

①: 데이터 번호(특별한 의미는 없음)

②: 연월일 ③: 시분초

④: 기온(0.1℃단위) ⑤: 습도(0.1% 단위)

B Type

① , ② , ③ , ④ , ⑤

980707 2300 05 0013 0251 84

980707 2310 05 0006 0252 85

①: 연월일 ②: 시각

③: 관측 시 10분전의 평균풍향. 00:북, 01:북북동, 02:북동의 16방위

④: 관측 시 10분전의 평균풍속. 0.1m/s 단위(상기의 1행이라면 1.3m/s)

⑤: 기온. 0.1℃단위(상기의 1행이라면 25.1℃)

⑥: 습도. 1% 단위

3.6 도시기후 관측 망 자료를 활용한 도시열섬 환경평가 - 2002년 여름의 사례

동경도 환경과학연구소와 Mikami교수 연구실은 공동으로 폭염이 기승을 부린 2002년 7월 20일부터 8월 31일 사이에 관측된 METROS 100의 기온관측 결과를 바탕으로 기온 공간분포도 및 열대야 일수 분포도를 작성하였다(그림8과 9). 시공간적 고해상도의 관측 자료를 분석할 수 있게 됨으로써, 도시의 열 환경에 관한 세밀한 정보를 파악할 수 있게 되었다. 아울러 이러한 성과는 동경도가 도시열섬을 완화하기 위한 정책을 수립하는 데에 제공되어, 동경도가 2015년까지 목표로 추진 중인 동경도 환경기본계획(『도시기온 2℃낮추기 프로젝트』라고도 지칭함) 수립에 기초자료로 활용되었다. 이 계획은 특히 "도시와 지구의 지속가능성의 확보-열섬현상과 지구온난화의 진행을 막는다."를 가장 중요한 목표로 설정하였고, 이를 달성하기 위한 5가지 중점 프로그램 중의 하나로 열섬대책을 내세우고 있다.

이 기본계획에는 열섬대책의 목표로, "2015년까지 열대야 발생일수를 연간 30일에서 20일로 감소시키고, 도시기온을 2℃낮춘다."로 정하였다. 이 목표는 동경의 도시기후를 1980년대 이전 수준으로 복원시키는 것을 상정한 것이다(김해동 등, 2011).

또 동경 환경과학연구소에서는 이때 분석한 결과를 애니메이션으로 제작하여 도시기후연구를 위한 교육 자료로 제공하고 있다(http://www2.kankyo.metro.tokyo.jp/heat2/).

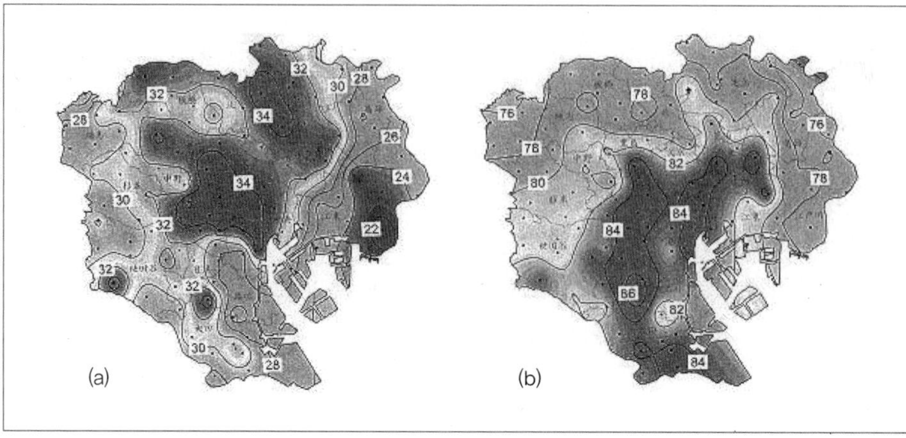

그림8. (a)동경의 30℃초과 시간비율(%)과 (b)25℃초과 시간비율(%). (安藤 외, 2003)

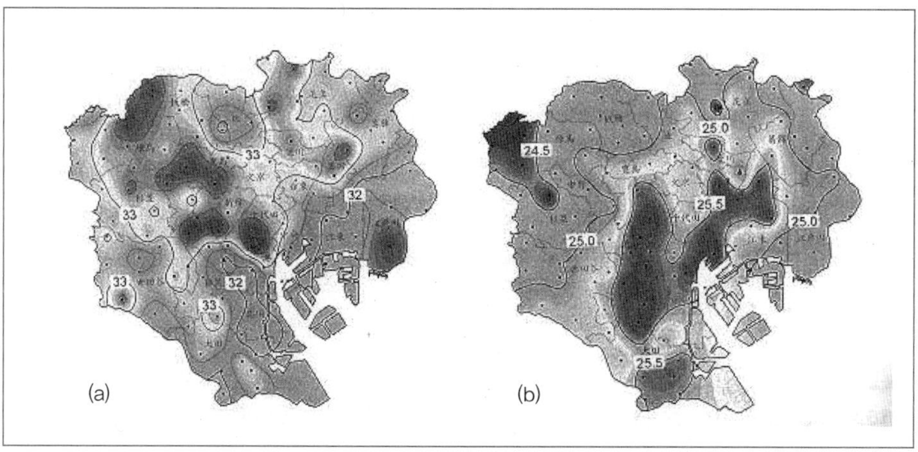

그림9. (a) 동경의 일 최고기온 평균 값(℃)과 (b)일 최저기온 평균 값(℃). (安藤 외, 2003)

4. 제언

오늘날 우리나라의 도시화 비율은 80%를 초과하고 있는데, 이것은 이상적으로 높은 것이다. 아울러 서울, 부산, 인천 등의 대도시의 도시화 속도는 일본 동경을 뛰어넘는 매우 빠른 수준에 있다(이와 김, 2008). 그 결과 우리나라 대도시의 기온상승속도는 매우 현저하며, 여름철 도시형 홍수의 발생과 그에 따른 도시의 재해발생도 현재화되고 있다.

도시열섬과 지구온난화는 서로 상승작용을 하면서 도심부의 기온을 더욱 높여 기후변화로 인한 재해 취약성과 도시의 환경 쾌적성을 더욱 악화시킨다. 이러한 문제의 완화를 위해서는 도시의 기후환경을 정확히 파악할 수 있는 도시기후관측시스템의 구축이 중요한데, 바람직한 도시기후관측망 구축을 위해서는 다음과 같은 점이 고려되어야 한다.

첫째, 공간적 고해상도를 확보할 수 있는 관측 장소가 합리적으로 선정되어져야 한다.

둘째, 도시의 요철효과로 인한 기상요소 관측의 제한점과 최소의 비용으로 고해상도 관측 망을 구축할 수 있는 방안이 고려되어야 한다. 예로서 지상에서는 기온을 측정하고 건물 옥상에서 바람, 강수량, 일조 등을 분리해서 관측할 필요가 있으며, 제한된 자금으로 공간적 고해상도를 확보하기 위해서는 일본의 AMeDAS(일본기상청 자동관측 망)나 METROS(도시기후관측 망)처럼 사이트별로 특화된 센서가 적재적소에 설치되도록 고안해야 한다.

셋째, 기상청의 사업평가 체제의 개선도 요구된다. 실제로 지자체에서 불과 수개 지점의 대기오염 관측사이트를 확보하는 데에도 건물주들의 비협조로 큰 어려움을 겪을 만큼 관측 장소를 확보하기가 매우 어렵다. 이러한 현실을 반영한 사업 수행 평가체제가 마련되어야 한다. 일본 동경처럼 우선 저가의 온습도 데이터로거를 이용한 도시열섬 연구 수행을 지원하여 관측소 확보 가능성을 우선적으로 확인 한 후에 본격적인 도시기후관측 망 구축사업을 추진하는 것도 바람직할 것으로 생각된다.

참고 문헌

(1)安藤晴夫, 鹽田勉, 森島濟, 小島茂喜, 石井康一郎, 泉岳樹, 三上岳彦, 2003, 2002년 여름철 동경 도내의 기온분포 특징에 관한 연구(日本語), 동경도 환경과학연구시보, 81-87.

(2)김해동, 한상주, 2011, 도시열섬 대책과 기술, (주)푸른 길

(3)牛山素行, 三上岳彦, 木村圭二, 1999, 동경권의 고밀도 도시기후관측망 정비에 관하여 (日本語), Monitorring and Management of Urban Heat Island Interm Report, 4-15. (4)Soon-Hwan Lee and Hae-Dong Kim, 2008, Effects of Regional Warming due to Urbanization on Daytime Local Circulations in a Complex basin of the Daegu Metropoitan Area, Korea, Journal of Applied Meteorology, 47, 1427-1441.